重庆文理学院特色应用型系列教材

金工实训

主　编　谭修彦　张　涛　张　杰

主　审　赵华君

西南交通大学出版社

·成　都·

内 容 提 要

《金工实训》是依据教育部颁布的金工实训教学基本要求，并结合教学改革的需要、高等院校工科金工实习的实际情况和作者多年的实训教学经验编写而成的。

本书共 11 章，主要内容包括压铸、钢的热处理、焊接、钳工、车削加工、铣削加工、磨削加工、3D 打印、三坐标测量、数控加工和特种加工等内容。本书图文并茂，内容通俗易懂，重视培养学生的动手能力，便于自学，有很强的实用性。

本书可作为机械类和近机类各专业本科、专科金工实训教材，也可供高职、高专、成人高校的学生参考。

图书在版编目（CIP）数据

金工实训 / 谭修彦，张涛，张杰主编. 一成都：西南交通大学出版社，2016.6

ISBN 978-7-5643-4713-0

Ⅰ. ①金… Ⅱ. ①谭… ②张… ③张… Ⅲ. ①金属加工－实习 Ⅳ. ①TG-45

中国版本图书馆 CIP 数据核字（2016）第 118353 号

金工实训

主编　谭修彦　张涛　张杰

责任编辑	李　伟
封面设计	何东琳设计工作室
出版发行	西南交通大学出版社 （四川省成都市二环路北一段 111 号 西南交通大学创新大厦 21 楼）
发行部电话	028-87600564　028-87600533
邮政编码	610031
网　　址	http://www.xnjdcbs.com
印　　刷	四川森林印务有限责任公司
成品尺寸	185 mm × 260 mm
印　　张	12
字　　数	298 千
版　　次	2016 年 6 月第 1 版
印　　次	2016 年 6 月第 1 次
书　　号	ISBN 978-7-5643-4713-0
定　　价	28.00 元

前　言

金工实训是一门实践性很强的课程，通过实训能使学生了解机械制造的一般过程，熟悉典型零件的加工方法及加工设备的工作原理，了解现代制造技术在机械制造中的应用；使学生在主要工种上具有独立完成简单零件加工的动手能力，培养学生严谨的科学作风，让学生有更多的独立设计、独立制作和综合训练的机会，使学生动手动脑，从而提高学生的综合素质。

本书结合我校多年的金工实训教学经验，并考虑金工教学发展新形势的需要，参考了众多金工实训教材及技术文档编写而成。全书介绍了压铸、钢的热处理、焊接、钳工、车削加工、铣削加工、磨削加工、3D 打印、三坐标测量、数控加工和特种加工的基本知识与技能。对知识点、技能点进行了精心设计，图文并茂，内容安排循序渐进，符合技能培训规律。本书除了基础的教学内容外，还含有完整实训过程的综合训练题作为练习选题。各专业在教学中可根据各自的专业特点和学时情况，自行取舍部分内容。

本书编写时以金工实习项目组织教材内容，以职业基本技能任务为引领，以国家职业标准并结合现代企业管理要求为基本依据。通过实训使学生在与企业相仿的实训环境和真实生产氛围中，逐渐适应并初步形成企业化的价值观和行为模式。这样不仅使学生通过完成各个项目的工作任务，实现拟定的能力目标，掌握应具备的技能知识，还有助于学生对现代企业的了解、认知、认同，从而提高自身的职业能力和职业素质，成为企业受欢迎的人才。

本书可作为高等学校机械类、近机类专业金工实训课程教材，也可供有关技术工人参考或自学使用。

本书由赵华君教授担任主审，由重庆文理学院谭修彦、张涛、张杰担任主编，其中张杰编写了压铸、热处理模块；谭修彦编写了焊接和钳工模块；艾存金编写了车削加工模块；张涛编写了数控加工模块；安超编写了铣削加工模块；曾一峰编写了磨削加工模块；杨艳编写了 3D 打印模块；龙婵娟编写了三坐标测量模块；王自启编写了特种加工模块。

编者在本书编写过程中得到了重庆文理学院机电工程学院领导、机电工程训练中心全体教职工的热情帮助和支持；同时，编者参阅了有关院校、企业、科研院所的一些教材、资料和文献，在此一并向相关人员表示感谢！

限于编者水平有限和时间仓促，书中难免存在不足和疏漏之处，恳请广大读者批评指正。

编　者

2016 年 3 月

目　录

第一章　压　铸

一、实训目的

（1）了解铸造及压铸生产在机械制造中的地位和作用；
（2）了解压铸生产的特点及生产工艺过程；
（3）了解压铸设备类型及压铸模具结构；
（4）掌握压铸的生产过程。

二、实训准备知识

（一）铸造及压铸生产在机械制造中的地位和作用

熔炼金属，制造铸型，并将熔融金属浇入铸型，凝固后获得一定形状和性能的铸件的成型方法称为铸造。铸造是生产零件毛坯的主要方法之一，尤其对于一些脆性金属或合金材料（各种铸铁件、有色合金铸件等）的零件毛坯，铸造几乎是唯一的加工方法。与其他加工方法相比，铸造工艺具有几大特点：第一是铸件几乎不受金属材料、尺寸大小和质量的限制，铸件材料可以是各种铸铁、铸钢、铝合金、铜合金、镁合金、钛合金、锌合金和各种特殊合金材料；铸件可以小至几克，大到数百吨；铸件壁厚可以从 0.5 mm 到 1 m 左右；铸件长度可以从几毫米到十几米。第二是铸造可以生产各种形状复杂的毛坯，特别适用于生产具有复杂内腔的零件毛坯，如各种箱体、缸体、叶片、叶轮等。第三是铸件的形状和大小可以与零件很接近，既节约金属材料，又节省切削加工工时。第四是铸件一般使用的原材料来源广，铸件成本低。第五是铸造工艺灵活，生产率高，既可以手工生产，也可以机械化生产。第六是生产工序繁多、工艺过程较难控制、铸件易产生缺陷。

铸造还可按金属液的浇注工艺分为重力铸造和压力铸造。重力铸造是指金属液在重力作用下注入铸型的工艺，也称浇铸。广义的重力铸造包括砂型浇注、金属型浇注、熔模铸造、消失模铸造等；狭义的重力铸造专指金属型浇注。压力铸造是指金属液在其他外力（不含重力）作用下注入铸型的工艺。广义的压力铸造包括压铸机的压力铸造、真空铸造、低压铸造等；狭义的压力铸造专指压铸机的金属型压力铸造，简称压铸。

压铸成型的过程是将熔融的金属液注入压铸机的压室，在压射冲头的高压作用下，高速地推动金属液经过压铸模具的浇注系统，注入并充满型腔，通过冷却、结晶、固化等过程，成型相应的金属压铸件。压铸的优点有：可压铸薄壁、复杂零件；精度及表面质量优；铸件强度、硬度高；生产率、自动化程度高，可达 50～150 件/小时；便于采用嵌铸。压铸的缺点有：不适合大铸件；不适宜高熔点合金；缩松、气孔无法避免，不能热处理、机加工；一次性投资大等。

压铸件不但用于汽车和摩托车、仪表、工业电器，还广泛应用于家用电器、农机、无线电、通信、机床、运输、造船、照相机、钟表、计算机、纺织器械等行业。

（二）压铸生产过程简介

图 1.1 所示为压铸工艺生产过程。

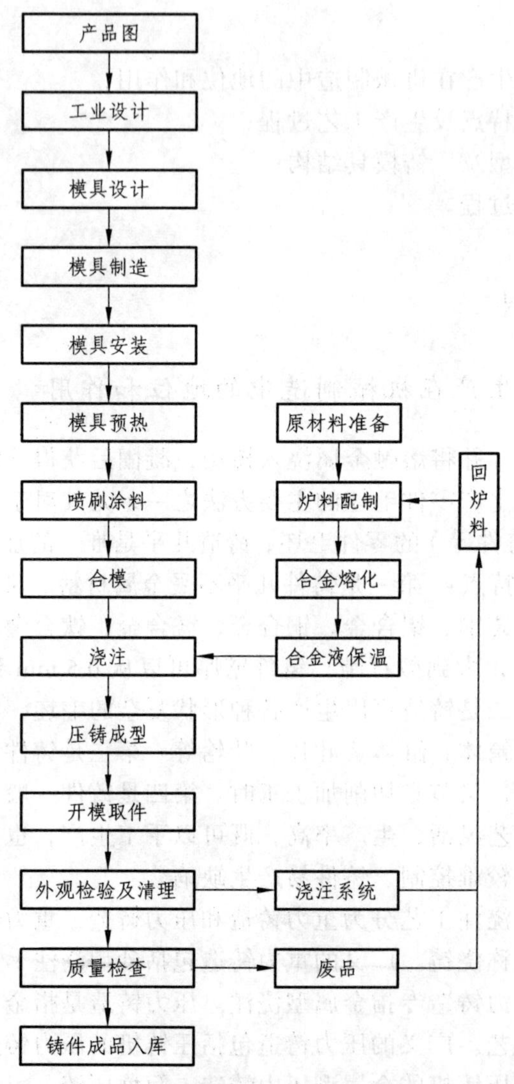

图 1.1 压铸工艺生产过程

压铸成型过程以卧式冷压室压铸机为例加以说明，如图 1.2 所示。压铸模闭合后，压射冲头 1 复位至压室 2 的端口处，将足量的液态金属 3 注入压室 2 内，如图 1.2（a）所示。压射冲头 1 在压射缸中压射活塞的高压作用下，推动液态金属 3 通过压铸模 4 的横浇道 6、内浇口 5 进入压铸模的型腔。金属液充满型腔后，压射冲头 1 仍然作用在浇注系统，使液态金属在高压状态下冷却、结晶、固化成型，如图 1.2（b）所示。压铸成型后，开启模具，压铸件脱离型腔，同时压射冲头 1 将浇注余料顶出压室，如图 1.2（c）所示。之后在压铸机顶出机构的作用下，将压铸件及其浇注余料顶出，并脱离模体，压射冲头同时复位。在压铸压射过程中，随着压射冲头的移动速度和位移的变化，压力也随之发生变化。将压铸压射过程分以下几个阶段加以分析：

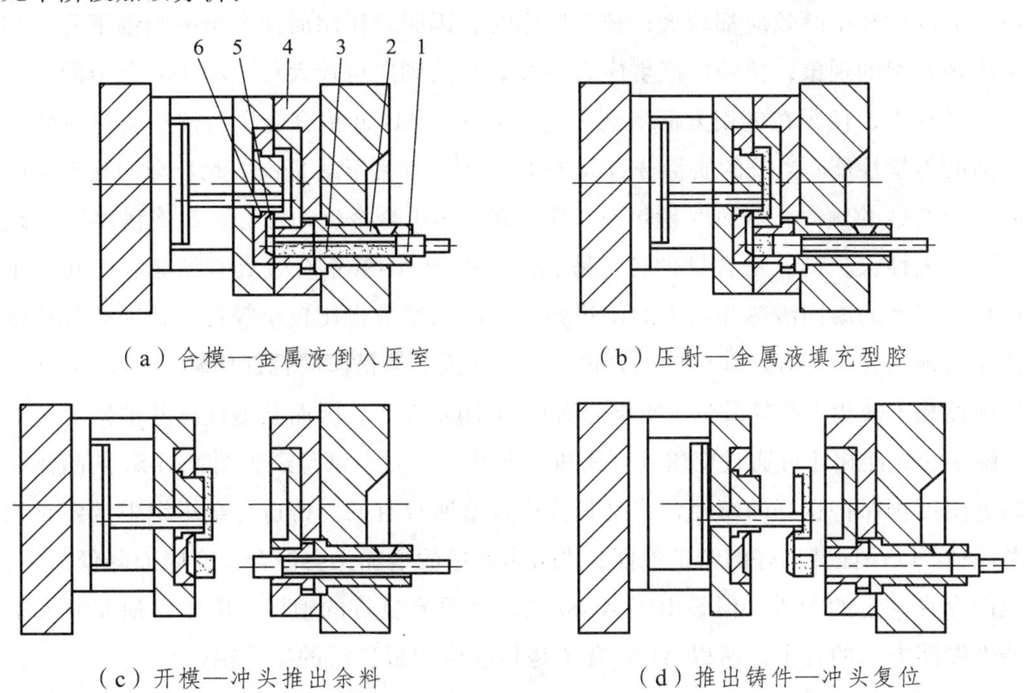

（a）合模—金属液倒入压室　（b）压射—金属液填充型腔

（c）开模—冲头推出余料　（d）推出铸件—冲头复位

图 1.2 金属压铸成型

1—压射冲头；2—压室；3—金属液；4—压铸模；5—内浇口；6—横浇道

（1）准备阶段。将熔融的金属液注入压铸机的压室内，准备压射。

（2）慢速封口阶段。压射冲头以低速 v_1 移动，并封住浇注口，熔融的金属液受到推动，以较慢的速度向前堆集。

（3）堆聚阶段。压射冲头以略高于 v_1 的速度 v_2 向前移动，与速度相应的压力升高。

（4）填充阶段。压射冲头以最大的速度 v_3 向前移动，在内浇口的阻力作用下，使压射压力继续升高，它推动金属液突破内浇口而以高速度（即内浇口速度）填充到模具型腔。

（5）增压保压阶段。在填充阶段，虽然金属液已充满型腔，液态金属已停止流动，但还存在疏散和不实的组织状态，需继续保压。

（三）常用压铸合金

压铸锌合金：以锌为基加入其他元素组成的合金。常加的合金元素有铝、铜、镁、镉、铅、钛等。锌合金熔点低，流动性好，易熔焊、钎焊和塑性加工，在大气中耐腐蚀，残废料便于回收和重熔；但蠕变强度低，易发生自然时效引起尺寸变化。压铸锌合金需熔融法制备，压铸或压力加工成材，按制造工艺可分为铸造锌合金和变形锌合金，适用于压铸仪表、汽车零件外壳等。

压铸铝合金：以铝为基加入其他元素组成的合金，常用的有 Al-Mg 合金、Al-Zn 合金、Al-Si 合金等。Al-Mg 铝合金的性能特点是：室温力学性能好；抗腐蚀性强；铸造性能比较差，力学性能的波动和壁厚效应都较大；长期使用时，因时效作用而使合金的塑性下降，甚至压铸件会出现开裂的现象；压铸件产生应力腐蚀裂纹的倾向也较大等。Al-Mg 合金的缺点部分抵消了它的优点，使其在应用方面受到一定的限制。Al-Zn 铝合金压铸件经自然时效后，可获得较高的力学性能，当锌的质量分数大于 10% 时，强度显著提高。此合金的缺点是耐蚀性差，有应力腐蚀的倾向，压铸时易热裂。常用的 Y401 合金流动性好、易充满型腔；缺点是形成气孔倾向性大，硅、铁含量少时，易热裂。由于 Al-Si 铝合金具有结晶温度间隔小、合金中硅相有很大的凝固潜热和较大的比热容、线收缩系数也比较小等特点，因此其铸造性能一般要比其他铝合金要好，其充型能力也较好，热裂、缩松倾向也都比较小。Al-Si 共晶体中所含的脆性相（硅相）数量最少，质量分数仅为 10% 左右，因而其塑性比其他铝合金的共晶体好，仅存的脆性相还可通过变质处理来进一步提高塑性。试验还表明：Al-Si 共晶体在其凝固点附近温度仍保持良好的塑性，这是其他铝合金所没有的。铸造合金组织中常要有相当数量的共晶体，以保证其良好的铸造性能；共晶体数量的增加又会使合金变脆而降低力学性能，两者之间存在一定的矛盾。但是由于 Al-Si 共晶体具有良好的塑性，能较好地兼顾力学性能和铸造性能两方面的要求，所以 Al-Si 合金是目前应用最广泛的压铸铝合金。

另外，还有压铸镁合金、铜合金等。

（四）压铸机的分类

压铸机通常按压室受热条件的不同分为冷压室压铸机（简称冷室压铸机）和热压室压铸机（简称热室压铸机）两大类。冷室压铸机又因压室和模具放置的位置和方向的不同分为卧式、立式和全立式 3 种。压铸机的结构如图 1.3 所示。

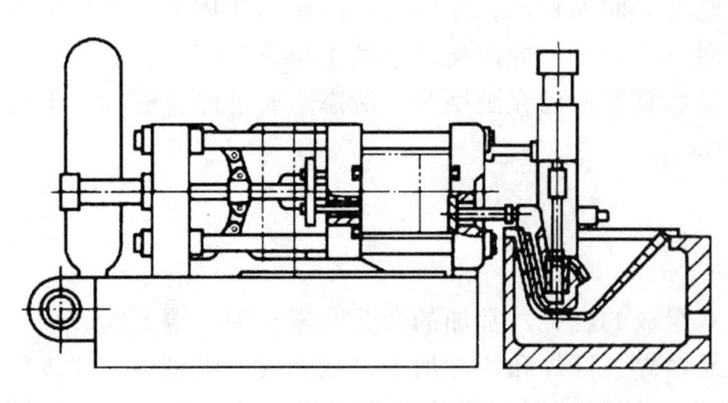
（a）热室压铸机

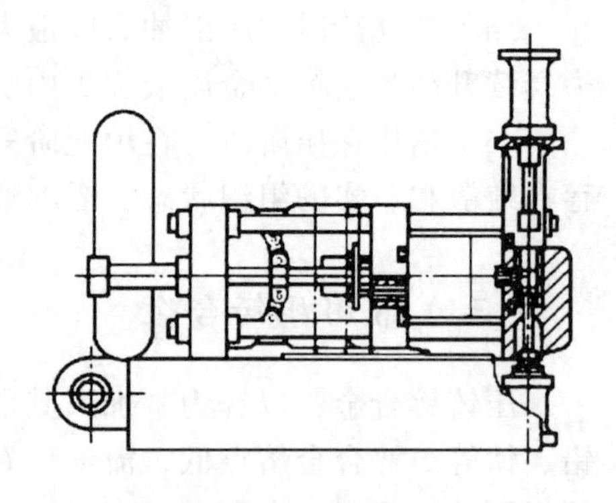
（b）立式冷室压铸机

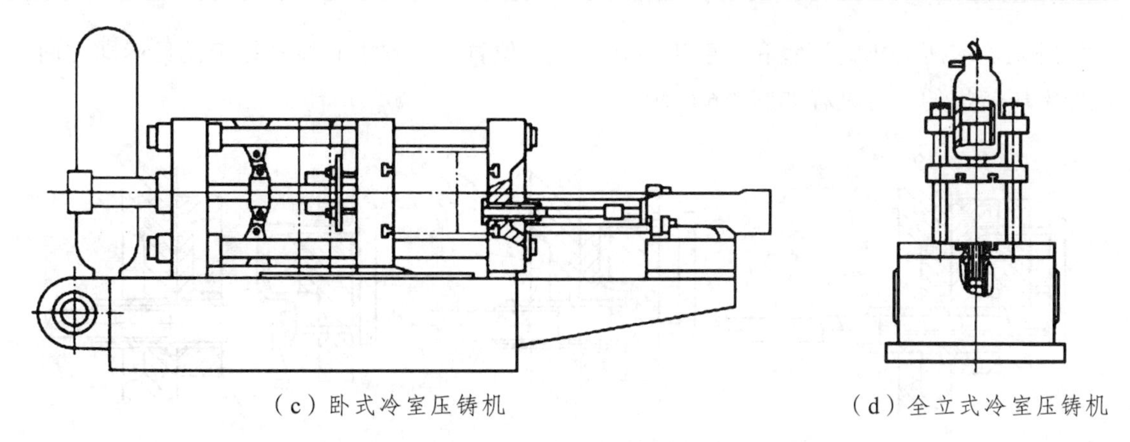

（c）卧式冷室压铸机　　（d）全立式冷室压铸机

图 1.3 压铸机的结构

热室压铸机的压射机构一般为立式，压室浸在保温坩埚的液态金属中与坩埚连成一体，压射部件装在坩埚上面。热室压铸机的压铸过程如图 1.4 所示。

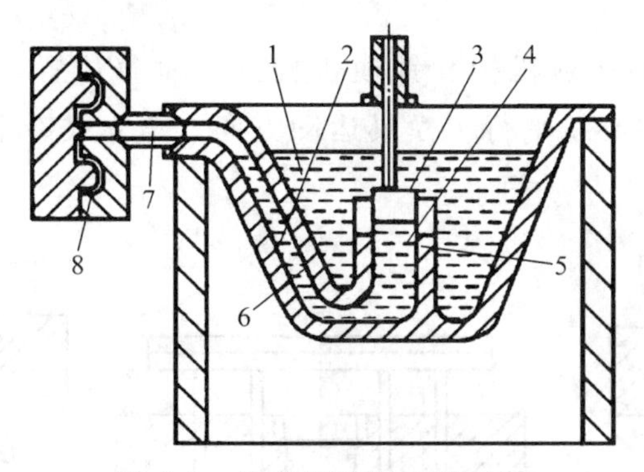

图 1.4 热室压铸机压铸过程

1—金属液；2—坩埚；3—压射冲头；4—压室；5—进口；6—鹅颈管；7—喷嘴；8—压铸模

立式冷室压铸机的压室和压射机构处于垂直位置，压室中心与模具运动方向垂直。立式冷室压铸机的压铸过程如图 1.5 所示。

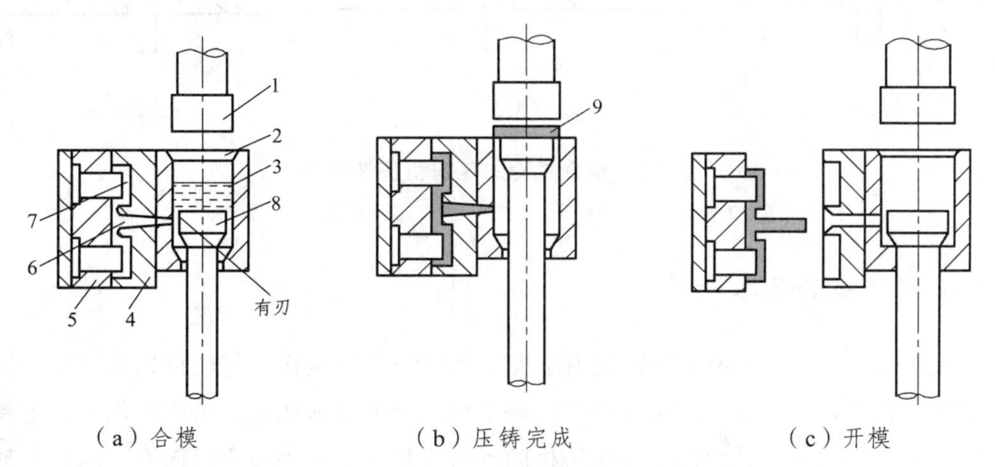

（a）合模　　（b）压铸完成　　（c）开模

图 1.5 立式冷室压铸机压铸过程

1—压射冲头；2—压室；3—金属液；4—定模；5—动模；6—喷嘴；7—型腔；8—反料冲头；9—余料

卧式冷室压铸机的压室和压射机构处于水平位置，压室中心线平行于模具运动方向。卧式冷室压铸机的压铸过程如图 1.6 所示。

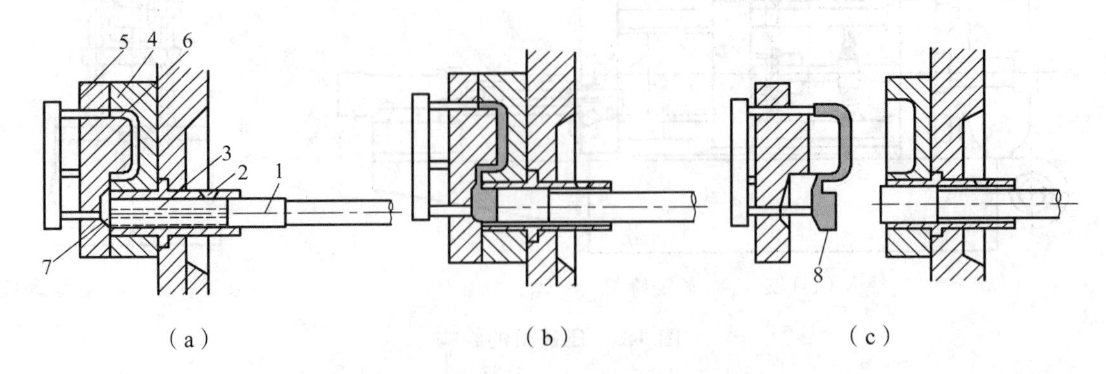

图 1.6 卧式冷室压铸机压铸过程

1—压射冲头；2—压室；3—金属液；4—定模；5—动模；6—型腔；7—浇道；8—余料

全立式冷室压铸机的压射机构和锁模机构处于垂直位置，模具水平安装在压铸机动、定模模板上，压室中心线平行于模具运动方向。全立式冷室压铸机的压铸过程如图 1.7 所示。

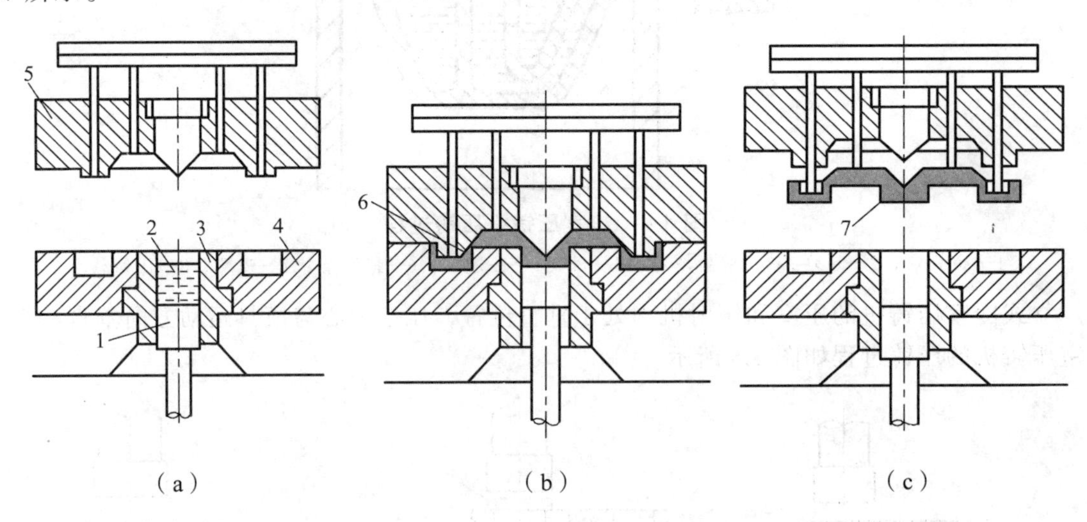

图 1.7 全立式冷室压铸机压铸过程

1—压射冲头；2—金属液；3—压室；4—定模；5—动模；6—型腔；7—余料

（五）压铸模的基本结构

压铸模组成如表 1.1 所示。压铸模由定模、动模、推出机构、复位机构及模架等组成。定模固定在压铸机压室一方的定模座板上，是金属液开始进入压铸模型腔的部分，也是压铸模型腔的所在部分之一。动模固定在压铸机的动模座板上，随动模座板向左、向右移动与定模分开和合拢，一般抽芯和铸件顶出机构设在其内。

表 1.1 压铸模组成

<table>
<tr><td rowspan="23">压铸模</td><td rowspan="17">模体</td><td rowspan="9">定 模</td><td rowspan="2">型 腔</td><td>型 芯</td></tr>
<tr><td>镶 块</td></tr>
<tr><td rowspan="5">浇注系统</td><td>浇口套</td></tr>
<tr><td>分流锥</td></tr>
<tr><td>内浇口</td></tr>
<tr><td>横浇道</td></tr>
<tr><td>直浇道</td></tr>
<tr><td rowspan="2">溢流排气系统</td><td>溢流槽</td></tr>
<tr><td>排气槽、排气塞</td></tr>
<tr><td rowspan="8">动 模</td><td rowspan="5">抽芯机构</td><td>活动型芯</td></tr>
<tr><td>滑块、斜滑块</td></tr>
<tr><td>斜销、弯销、齿轮、齿条</td></tr>
<tr><td>楔紧块、楔紧销</td></tr>
<tr><td>限位钉、限位块</td></tr>
<tr><td>导向部分</td><td>导柱、导套</td></tr>
<tr><td>模体部分</td><td>套板、座板、支承板</td></tr>
<tr><td>加热冷却系统</td><td>加热及冷却通道</td></tr>
<tr><td rowspan="6">模架</td><td rowspan="3">推出机构</td><td colspan="2">推杆、推管、卸料板</td></tr>
<tr><td colspan="2">推板、推杆、固定板</td></tr>
<tr><td colspan="2">复位杆、导柱、导套、限位钉</td></tr>
<tr><td rowspan="2">预复位机构</td><td colspan="2">摆轮、摆轮架</td></tr>
<tr><td colspan="2">预复位推杆</td></tr>
<tr><td>模 架</td><td colspan="2">模脚垫块、座板</td></tr>
</table>

（六）压铸工艺参数

1. 压 力

压射力是指压射冲头作用于金属液上的力。压射力来源于高压泵，压铸时，它推动金属液充填到模具型腔中，压力是使压铸件获得致密组织和清晰轮廓的重要因素。

2. 速 度

压射速度又称冲头速度，它是压室内的压射冲头推动金属液的移动速度，也就是压射冲头的速度。

3. 温　度

合金浇注温度是指金属液自压室进入型腔的平均温度。浇注温度高能提高金属液的流动性和压铸件的表面质量。

4. 时　间

充填时间：金属液从开始进入模具型腔到充满型腔所需要的时间。充填时间的长短取决于压铸件的大小、复杂程度、内浇口截面面积和内浇口速度等。体积大形状简单的压铸件，充填时间要长些；体积小形状复杂的压铸件，充填时间短些。

持压时间：从液态金属充填型腔到内浇口完全凝固时，继续在压射冲头作用下的持续时间。持压时间内的压力是通过比铸件凝固得更慢的余料、浇道、内浇口等处的金属液传递给铸件的，所以持压效果与余料、浇道的厚度及浇口厚度与铸件厚度的比值有关。

留模时间：指持压结束到开模的这段时间。若留模时间过短，由于铸件温度高，强度尚低，铸件脱膜时易引起变形或开裂，强度差的合金还可能由于内部气体膨胀而使铸件表面膨泡。

5. 压室充满度

浇入压室的金属液量占压室容量的百分数称为压室充满度。若充满度过小，压室上部空间过大，则金属液包卷气体严重，使铸件气孔增加，还会使金属液在压室内被激冷，对充填不利。

6. 压铸涂料

压铸涂料指的是在压铸过程中，使压铸模易磨损部分在高温下具有润滑性能，并减小活动件阻力和防止黏模所用的润滑材料和稀释剂的混合物。压铸涂料的具体作用有：避免金属液直接冲刷型腔和型芯表面，改善压铸模的工作条件；减小压铸模的热导率，保持金属液的流动性，以改善金属的成型性；高温时保持良好的润滑性能，减小铸件与压铸模成型部分（尤其是型芯）之间的摩擦，从而减轻型腔的磨损程度，延长压铸模寿命和提高铸件表面质量；预防黏模等。

三、实训内容及要求

（1）压铸工艺、压铸机结构及其工作过程分析。通过对压铸机的参观学习，初步了解压铸机的基本结构；了解压铸模具在压铸机上的安装、固定方法，了解压铸机开、合型机构的结构及运动特点；了解压射机构的结构及运动特点，并认知压铸生产工艺流程，为今后在工作岗位上科学分析并解决压力铸造生产、研究和产品开发中出现的一些问题打下坚实的实践基础。

（2）压铸模具基本结构、分型面与浇注系统类型分析。通过对压铸模具模型的参观学习，初步了解压铸模具的基本结构，了解压铸模具分型面的选用原则及浇注系统类型分析。

（3）成型零件与型芯结构、压铸模支撑和固定零件及导向机构分析。通过对压铸模具模型的参观学习，初步了解压铸模具中的成型零件与型芯结构、压铸模支撑和固定零件、导向机构的结构特点及零件的基本结构，了解其在压铸模中的作用、设计原则。

（4）抽芯机构结构分析。通过对压铸模具模型的参观学习，初步了解压铸模具中的抽芯机构的结构特点和零件的基本结构，了解其在压铸模中的作用、设计原则。

（5）推出机构、复位与预复位机构分析。通过对压铸模具模型的参观学习，初步了解压铸模具中的推出机构、复位与预复位机构的结构特点及零件的基本结构，了解其在压铸模中的作用、设计原则。

（6）加热与冷却系统结构分析。通过对压铸模具模型的参观学习，初步了解压铸模具中的加热与冷却系统的结构特点及零件的基本结构，了解其在压铸模中的作用、设计原则。

（7）压铸生产体验。

第二章 钢的热处理

一、实训目的

（1）了解钢加热过程中的固相转变；
（2）了解钢冷却过程中的固相转变；
（3）了解热处理工艺及应用。

二、实训准备知识

（一）钢的热处理简介

热处理是指将钢在固态下加热、保温和冷却，以改变钢的组织结构，从而获得所需要性能的一种工艺。热处理是一种重要的加工工艺，在机械制造业已被广泛应用。热处理与其他加工工艺，如铸造、压力加工等相比，其特点是只通过改变工件的组织来改变性能，不改变其形状。热处理只适用于固态下发生相变的材料，不发生固态相变的材料不能用热处理来强化。

热处理时钢中组织转变的规律称为热处理原理。根据热处理原理制定的温度、时间、介质等参数称为热处理工艺。根据加热、冷却方式及钢组织性能变化特点的不同，将热处理工艺分为① 普通热处理：退火、正火、淬火和回火；② 表面热处理：表面淬火、化学热处理；③ 其他热处理：真空热处理、形变热处理、控制气氛热处理、激光热处理等。

（二）铁的同素异构转变

固态金属在加热和冷却过程中可能发生各种相的转变。金属热处理是利用固态金属通过特定的加热和冷却，使之发生相、组织转变，获得所需组织性能的一种工艺过程。金属固态相变是金属热处理的理论基础。例如，纯铁随温度的变化有同素异构转变，转变过程如图 2.1 所示。912 °C 以下的固态铁为体心立方结构，称之为 α-Fe，912 ~ 1 394 °C 的固态铁为面心立方结构，称之为 γ-Fe；1 394 °C 以上的固态铁为体心立方结构，称之为 δ-Fe。

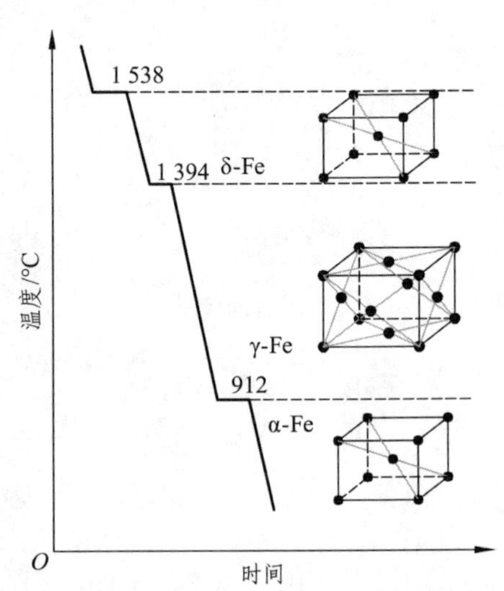

图 2.1 纯铁的同素异构转变

（三）铁碳合金

钢，是对含碳量质量百分比介于 0.02% ~ 2.06% 的铁碳合金的统称。钢铁材料是现代工业中应用最广泛的合金，其最基本的组元是铁和碳两种元素。铁碳合金系中，铁与碳既可以形成固溶体，也可以形成金属化合物。固溶体是指合金在固态时，组元间会相互溶解，形成单一的均匀物质。碳在 α - Fe 中的固溶体称为铁素体，用符号 F 表示。在 727 °C，溶碳量最大为 0.021 8%；在 600 °C，溶碳量为 0.005 7%；铁素体在室温的性能几乎和纯铁相同，具有相同的塑性和韧性。碳在 γ - Fe 中的固溶体称为奥氏体，用符号 A 表示。在 1 148 °C，溶碳量最大为 2.11%；随着温度下降，溶碳量减少；在 727 °C，溶碳量为 0.77%；奥氏体强度硬度不高，但有良好的塑性；奥氏体通常在 727 °C 以上存在，其高温组织与铁素体相近。含碳量为 6.69% 的铁与碳形成的间隙化合物 Fe_3C 称为渗碳体。

图 2.2 为铁碳平衡图，又称铁碳相图或铁碳状态图。它以温度为纵坐标，碳含量为横坐标，表示在接近平衡条件（铁-石墨）和亚稳条件（铁-碳化铁）下（或极缓慢的冷却条件下），以铁、碳为组元的二元合金在不同温度下所呈现的相和这些相之间的平衡关系。铁碳平衡图是研究铁碳合金在加热和冷却时的结晶过程和组织转变的图解。熟悉和掌握铁碳平衡图是研究钢铁的铸造、锻造和热处理的重要依据之一。

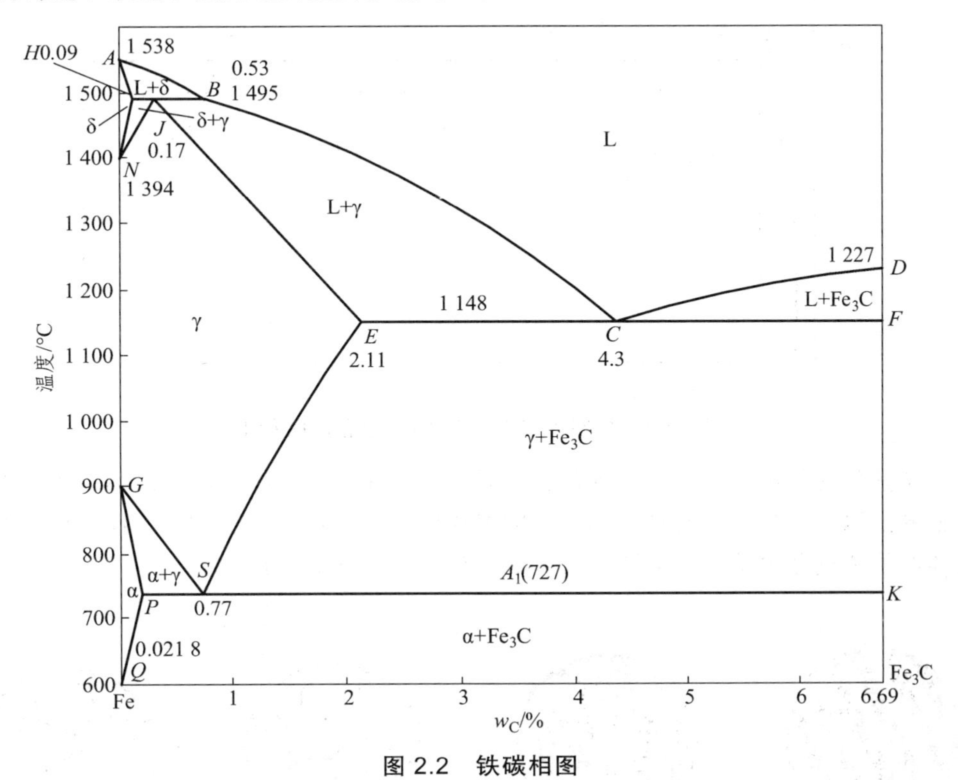

图 2.2　铁碳相图

相图的液相线是 *ABCD*，固相线是 *AHJECF*，相图中有 5 个单相区：*ABCD* 以上为液相区；*AHNA* 为 δ 固溶体区（δ）；*NJESGN* 为奥氏体区（γ 或 A）；*GPQG* 为铁素体区（α 或 F）；*DFKL* 为渗碳体区（Fe_3C 或 C_m）。相图中有 7 个两相区，它们分别存在于相邻两个单相区之间。这些两相区分别是：L + δ、L + γ、L + Fe_3C、δ + γ、γ + α、γ + Fe_3C 及 α + Fe_3C 。

GS 线又称为 A_3 线，它是在冷却过程中由奥氏体析出铁素体的开始线，或者说在加热过程中铁素体溶入奥氏体的终了线。事实上，*GS* 线是由 *G* 点（A_3 点）演变而来，随着含碳量的增加，奥氏体向铁素体的同素异构转变温度逐渐下降，使得 A_3 点变成了 A_3 线。

ES 线是碳在奥氏体中的溶解度曲线。当温度低于此曲线时，就要从奥氏体中析出次生渗碳体，通常称之为二次渗碳体，用 Fe_3C_{II} 表示，因此该曲线又是二次渗碳体的开始析出线。*ES* 线也叫 A_{cm} 线。由于实际加热或冷却时，有过冷或过热现象，因此，钢在加热时的实际转变温度分别为 Ac_1、Ac_2、Ac_{cm}；冷却时转变温度分别为 Ar_1、Ar_3、Ar_{cm}，如图 2.3 所示。

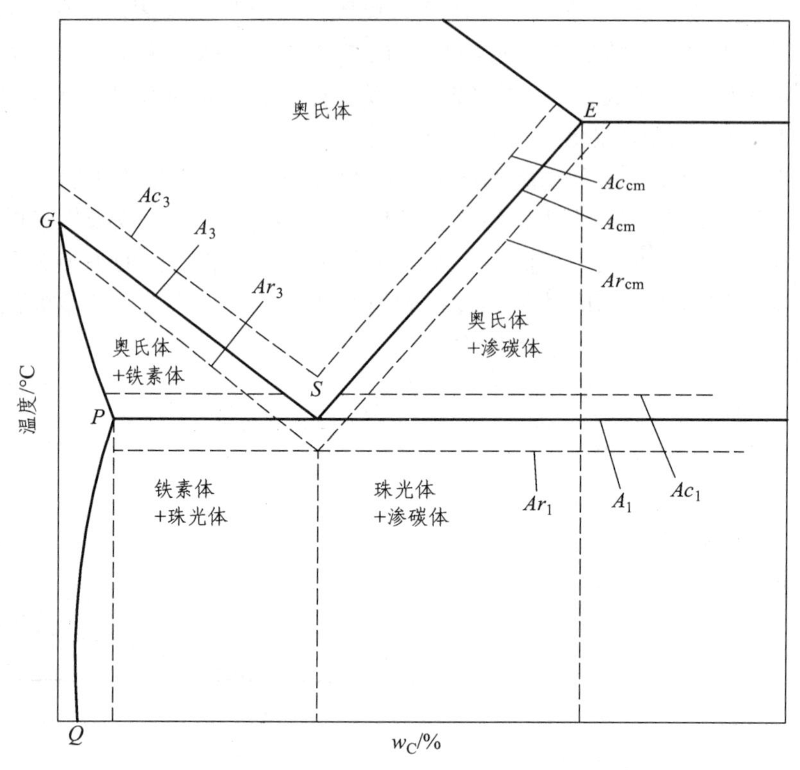

图 2.3 加热和冷却对临界转变温度的影响

加热是热处理的第一道工序。加热分两种：一种是在 Ar_1 以下加热，不发生相变；另一种是在临界点以上加热，目的是获得均匀的奥氏体组织，这一过程称为奥氏体化。钢在加热时奥氏体的形成过程也是一个形核和长大的过程，如图 2.4 所示。

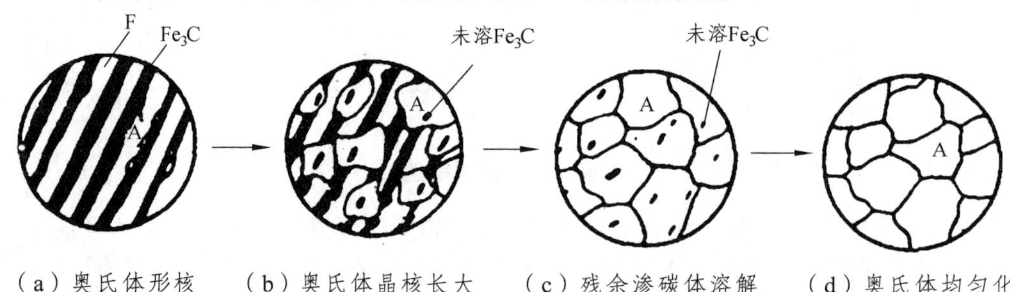

图 2.4 钢在加热条件下的奥氏体化过程

冷却是热处理中更重要的工序，因为钢的常温性能与其冷却后的组织密切相关。钢在不同的过冷度下可转变为不同的组织，包括平衡组织和非平衡组织。

（四）钢的热处理工艺

所谓热处理工艺，是指把钢加热到预定的温度，在此温度下保持一定时间，然后以预定的速度冷却下来的一种综合工艺，如图 2.5 所示。

1. 钢的退火

将钢加热到临界点 Ac_1 以上或以下的一定温度，保温一定时间，然后缓慢冷却，以获得接近平衡状态的组织，这种热处理工艺称为退火。

退火可以达到以下目的：

（1）消除钢锭的成分偏析，使成分均匀化。

（2）消除铸、锻件中存在的魏氏组织或带状组织，细化晶粒和均匀组织。

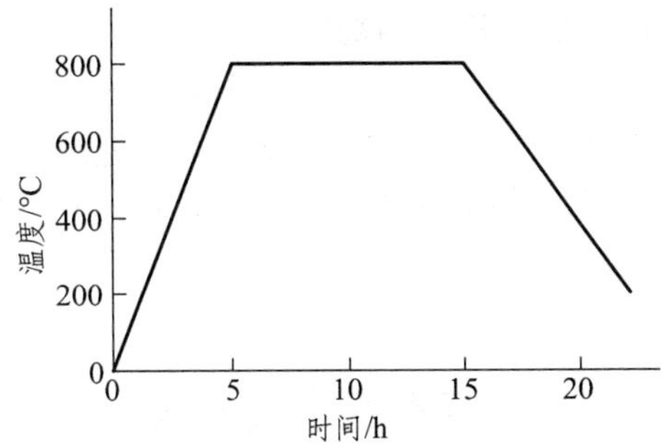

图 2.5　热处理工艺

（3）降低硬度，提高塑性，以便于切削加工。

（4）改善高碳钢中碳化物的形态和分布，为淬火做好组织准备。

2. 钢的正火

正火是将钢加热到 Ac_3 或 Ac_{cm} 以上 30 ~ 50 °C，或者更高温度，保温足够时间，然后在静止空气中冷却的热处理工艺。根据钢中过冷奥氏体的稳定性和钢的截面大小，正火后可获得不同的组织，如粗细不同的珠光体、贝氏体、马氏体或它们的混合组织。

正火的目的如下：

（1）对于大锻件、截面较大的钢材、铸件，用正火来细化晶粒，均匀组织（如消除魏氏组织或带状组织），为淬火处理做好组织准备，此时正火相当于退火的效果。

（2）低碳钢退火后硬度太低，切削加工中易黏刀，光洁度较差。改用正火，可提高硬度，改善切削加工性。

（3）可以作为某些中碳钢或中碳低合金钢工件的最终热处理，以代替调质处理，具有一定的综合力学性能。

（4）用于过共析钢，可消除网状二次碳化物，为球化退火做好组织上的准备。

3. 钢的淬火与回火

将钢加热到临界点 Ac_1 或 Ac_3 以上的一定温度，保温一定时间，然后在水或油等冷却介质中快速冷却，这种热处理工艺称为淬火。淬火的主要目的是：把奥氏体化工件淬成马氏体，以便在适当温度回火后，获得所需要的力学性能。

回火是将淬火钢件加热到低于 A_1 的某一温度，保温一段时间，然后以适当方式冷却至室温的热处理工艺。回火的主要目的为：① 获得所需组织以改善性能；② 稳定组织与尺寸；③ 消除内应力。

按回火温度的不同，可将回火分为以下三类：

（1）低温回火：在 150～250 °C 进行，回火后组织为回火马氏体。其目的是在保持高强度、高硬度的前提下，降低钢的淬火内应力，减小其脆性。低温回火主要用来处理刀具、量具、冷作模具、滚动轴承和渗碳件等。

（2）中温回火：在 350～500 °C 进行，回火后组织为回火屈氏体。中温回火后具有最高的弹性极限和足够的韧性。中温回火主要用来处理各种弹簧，也可用于处理要求高强度的工件，如刀杆、轴套等。

（3）高温回火：在 500～650 °C 进行，回火后组织为回火索氏体。淬火加高温回火的热处理工艺称为调质处理。调质处理后工件既具有较高的强度，又具有良好的塑性和韧性，即具有高的综合力学性能。调质处理广泛用于要求高强度并受冲击或交变负荷的重要工件，如连杆、轴等。

三、实训内容及要求

（1）设计可使材料达到实验性能要求的热处理工艺；

（2）对所给退火态试样进行硬度测定；

（3）按所给定的工艺进行热处理；

（4）测定处理后试样的硬度以及检验所制订的工艺；对测试结果进行分析，必要时修改实验方案，重新实验。

第三章　焊　接

第一节　手工电弧焊

一、实训目的

（1）了解焊接的分类方法；
（2）了解焊条电弧焊机的工作原理；
（3）了解焊条的成分及选用方法；
（4）掌握手工电弧焊的操作技术。

二、实训准备知识

（一）焊接基础知识

焊接是通过加热或加压，或两者并用，并且用或不用填充材料，使焊件结合在一起的一种加工方法。与机械连接、黏接等其他连接方法比较，焊接具有质量可靠（如气密性好）、生产效率高、成本低、工艺性好等优点。

焊接已成为制造金属结构和机器零件的一种基本工艺方法，如船体、锅炉、高压容器、车厢、家用电器和建筑构架等都是用焊接方法制造的。此外，焊接还可以用来修补铸、锻件的缺陷和磨损了的机器零、部件。

（二）焊接的分类

焊接的方法很多，按焊接物理过程的特点不同，焊接方法分为熔焊、压焊和钎焊三大类。基本焊接方法及其分类如图 3.1 所示。

（1）熔焊是将焊件连接处局部加热到熔化状态，然后冷却凝固成一体，不加压力完成焊接。

（2）压焊是在焊接过程中必须对焊件施加压力（加热或不加热）完成焊接的方法。

（3）钎焊是采用低熔点的填充金属（称为钎料）熔化后，与固态焊件金属相互扩散形成原子间结合而实现连接的方法。

本节主要讲述焊条电弧焊的焊接工艺及操作方法。

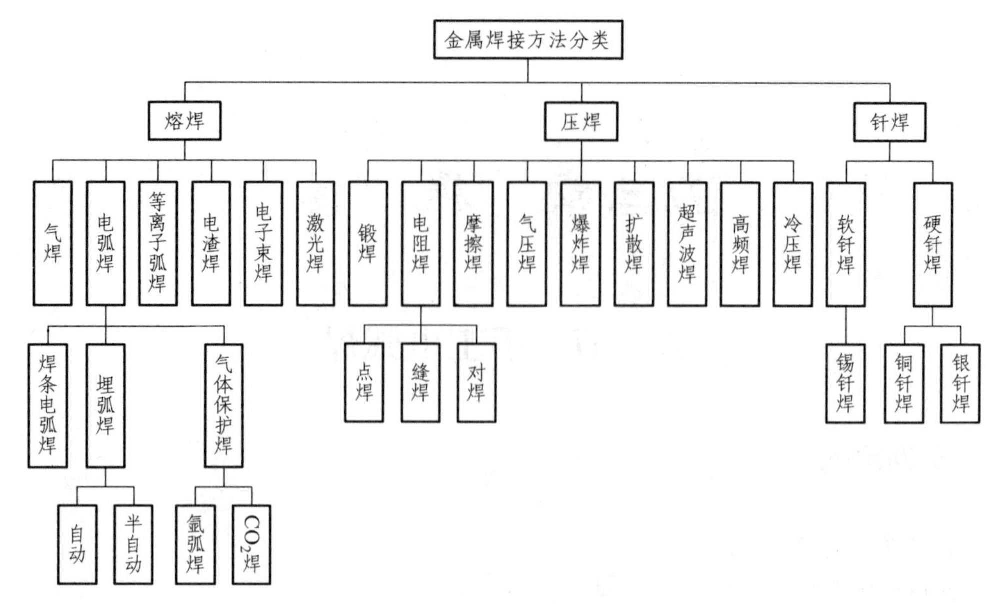

图 3.1 基本焊接方法

（三）焊条电弧焊焊缝的成形过程

手弧焊是手工操纵焊条进行焊接的电弧焊方法。手弧焊所用的设备简单，操作方便、灵活，所以应用极广。

焊接前，将焊钳和焊件分别接到焊机输出端的两极，并用焊钳夹持焊条，如图 3.2 所示。焊接时，利用焊条与焊件间产生的高温电弧作热源，使焊件接头处的金属和焊条端部迅速熔化，形成金属熔池。当焊条向前移动时，随着新的熔池不断产生，原先的熔池不断冷却、凝固，形成焊缝，从而使两分离的焊件焊成一体。

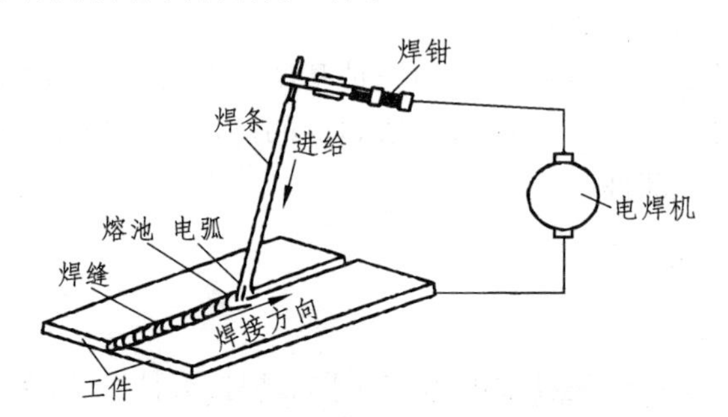

图 3.2 焊条电弧焊焊接过程

（四）焊条电弧焊设备

1. 交流弧焊机

交流弧焊机又称弧焊变压器，也即交流弧焊电源，用以将电网的交流电变成适宜于弧焊的交流电。常见的型号有：BX1-300、BX3-300。其中 B 表示弧焊变压器，X 为下降特性电源，1 为动铁心式，3 为动线圈式，300 为额定电流的安培数。图 3.3 为 BX3-300 型交流电焊机。

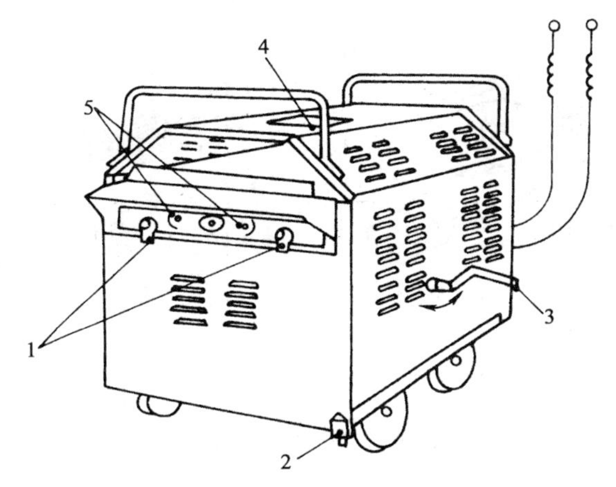

图 3.3　BX3-300 型交流弧焊机

1—焊接电源两极；2—接地螺钉；3—调节手柄（细调电流）；
4—电流指示盘；5—线圈抽头（粗调电流）

2. 直流弧焊机

直流弧焊机是一种优良的电弧焊电源，现被大量使用。它由大功率整流元件组成整流器，将电流由交流变为直流，供焊接使用。整流式直流弧焊机的型号含义：如 ZXG-500，其中，Z 为整流弧焊电源，X 为下降特性电源，G 为硅整流式，500 为额定电流的安培数。图 3.4 所示为整流式直流弧焊机。

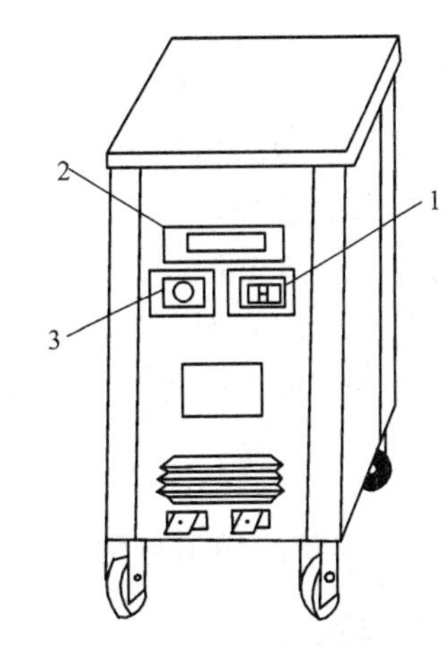

图 3.4　整流式直流弧焊机

1—电流开关；2—电流指示盘；
3—电流调节盘

3. 弧焊机的主要技术参数

① 初级电压：指弧焊所要求的电源电压。一般交流弧焊机的初级电压为 220 V 或 380 V，直流弧焊机的初级电压为 380 V。

② 空载电压：指弧焊机在未焊接时的输出电压。一般交流弧焊机的空载电压为 60 ~ 80 V，直流弧焊机的空载电压为 50 ~ 90 V。

③ 工作电压：指弧焊机在焊接时的输出电压，一般弧焊机的工作电压为 20 ~ 40 V。

④ 输入容量：输入到弧焊机的电流与电压的乘积，它表示弧焊变压器传递电功率的能力。

⑤ 电流调节范围：指弧焊机在正常工作时可提供的焊接电流范围。按弧焊机的结构不同，调节弧焊机的焊接电流分为粗调节和细调节两步进行。

⑥ 负载持续率：指 5 min 内有焊接电流的时间所占的平均百分数。

4. 焊条电弧焊的工具

进行焊条电弧焊时必需的工具有夹持焊条的焊钳，保护操作者的皮肤、眼睛免于灼伤的手套和面罩，清除焊缝表面渣壳用的清渣锤和钢丝刷等。图 3.5 所示为焊钳与面罩的外形图。

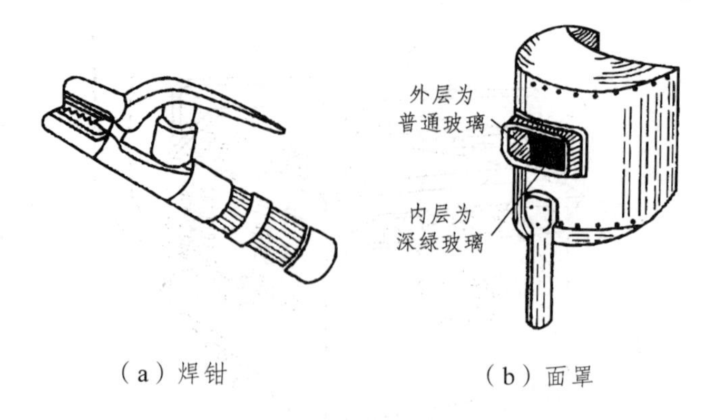

（a）焊钳　　（b）面罩

图 3.5　焊钳与面罩

（五）焊　条

焊条是涂有药皮的供手弧焊用的熔化电极。

1. 焊条成分和各部分作用

焊条由焊芯和药皮两部分组成。焊芯是焊条内的金属丝，在焊接过程中起到电极、产生电弧和熔化后填充焊缝的作用。为保证焊缝金属具有良好的塑性、韧性和减少产生裂纹的倾向，焊芯必须选用经过专门冶炼的低碳、低硅、低磷的金属丝制成。

焊条的直径是表示焊条规格的一个主要参数，用焊芯的直径来表示。常用的焊条直径范围为 2.0 ~ 6.0 mm，长度为 300 ~ 400 mm。

药皮是压涂在焊芯表面上的涂料层，是由矿石粉、有机物粉、铁合金粉和黏结剂等原料按一定比例配制而成。药皮的主要作用是：引弧、稳弧、保护焊缝（不受空气中有害气体侵害）及去除杂质。

2. 焊条的种类与型号

焊条按用途不同分为若干类，如碳钢焊条、低合金钢焊条、不锈钢焊条等。碳钢焊条型号是以字母“E”加四位数字组成。“E”表示焊条；前面两位数字表示熔敷金属的最低抗拉强度值；第三位数字表示焊接位置，“0”及“1”表示焊条适用于全位置焊接，“2”表示焊条适用平焊或角焊；第三位和第四位数字组合时，表示焊接电流种类和药皮类型，“03”表示钛钙型药皮，交、直流两用；“05”表示低氢型药皮，只能用直流电源（反接法）焊接。如 E4315 表示熔敷金属的最低抗拉强度为 430 MPa，全位置焊接，低氢钠型药皮，直流反接使用。

焊条按药皮熔渣化学性质分为酸性焊条和碱性焊条两大类。

酸性焊条熔渣中含有大量的酸性氧化物，如 SiO_2、TiO_2。酸性焊条能交、直流焊机两用，焊接工艺性能较好，但焊缝的力学性能特别是冲击韧度较差，适用于一般的低碳钢和相应强度等级的低合金钢结构的焊接。

碱性焊条熔渣中含有大量碱性氧化物，如 CaO、CaF_2。碱性焊条一般用于直流焊机，只有在药皮中加入较多稳弧剂后，才适于交、直流电源两用。碱性焊条脱硫、脱磷能力强，焊缝金属具有良好的抗裂性和力学性能，特别是冲击韧度很高，但工艺性能差。碱性焊条主要适用于低合金钢、合金钢及承受动载荷的低碳钢等重要结构的焊接。

（六）焊条电弧焊工艺

1. 焊接接头形式

根据焊件厚度和工作条件的不同，需要采用不同的焊接接头形式。常用的接头形式有对接、搭接、角接和T形接几种，如图3.6所示。对接接头受力比较均匀，应用最为广泛，重要的受力焊缝应尽量选用对接接头。

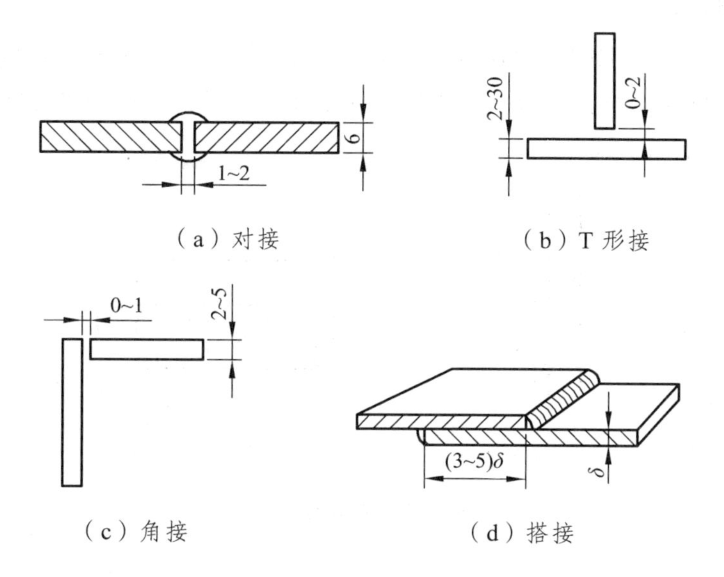

（a）对接　（b）T形接

（c）角接　（d）搭接

图3.6　焊接接头形式

2. 坡口形状

坡口的作用是为了保证电弧深入焊缝根部，使根部能焊透，以便清除熔渣，获得较好的焊缝成形和焊接质量。当焊件厚度≤6 mm时，在焊件接头处只要留有一定间隙就能保证焊透。当焊件厚度＞6 mm时，为了焊透和减少母材熔入熔池中的相对数量，根据设计和工艺需要，在焊件的待焊部位加工成一定几何形状的沟槽，称为坡口。为了防止烧穿，常在坡口根部留有1～3 mm的直边，称为钝边。选择坡口形状时，主要考虑下列因素：是否能保证焊缝焊透；坡口形状是否容易加工；应尽可能提高劳动生产率、节省焊条；焊后变形尽可能小等。常用的坡口形状如图3.7所示。

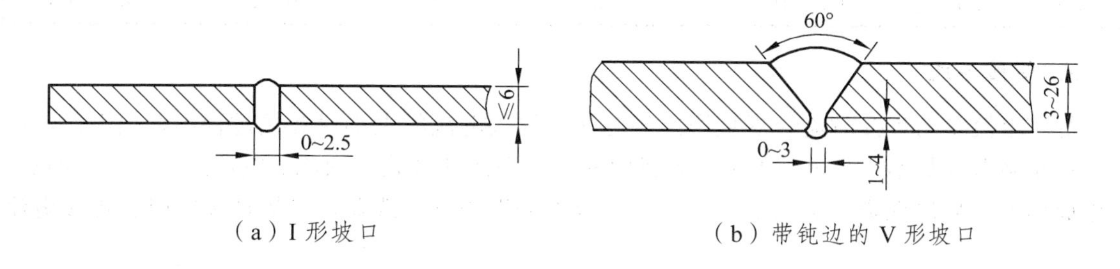

（a）I形坡口　（b）带钝边的V形坡口

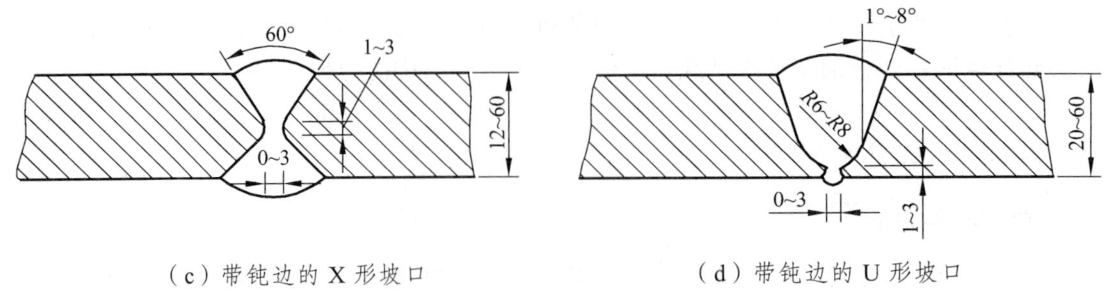

（c）带钝边的 X 形坡口　　（d）带钝边的 U 形坡口

图 3.7　对接接头坡口形状

3. 焊接空间位置

按焊缝在空间的位置不同，焊接可分为平焊、立焊、横焊和仰焊，如图 3.8 所示。平焊操作方便，劳动强度小，液体金属不会流散，易于保证质量，是最理想的操作空间位置，应尽可能采用。

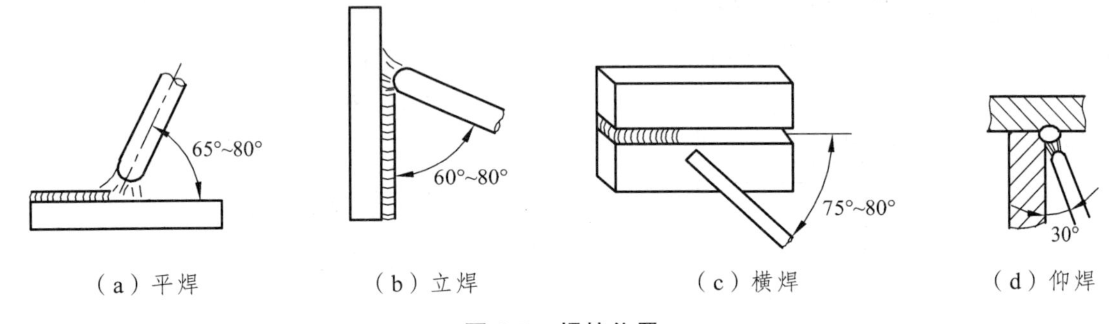

（a）平焊　（b）立焊　（c）横焊　（d）仰焊

图 3.8　焊接位置

（七）焊接工艺参数及其选择

1. 焊条直径

选择焊条直径时，主要取决于焊件的厚度。焊件较厚，则应选较粗的焊条；焊件较薄，则选用较细的焊条。焊条直径还与接头形式和焊接位置有关，如立焊、横焊和仰焊所用的焊条应比平焊的细些，焊条直径的选择可参照表 3.1。一般来说，在保证焊接质量的前提下，应尽量选择大直径的焊条，以提高生产效率。

表 3.1　焊条直径的选择

焊件厚度/mm	2	3	4 ~ 7	8 ~ 12	> 12
焊条直径/mm	1.6、2.0	2.5、3.2	3.2、4.0	4.0、5.0	4.0 ~ 5.8

2. 焊接电流

焊接电流是指焊接时流经焊接回路的电流。焊接电流的大小对焊接过程影响很大，焊接电流过小会造成焊不透、熔合不良，焊缝中易形成夹渣和气孔等缺陷；电流过大，电弧不稳，焊缝成形差，易出现烧穿等缺陷。焊接电流应根据焊条直径选取。平焊低碳钢时，焊接电流

I和焊条直径 d 的关系为 $I=(30\sim60)d$ 。

上述求得的焊接电流只是一个初步数值，还要根据焊件厚度、接头形式、焊接位置、种类等因素，通过试焊进行调整。如立焊和仰焊时，焊接电流比平焊时减少 10% ~ 20%；采用酸性焊条时电流比碱性焊条大些。

3. 电弧电压

电弧电压是指电弧两端（两极）之间的电压降。电弧电压由电弧长度决定，电弧长，电弧电压高；电弧短，电弧电压低；电弧过长，电弧燃烧不稳定，熔深小，并且容易产生焊接缺陷。因此，焊接时须采用短电弧。一般要求电弧长度不超过焊条直径，多为 2 ~ 4 mm。

4. 焊接速度

焊接速度是指单位时间内完成的焊缝长度，它对焊缝质量影响很大。焊速过快，焊缝的熔深浅，焊缝宽度小，甚至可能产生夹渣和焊不透的缺陷；焊速过慢，焊缝熔深较深，焊缝宽度增加，特别是薄件易烧穿。手弧焊时，焊接速度由焊工凭经验掌握，一般在保证焊透的情况下，应尽可能提高焊接速度。

三、实训示例

（一）引　弧

常用的引弧方法有直击法和划擦法。

直击引弧时，将焊条末端对准焊件，使焊条轻微碰一下焊件，再迅速将焊条提起 2 ~ 4 mm，使电弧保持稳定燃烧，如图 3.9（a）所示。这种引弧方法不会使焊件表面划伤，又不受焊件表面大小、形状的限制，是焊接生产中主要采用的引弧方法。

划擦引弧时，先将焊条对准焊件，再将焊条像划火柴似的在焊件表面轻微摩擦，引燃电弧，然后迅速将焊条提起 2 ~ 4 mm，并使其稳定燃烧，如图 3.9（b）所示。这种方法容易掌握，但容易损坏焊件的表面。

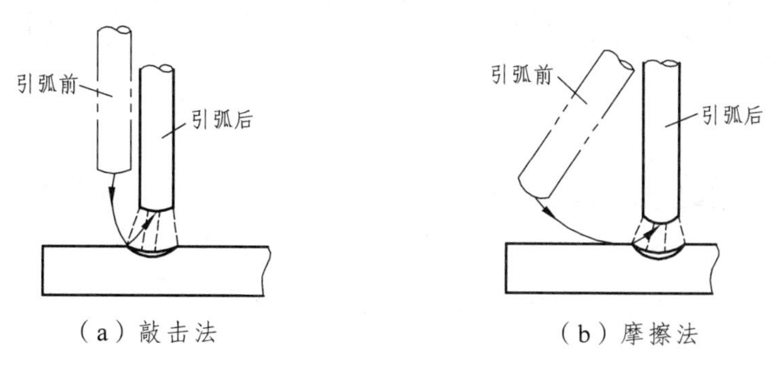

（a）敲击法　　（b）摩擦法

图 3.9　引弧方法

注意：引弧时，如果焊条和工件黏结在一起，可将焊条左右摇动后拉开，如拉不开，则要松开焊钳，切断焊接电路，待焊条稍冷后再拉开。短路时间太长，会烧坏电焊机。

（二）运　条

引弧后，首先必须掌握好焊条与焊件之间的角度，并使焊条同时完成图 3.10 所示的 3 个基本动作。

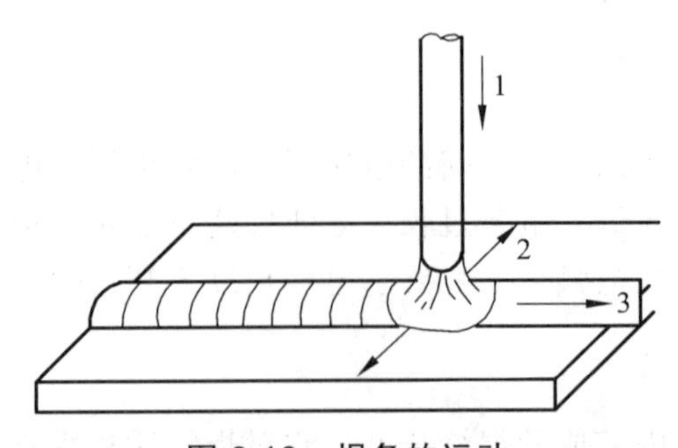

图 3.10　焊条的运动

1—送进运动；2—横向摆动；3—沿焊缝移动

（1）焊条向下送进，以保持一定的弧长。弧长过长，电弧会飘摇不定，引起金属飞溅或熄弧；弧长过短，则容易短路。

（2）焊条沿焊缝方向移动，移动速度过慢，焊缝就会过高、过宽，外形不整齐，甚至烧穿工件；移动过快，则焊缝过窄，甚至焊不透。

（3）焊条沿焊缝横向摆动，以获得一定宽度的焊缝。焊条横向摆动的方法有直线形、锯齿形、月牙形、三角形、圆形等，如图 3.11 所示。

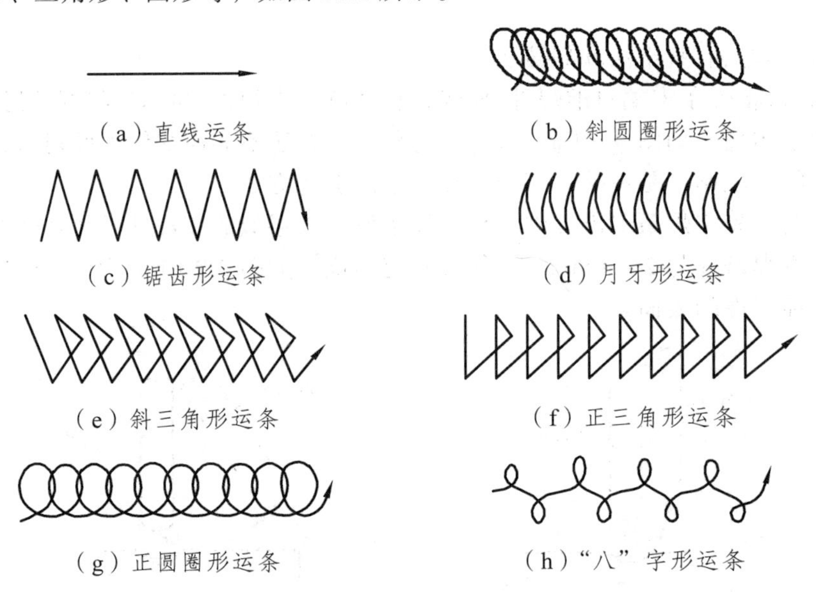

图 3.11　焊条的基本运条方法

（三）焊缝收尾

焊缝收尾是指焊缝在焊接结束时的方法，常用的收尾方法有划圈收尾法和反复断弧收尾法。

划圈收尾法主要用于厚板材料焊接收尾，具体操作是：将焊条做环形摆动，直到弧坑填满为止再拉断电弧，如图 3.12 所示。

反复断弧收尾法主要用于薄板材料焊接收尾，具体操作是：将焊条移至焊道终点时，在弧坑上作数次反复熄弧与引弧，直至弧坑填满为止，如图 3.13 所示。碱性焊条易产生气孔，不可采用此法。

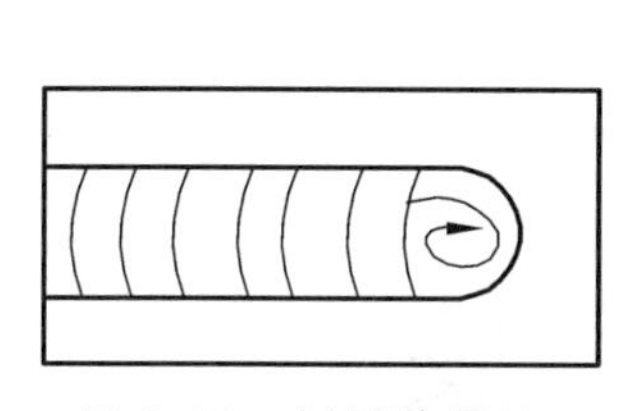

图 3.12　划圈收尾法

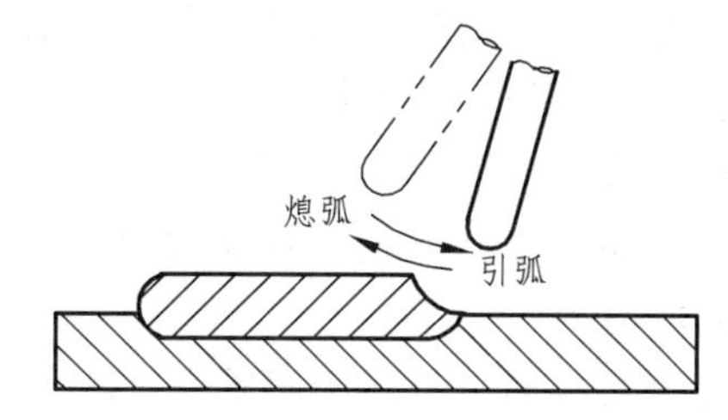

图 3.13　反复断弧收尾法

（四）手工电弧焊焊接步骤

（1）把钢板所要对接面加工成直线，使对接钢板对齐，留有 1～2 mm 的间隙。

（2）对焊机进行通电，在未通电之前需检查焊机是否安全。

（3）戴上电焊手套，并用焊钳夹持好焊条。

（4）正确使用电焊面罩，规范地引弧、运条并试焊，选择最佳的电流。

（5）对焊件按规范进行焊接，如焊件较长，可每隔 300 mm 左右点固，除渣后再进行焊接。

（6）焊后清渣，检查焊缝是否有缺陷，有缺陷再进行补焊，完工后切断焊机电源，清扫场地。

第二节　二氧化碳气体保护电弧焊

一、实训目的

（1）了解二氧化碳气体保护焊的工作原理及应用范围；

（2）了解二氧化碳气体保护焊的基本操作技术。

二、实训准备知识

（一）二氧化碳气体保护焊及其应用

二氧化碳气体保护焊是利用 CO_2 作为保护气体的熔化极电弧焊方法。

1. 二氧化碳气体保护焊的工艺特点

二氧化碳气体保护焊的优点：

① 焊接生产率高（电流大、不清渣）；
② 焊接成本低（气体便宜、电能利用率高）；
③ 焊接变形小（受热面积小，具有气体冷却作用）；
④ 焊接质量好（裂纹敏感性小）；
⑤ 使用范围广；
⑥ 操作简便（不清渣、明弧、易于机械化）。
二氧化碳气体保护焊的缺点：
① 飞溅严重；
② 一般不能使用交流电，设备复杂；
③ 抗风能力差；
④ 不能焊接容易氧化的有色金属；
⑤ 焊缝外形比较粗糙；
⑥ 劳动条件差（弧光、气体）。
适用材料：适用于低碳钢、低合金钢等黑色金属；耐磨件堆焊、铸铁补焊及电铆焊。
不适用材料：不锈钢、易氧化的有色金属。
适用领域：汽车制造、机车车辆制造、化工机械、农业机械、矿山机械、飞机制造。

2. CO_2焊设备的组成和作用

如图 3.14 所示，CO_2 焊设备由焊接电源、送丝机构、焊枪、供气系统及控制系统等几部分组成。

图 3.14 CO_2焊设备

① 焊接电源：CO_2焊一般采用直流电源且反极性连接。

② 送丝系统：根据使用焊丝直径的不同，送丝系统可分为等速送丝式和变速送丝式，通常焊丝直径不小于 3 mm 时采用变速送丝方式，焊丝直径不大于 2.4 mm 时采用等速送丝式，图 3.15 为送丝系统组成。

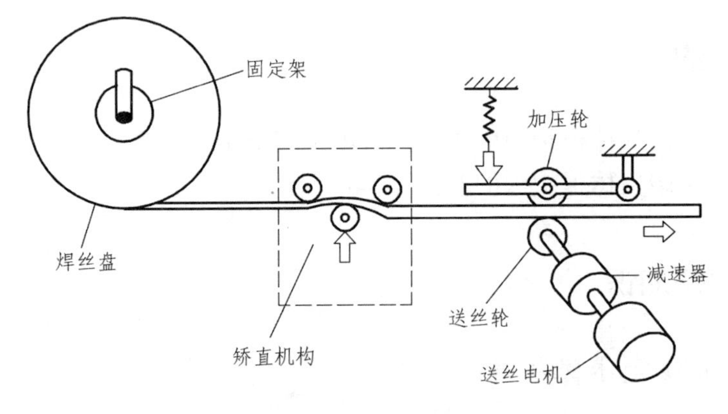

图 3.15 送丝系统

③ 焊枪：用于导电、导气、导丝，如图 3.16 和图 3.17 所示。
④ 供气系统：主要是为焊接表面提供保护气，如图 3.18 所示。

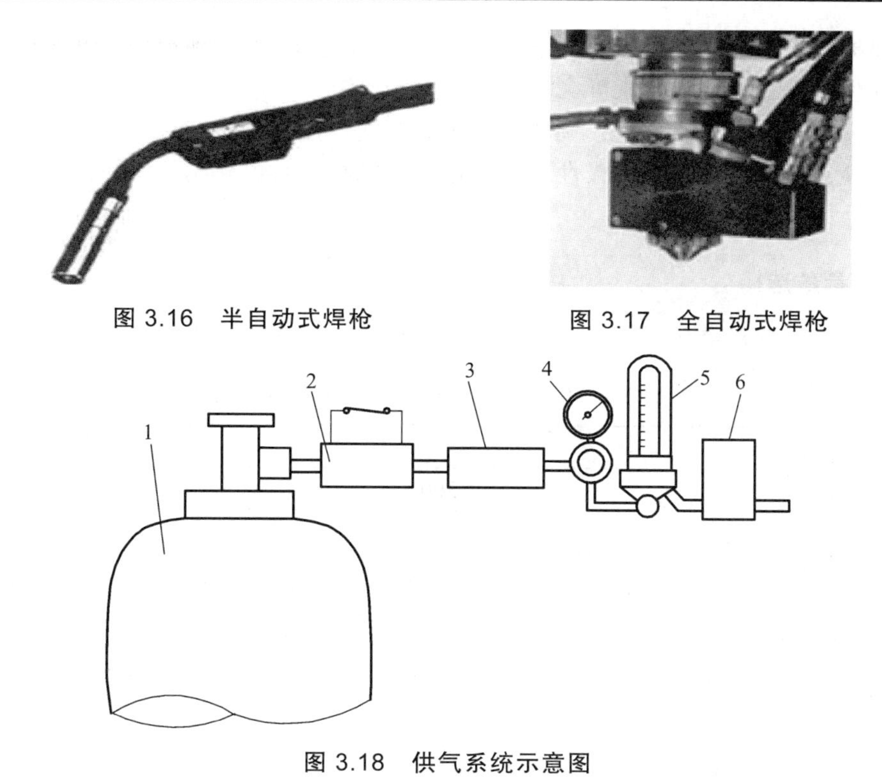

图 3.16 半自动式焊枪

图 3.17 全自动式焊枪

图 3.18 供气系统示意图

1—CO_2 钢瓶；2—预热器；3—干燥器；4—减压阀；5—流量计；6—电磁气阀

⑤ 控制系统：CO_2 焊控制系统的作用是对供气、送丝和供电系统实现控制。图 3.19 为 CO_2 半自动焊接控制程序方框图。

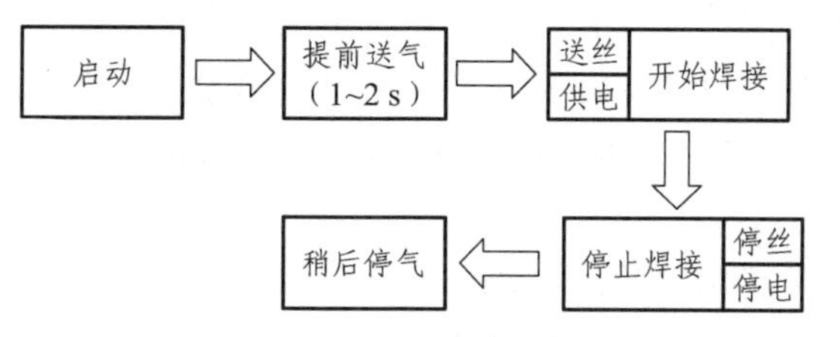

图 3.19 CO_2 半自动焊接控制程序方框图

3. CO_2 焊工艺

焊丝直径：焊丝直径为 0.6 ~ 1.6 mm，直径增加，飞溅颗粒增大；相同电流下，焊丝越细，熔化速度越高。

焊接电流：如果电流过大，需要用极大的送丝速度，从而引起熔池翻腾和焊缝成形恶化；电流大小取决于送丝速度，随着送丝速度的增加，焊接电流也增加，大致成正比关系。

电弧电压：短路过渡的电弧电压一般在 17 ~ 25 V。电弧电压的选择与焊丝直径及焊接电流有关，它们之间存在着协调匹配关系。

焊接速度：速度加快，焊缝厚度、焊缝宽度、焊缝余高均减小；速度过快会出现咬边、驼峰焊缝；速度过慢，焊道变宽、漫溢。

保护气流量：与焊接电流有关，200 A 以下为 10 ~ 15 L/min，200 A 以上为 15 ~ 25 L/min。

侧向风对保护效果影响显著，风速大于 2 m/s 时，气孔明显增加。

焊丝伸出长度：一般伸出长度为焊丝直径的 10 倍。

电感值：控制电流增长速度；调节电弧燃烧时间，控制母材熔深。

电源极性：一般采用直流反极性，电弧稳定，飞溅小，焊缝成形良好；堆焊及铸铁补焊时采用正极性，以提高熔敷速度。

4. 焊接参数选择

焊接电流：与焊接电压相匹配，提高电流，相应提高焊接电压，如表 3.2 所示。

表 3.2 细滴过渡的电流下限及电压范围

焊丝直径/mm	电流下限/A	电弧电压/V
1.2	300	34 ~ 45
1.6	400	34 ~ 45
2.0	500	34 ~ 45
3.0	650	34 ~ 45

焊接电压：一般选择 34 ~ 45 V。

焊接速度：常用焊速为 40 ~ 60 m/h。

保护气体流量：常用气流量范围为 25 ~ 50 L/min。

5. 焊前准备

坡口形状：细焊丝短路过渡的 CO_2 焊主要焊接薄板或中厚板，一般开 I 形坡口；粗焊丝细滴过渡的 CO_2 焊主要焊接中厚板及厚板，可以开较小的坡口。

坡口加工方法与处理：加工坡口的方法主要是机械加工、气割和碳弧气刨等。焊缝附近有污物时，会影响焊接质量。焊前应将坡口周围 10 ~ 20 mm 内的油污、油漆、铁锈、氧化皮及其他污物清除干净。

定位焊：焊接薄板时定位焊缝应该细而短，长度为 3 ~ 10 mm，间距为 30 ~ 50 mm，焊接中薄板时定位焊缝间距较大，达 100 ~ 500 mm。

6. 引弧与收弧

引弧工艺：半自动 CO_2 焊时习惯的引弧方式是焊丝端头与焊接处摩擦的过程中按焊枪按钮，这种方法通常称为划擦引弧。

收弧方法：焊道收尾处往往出现凹陷，它被称为弧坑。应设法减小弧坑尺寸，目前主要的方法如下：① 采用带有电流衰减装置的焊机时，最好以短路过渡的方式处理弧坑；② 没有电流衰减装置时，在弧坑未完全凝固的情况下，应在其上进行几次断续焊接；③ 使用工艺板，也就是把电弧坑引到工艺板上，焊完之后去掉它。

7. 焊道的接头方法

直线焊接时，接头方法是在弧坑稍前处引弧，然后将电弧快速移到原焊道的弧坑中心，当熔化金属与原焊缝相连后，再返回向焊接方向移动。

（二）平焊的焊接技术

单面焊双面成形技术：从正面焊接，同时获得背面成形的焊道称为单面焊双面成形。

悬空焊接：加垫板的焊接。

对接焊缝的焊接技术：薄板对接焊一般都采用短路过渡；中厚板大都采用细滴过渡，坡口形状可采用 I 形，Y 形，U 形和 X 形。

第三节　气焊、气割

一、实训目的

（1）了解气焊和气割的工作原理及应用范围；

（2）了解气焊和气割的基本操作技术。

二、实训准备知识

（一）气焊及其应用

气焊和气割是利用可燃性气体和氧气混合燃烧所产生的火焰，来熔化工件与焊丝进行焊接或切割的方法，在金属结构件的生产中被大量应用。

1. 气焊工艺特点及基本原理

气焊是利用气体火焰加热并熔化母体材料和焊丝的焊接方法。与电弧焊相比，气焊不需要电源，设备简单；气体火焰温度较低，可以焊接很薄的零件；在焊接铸铁、铝及铝合金、铜及铜合金时焊缝质量好。缺点是热量比较分散，生产效率低，工件变形严重。

气焊主要用于焊接厚度在 3 mm 以下的薄钢板，铜、铝等有色金属及其合金，以及铸铁的补焊等。此外，没有电源的野外作业也常使用气焊。

气焊通常使用的可燃性气体是乙炔（C_2H_2），氧气是气焊中的助燃气体。乙炔用纯氧助燃，与在空气中燃烧相比，能大大提高火焰的温度。乙炔和氧气在焊炬中混合均匀后，从焊嘴喷出燃烧，将工件和焊丝熔化形成熔池，冷凝后形成焊缝。气焊基本工作原理如图 3.20 所示。

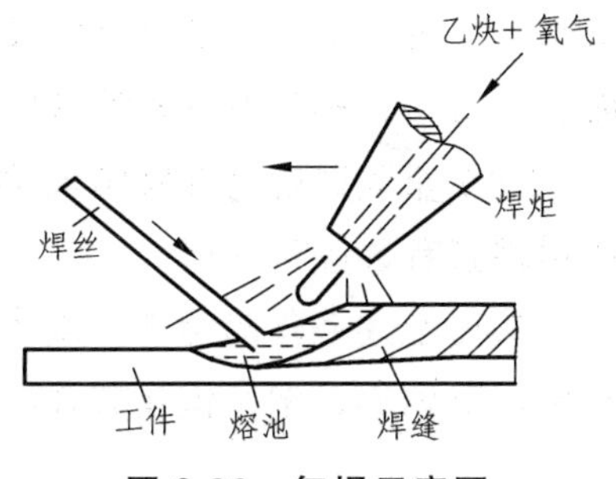

图 3.20　气焊示意图

2. 气焊设备

气焊设备及其连接方式如图 3.21 所示。气焊设备主要包括乙炔瓶、氧气瓶、减压器和焊炬，焊炬如图 3.22 所示。

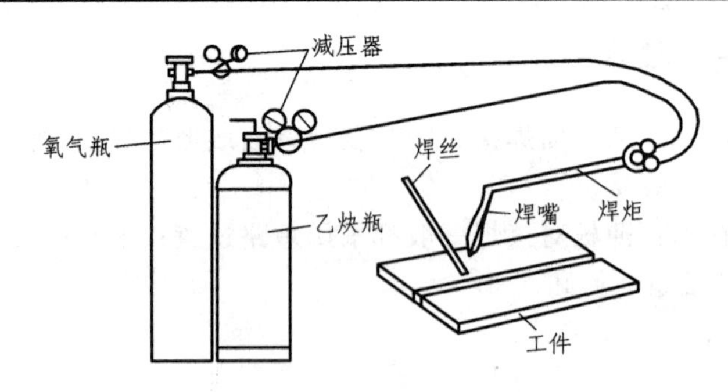

图 3.21 气焊设备及其连接示意图

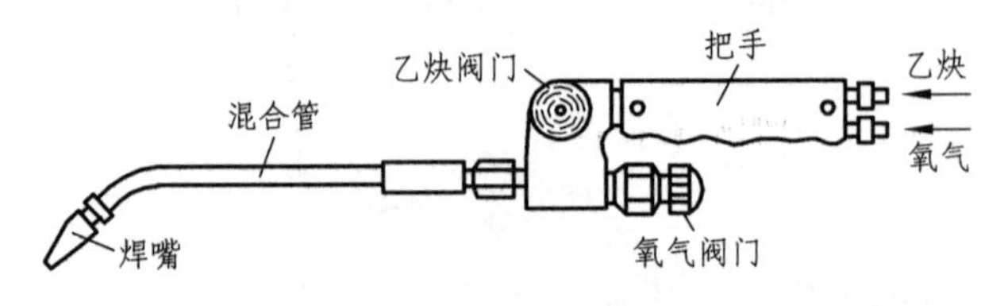

图 3.22 焊炬的结构

（二）气割及其应用

1. 气割工艺

氧气切割简称气割。它是利用气体火焰的热能将工件切割处预热到一定温度，然后通以高速切割氧流，使金属燃烧并放出热量实现切割的方法。常用氧乙炔焰作为气体火焰进行切割，也称氧乙炔气割。

并非所有的金属都能采用氧气切割，能使用氧气切割的金属必须具备如下条件：

（1）金属的燃点必须低于熔点，这样才能保证金属切割过程是燃烧过程，而不是熔化过程，否则切割时，金属先熔化变为熔割，致使切口过宽，且不整齐。高碳钢和铸铁燃点比熔点高，故不宜采用气割。

（2）燃烧生成的氧化物的熔点应低于金属本身的熔点，同时流动性要好，能及时熔化并被吹走，否则就会在割口处形成固态氧化物，阻碍氧气流与下层金属的接触，使切割过程不能正常进行。铝和不锈钢难以切割的原因即在于此。

（3）金属燃烧时能放出大量的热，而且金属本身的导热性低，以保持足够的预热温度，使切割过程能连续进行。

满足上述条件的纯铁、低碳钢、中碳钢和普通低合金钢均能采用氧气切割；而高碳钢，铸铁，不锈钢，铝、铜及其合金等不宜用氧气切割。

2. 气割设备

气割设备与气焊基本相同，只需把焊炬换成割炬即可。割炬与焊炬相比，增加了输送氧气的管道和调节阀，割嘴的结构与焊嘴也不相同，割嘴周围有两条通道，周围的一圈是乙炔与氧的混合气体出口，中间为切割氧气的出口，两者互不相通。

三、气焊和气割基本操作技术

（一）气焊基本操作技术

（1）点火：点火时，先稍微开一点焊炬的氧气阀门，再开大乙炔阀门，然后可立即点燃焊嘴火焰，此时火焰为碳化焰。

（2）调节火焰：根据焊接材料厚度确定采用乙炔焰，再开大氧气阀门，火焰开始变短，淡白色的中间层逐渐向白亮色焰心靠拢，当调到刚好要重合还没有重合时，这时的火焰为中性焰。

（3）焊接：分左焊法与右焊法两种。左焊法应用最普遍，气焊时右手握焊炬，左手拿焊丝，焊嘴沿焊缝自然倾斜，先使焊件熔化形成熔池，然后将焊丝熔化滴入熔池。要保持熔池一定的大小，当熔池大时，说明热量高，应提起焊嘴或减小倾角来改变火焰。

（二）气割基本操作技术

（1）气割前的准备：先将割件表面切口两侧 30 ~ 50 mm 内的铁锈、油污清理干净，并在割件下面用耐火砖垫空，以便排放熔渣。不能把割件直接放在水泥地上气割。

（2）点火：点火并将火焰调整为中性焰；打开切割氧开关，增大氧气流量，使切割氧流的形状为笔直而清晰的圆柱体，并有适当长度；关闭切割氧开关，准备起割。

（3）气割：气割时双脚成“八”字形蹲在割件一旁，右手握住割炬手把，并以右手的拇指和食指把住预热氧调节阀，以便调整预热火焰和发生回火时及时切断预热氧气；左手的拇指和食指把住切割氧的调节阀，其余三指平稳地托住混合气管，以便掌握方向。气割开始时，首先预热割件边缘至亮红色达到燃点，再将火焰略微移动到边缘以外，同时慢慢打开切割氧开关，当看到熔渣被氧气流吹掉时，应开大切割氧调节阀，待听到割件下面发出“噗、噗”的声音表明已被割透，此时可按一定速度向前切割。

（4）停割：切割临近终点时，割嘴应朝切割相反的方向倾斜一些，以利于割件下部提前割透，使割缝收尾处比较整齐。切割结束时，应迅速关闭切割氧调节阀，并抬起割炬，再关闭乙炔调节阀，最后关闭预热氧调节阀。

第四章 钳 工

第一节 钳工应用及划线

一、实训目的

（1）了解钳工的基本概念及特点；
（2）了解钳工常用的设备及钳工的应用范围；
（3）了解划线的工具、量具；
（4）掌握划线方法。

二、实训准备知识

（一）钳工基本概念及特点

钳工是以手工操作为主，使用工具来完成零件的加工、装配和修理工作，其基本操作有划线、錾削、锯削、锉削、刮削、研磨、钻孔、扩孔、铰孔、锪孔、攻螺纹、套螺纹等。

钳工技术工艺比较复杂、加工程序细致，具有“万能”和灵活的优势，可以完成机械加工不方便或无法完成的工作，所以在机械制造中仍起着十分重要的作用。目前，虽然有各种先进的加工方法，但很多工作仍然需要钳工来完成。钳工根据其加工内容的不同，又有普通钳工、工具钳工、模具钳工和机修钳工等。随着机械工业的发展，钳工操作也将不断提高机械化程度，以减轻劳动强度和提高劳动生产率。

（二）钳工工艺范围

（1）进行修配及小批量零件的加工。
（2）精度较高的样板及模具的制作。
（3）整机产品的装配及调试。
（4）机器设备使用中的调试和维修。

（三）钳工常用的设备

1. 钳　台

钳台也称工作台，如图 4.1 所示，钳台的高度一般为 800 ~ 900 mm，长度和宽度随工作需要而定。钳台要有足够的稳定性，工作台上安装台虎钳，台虎钳钳口上表面与操作者的手肘齐平为宜。

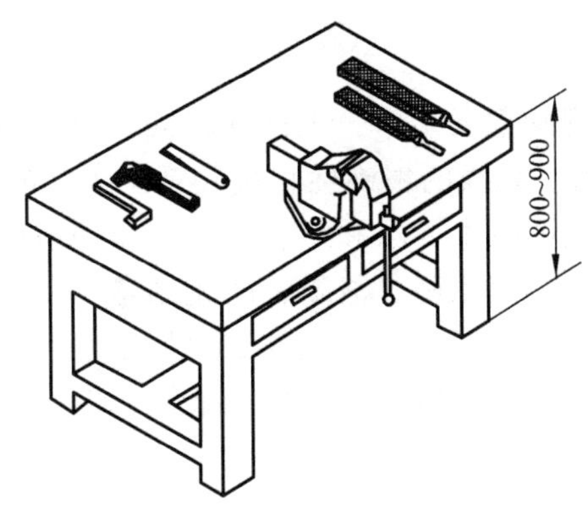

图 4.1　钳工工作台

2. 台虎钳

台虎钳是用来夹持工件的通用夹具，其规格用钳口宽度来表示，常用规格有 100 mm、125 mm 和 150 mm 等。

台虎钳有固定式和回转式两种，如图 4.2 所示。两者的主要结构和工作原理基本相同，其不同点是回转式台虎钳比固定式台虎钳多一个底座，钳身可在底座上回转，可根据工作需要选定适当的位置。因此，回转式台虎钳使用方便、应用范围广，可满足不同方位的加工需要。

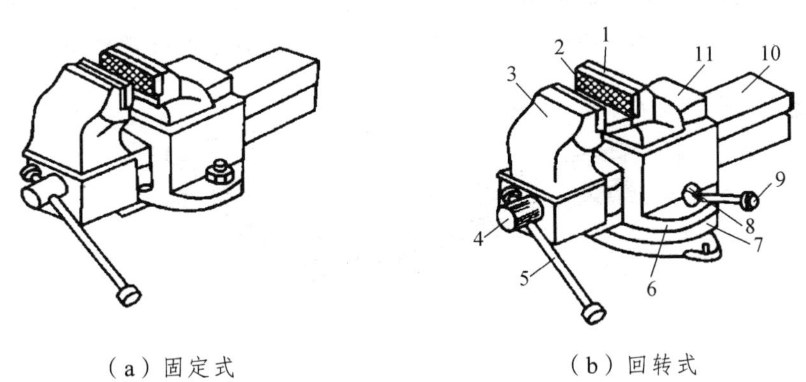

（a）固定式　　（b）回转式

图 4.2　台虎钳

1—固定钳身；2—钳口；3—活动钳身；4—丝杠；5—夹紧手柄；6—转盘座；7—底座；8—紧固螺钉；9—紧固手柄；10—导轨；11—砧座

使用台虎钳时应注意以下事项：

（1）夹紧工件时要松紧适当，只能用手扳紧手柄，不得借助其他工具加力。

（2）工件尽量夹持在钳口中部，使钳口受力均衡，夹持工件稳固可靠。

（3）不许在活动钳身的导向平面上进行敲击作业。

（4）强力作业时，应尽量使力量朝向固定钳身。

（5）台虎钳应保持清洁，并注意润滑和防锈。

（四）划线的作用及种类

1. 划线的作用

划线是切削加工工艺过程的重要工序，工件坯料或半成品加工时，常凭借划线作为加工或校正尺寸和相对位置的依据，划线的精确性直接关系到零件的加工质量和生产效率。因此，划线前，必须仔细分析零件图的技术要求和工艺过程，合理地确定划线位置的分布、划线的步骤和方法，划出的每一根线，应正确、清晰，防止划错。

划线也可检查坯件是否合格，对合格的坯件定出加工位置，标明加工余量；对有缺陷尚可补救的坯件，采用划线借料法，特定地分配加工余量，以加工出合格的零件。

2. 划线的种类

划线作业可分为两种：在工件的一个表面上划线，称为平面划线；在毛坯或工件的几个表面上划线，称为立体划线。

（五）划线工具及其使用

1. 划线平板

划线平板也称划线平台，如图 4.3 所示，用铸铁制成，工作表面经精刨和刮削（表面粗糙度一般为 $Ra3.2 \sim 1.6\ \mu m$），作为划线时放置工件的基准，工作表面应处于水平状态。划线平台要经常保持清洁，不得用硬质的工件或工具敲击工作面。在较大毛坯工件上划线时，要先用木板或枕木将工件垫起，以防碰伤平台工作面，影响其平面度及划线质量。

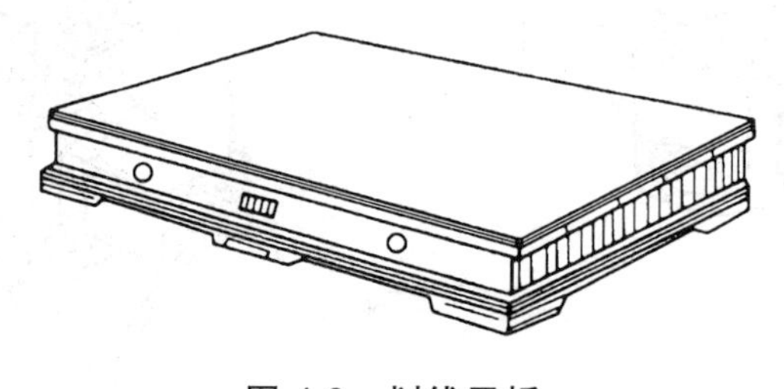

图 4.3　划线平板

2. 划　针

划针是用于在工件表面沿着钢板尺、直尺、角尺或样板划线的工具，常用的划针是用 $\phi 3 \sim \phi 4$ mm 的弹簧钢制成的，其端部可焊接硬质合金针尖。弯头划针是用在直划针划不到的地方。划针及其使用方法如图 4.4 所示。

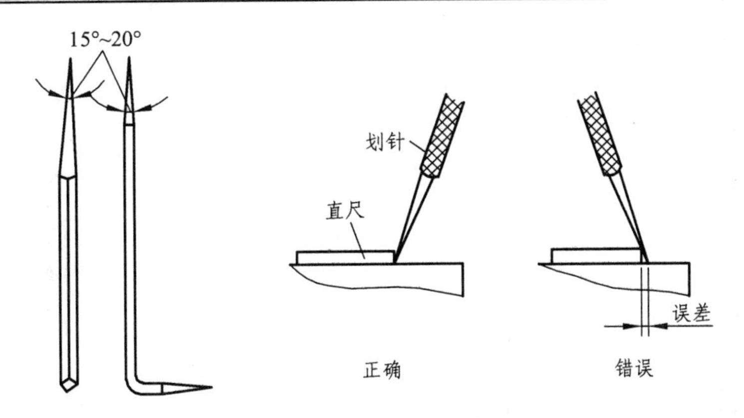

图 4.4　划针及其使用方法

3. 划　规

划规用中、高碳钢制成，双脚尖端淬火硬化，主要用来划圆、圆弧、等分圆弧、等分角度、等分线段等，用法和圆规类似（见图 4.5）。使用时，划规的两脚尖应保持尖端长短要磨得一致，划规基本垂直于划线平面，作为旋转中心的一脚应加以较大的压力，以避免中心滑动。

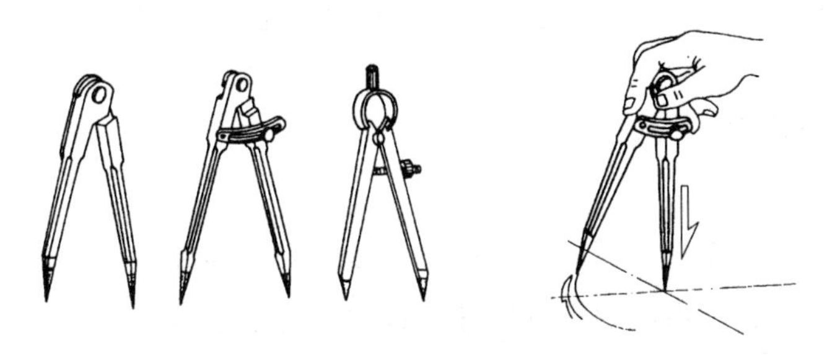

图 4.5　划规及其使用方法

4. 样　冲

样冲用来在工件的划线上打出样冲眼，以备划线模糊后仍能找到原线位置。使用时，先将样冲外倾，使尖端对准线的正中，然后再将样冲立直冲点，如图 4.6 所示。

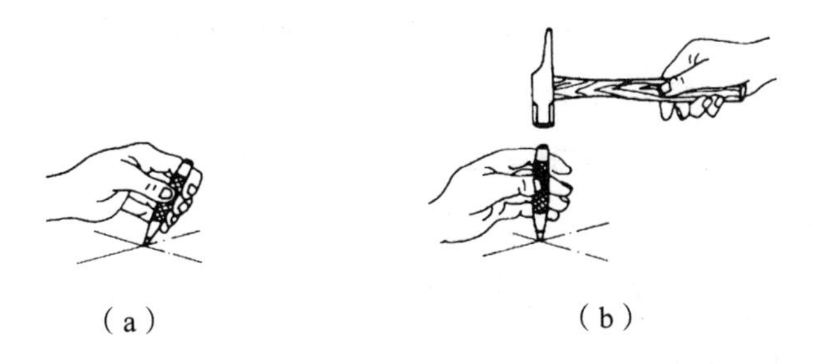

图 4.6　样冲的使用方法

5. 常用划线量具

常用划线量具有钢直尺、90° 角尺、游标卡尺、游标高度尺等，如图 4.7 所示。

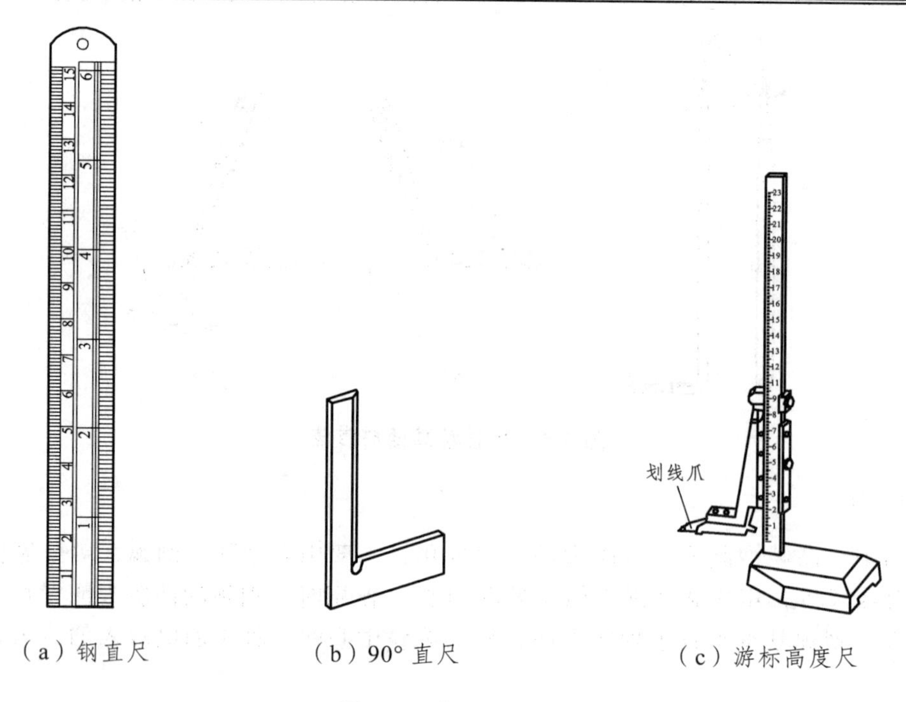

（a）钢直尺　（b）90° 直尺　（c）游标高度尺

图 4.7　常用划线量具

三、划线操作步骤

（1）看清图样，了解零件上需划线的部位，选定划线基准。基准线或基准面用于确定工件上其他线和面的位置，并由此划定各尺寸，选定工件上已加工表面为基准时为光基准。当工件为毛坯时，可选零件制造图上较为重要的几何要素，并力求划线基准与零件的设计基准保持一致。

（2）清理工件表面，如铸件上的浇、冒口，锻件上的飞边、氧化皮等。检查毛坯或半成品的误差情况。

（3）在划线工件孔内装中心塞块，以便定孔的中心位置，塞块常用铅块或木块制成。

（4）在划线部位涂色，铸、锻件毛坯可用石灰水加适量牛皮胶或粉笔，已加工表面用酒精加漆片和紫蓝颜料（甲紫）、硫酸铜溶液等。

（5）正确安放并支承找正工件和选用划线工（量）具。

（6）划线，先划出划线基准及其他水平线。注意在一次支承中，应把需要划的平行线划完，以免再次支承补划造成误差。

（7）检查核对划线尺寸的准确性。

（8）在线条上打样冲眼，如图 4.8 所示。

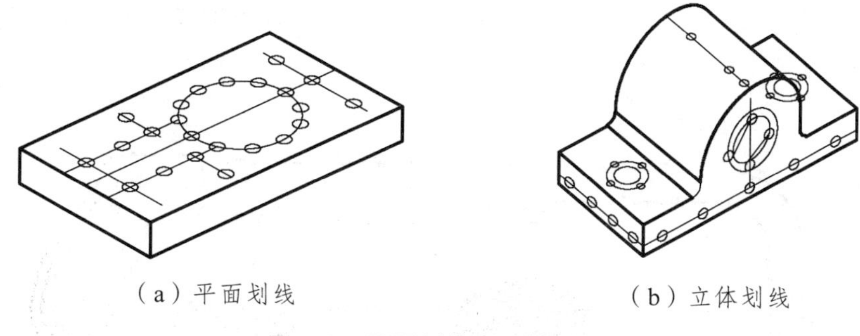

（a）平面划线　　（b）立体划线

图 4.8　平面划线和立体划线

第二节　锯　削

一、实训目的

（1）了解锯削特点及锯削工具；
（2）掌握锯削的操作方法。

二、实训准备知识

（一）锯削应用概述

用手锯或机械锯将金属材料分隔开，或在工件上锯出沟槽的操作方法叫作锯削。坯料或半成品的分割、钳工加工过程中多余料头的去除、在工件上开槽、工件的尺寸或形状的修整等加工，都可以采用锯削操作。锯削的工作范围如图 4.9 所示。

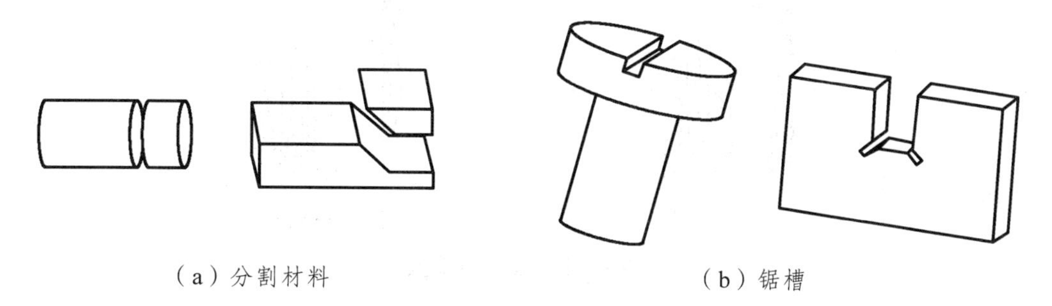

（a）分割材料　　（b）锯槽

图 4.9　锯削应用

手工锯削所用工具（锯弓）结构简单，使用方便，操作灵活，在钳工工作中使用广泛。手锯由锯弓和锯条两部分组成。

1. 锯　弓

锯弓是用来夹持和拉紧锯条的工具，有固定式和可调式两种，如图 4.10 是可调式锯弓。

固定式锯弓只能安装固定长度的锯条；可调式锯弓通过调整可以安装不同长度的锯条，可调式锯弓应用较广。

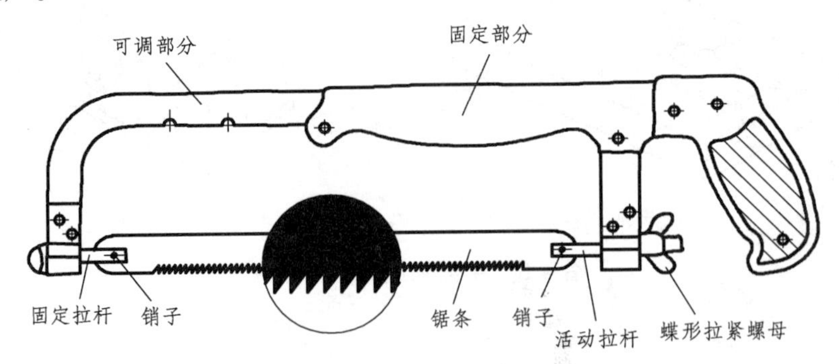

图 4.10 可调式锯弓

2. 锯条及应用

锯条由碳素工具钢（常用牌号 T12A）制成，热处理后其切削部分硬度达 62HRC 以上；两端装夹部分硬度低，韧性较好，装夹时不致卡裂。锯条规格以其两端安装孔间距表示，常用规格为 300 mm（长）×12 mm（宽）×0.8 mm（厚）的锯条。切削部分均匀排列着锯齿，每一锯齿相当于一把割断刀。锯齿的排列形式有交错状和波浪形（见图 4.11），使锯缝宽度大于锯条厚度，形成适当的锯路，以减小摩擦，这样锯削省力，排屑容易，从而能起有效的切削作用，以提高切削效率。

按工件材料硬度、厚薄选用不同粗细的锯条。锯软材料或厚件时，容屑空间要大，应选用粗齿锯条。锯硬材料和薄件时，同时切削的齿数要多，而切削量少且均匀，为尽可能减少崩齿和钝化，应选用中齿甚至细齿（每 25 mm 长度上有 32 齿）锯条。锯齿的规格及选用如表 4.1 所示。

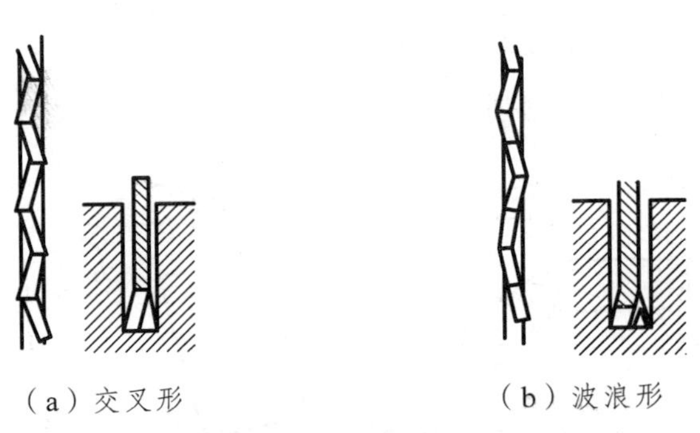

（a）交叉形　　（b）波浪形

图 4.11 锯齿的排列

表 4.1 锯条的规格及选用

锯齿粗细	每 25 mm 长度内的齿数	应用范围
粗	14～18	软材料或厚件
中	22～24	硬材料或薄件
细	32	锯削薄片金属、薄壁管子
细变中	32～20	一般工厂中用，起锯容易

（二）锯削操作方法

（1）工件的夹持：工件应夹持稳固，夹紧力要适度，锯割线不应离钳口过远，已加工面上须衬软金属垫，不可直接夹在钳口上。

（2）锯条的安装：根据切削方向，装正锯条，通常向前推移时进行切削，故锯齿齿尖应向前伸，锯条绷紧程度要适当。

（3）手锯的握法：右手握锯，左手扶住锯弓前端，如图 4.12 所示。锯削时推力和压力主要由右手控制；左手所加压力不要太大，主要起扶正锯弓的作用。

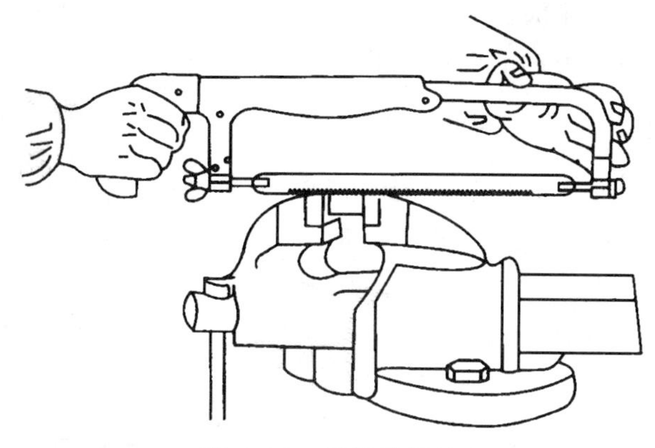

图 4.12　手锯的握法

（4）锯削时的姿势：锯削时身体与台虎钳中线呈 30°角，两腿自然站立，重心稍偏于右脚，锯削时视线要落在工件的切削部位。推锯时身体上部稍向前倾，给手锯以适当压力而完成锯削。

（5）锯弓运动的方式：锯弓有两种运动方式，一种是直线运动，适用于锯薄形工件及直槽。另一种是摆动式运动，锯削时摆动要适度，推进时，左手略微上翘，右手下压；回程时，右手略微朝上，左右回复。摆动式运动方式不易疲劳，效率高。

（6）起锯方法：起锯的方法有远起锯和近起锯两种，如图 4.13 所示。一般采用远起锯为好。

起锯时，用左手拇指靠住锯条，右手将锯弓稍斜抬（或压），稳推手柄，锯出一条 2 ~ 3 mm 的槽。无论是远起锯还是近起锯，起锯角度稍小于 15°，施加的压力要小，速度要慢，往复行程要短。如果采用近起锯，用力要轻，以免锯齿由于突然过深切入材料而被工件卡住甚至崩断。

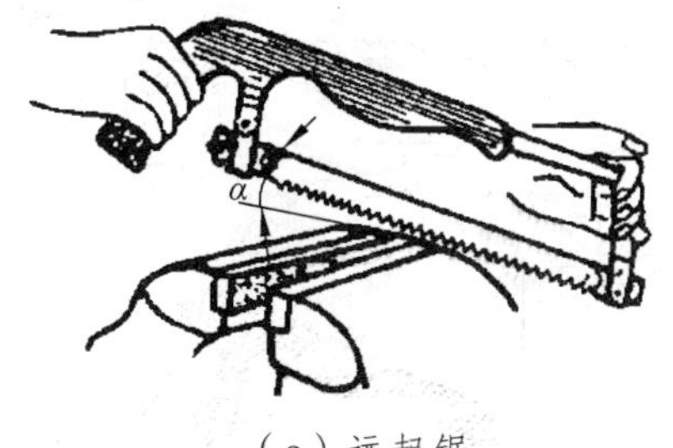

（a）远起锯

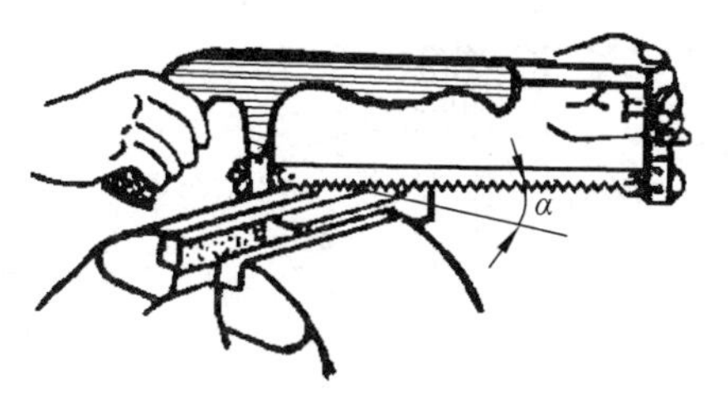

（b）近起锯

图 4.13　起锯方法

（7）锯削行程：手锯在锯削时，最好使锯条的全长都参与锯削，一般手锯的往复行程长度应不小于全长的 2/3。锯削运动的速度一般以每分钟 20 ~ 40 次为宜，锯削硬材料时应慢些，锯削软材料时应快些，回程的速度相对快些，以提高切削效率。

三、常见材料的锯削方法示例

1. 棒料的锯削方法

如果锯削平面有平整要求时，应从开始连续到结束。断面无平整要求时，可以分为 2 个或 4 个方向进行锯削，每个方向的锯缝均不锯到中心，最后轻轻敲击，使棒料折断分离。

2. 圆管的锯削方法

若锯削薄壁管子，应把管子夹持在两块木制的 V 形块间，锯削时不能朝一个方向锯到底，否则管壁易勾住锯齿，使锯条折断，如图 4.14（b）所示。正确的锯法是每个方向只锯到管子的内壁处，然后将管子转过一个角度后再起锯，同样锯到管子内壁处，逐次进行锯削，直到锯断为止；在转动时，应使已锯部分向锯条推进方向转动，不得反转，否则锯齿会被管壁卡住。

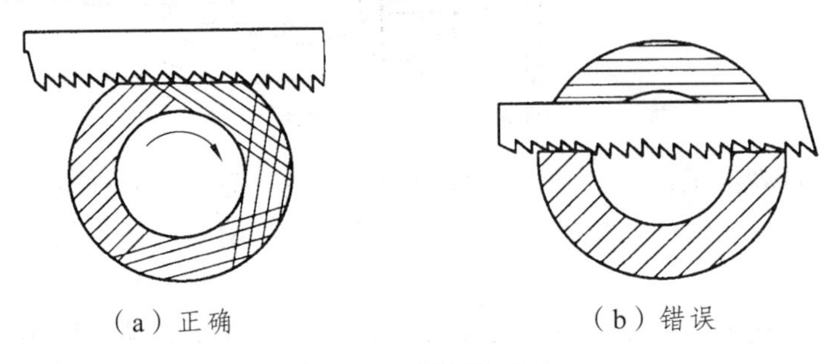

（a）正确　　（b）错误

图 4.14　锯管的方法

3. 薄板的锯削方法

锯削薄板时，可以用两块木板夹持薄板，如图 4.15（a）所示，连同木板一起锯下，这样既可以避免锯齿被勾住，也可以加强薄板材料的刚性，使锯削的时候不发生颤动，避免锯齿崩裂。若薄板材料直接装夹在台虎钳上，应用手锯做横向斜推锯削，如图 4.15（b）所示，增加手锯与薄板接触的锯齿数量，避免锯齿崩裂。

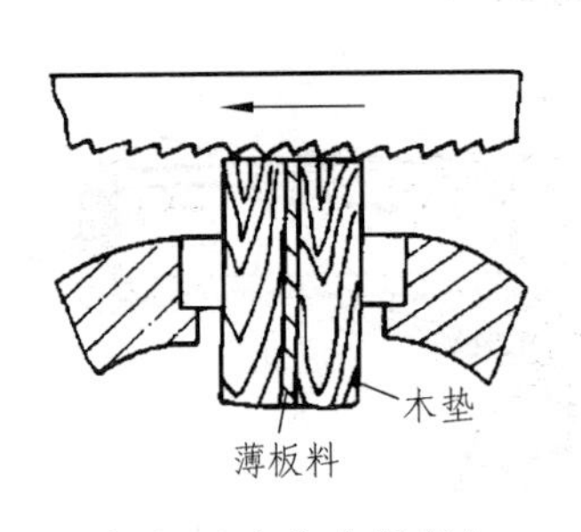

（a）用木垫夹紧锯切

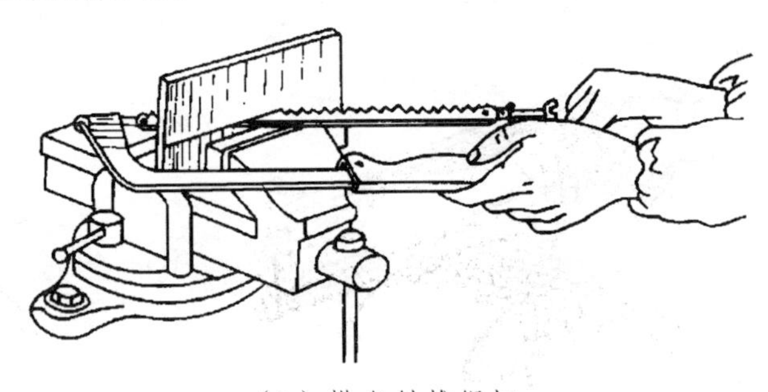

（b）横向斜推锯切

图 4.15　锯薄板的方法

四、锯削安全注意事项

（1）锯削时，压力不可过大，以防锯条崩断飞出伤人。

（2）工件快要锯断时，应用手扶住被锯掉的部分，以防工件落下伤人。工件过大时，可以用其他物体支住。

第三节 锉 削

一、实训目的

（1）了解锉削特点及锉削工具；

（2）掌握常见平面的锉削方法。

二、实训准备知识

锉削多为手动操作，切削速度低，要求硬度高且刀齿锋利的锉刀。锉刀通常用牌号为 T12、T12A 和 T13A 的高碳工具钢制造，热处理后的硬度值可达 62HRC，耐磨性好，但韧性差，热硬性低，性脆易折，锉削速度过快时易钝化。

锉削时用锉刀对工件表面进行修整切削加工，能达到 IT7 ~ IT8 级，能加工出较高精度零件的形状、尺寸和表面粗糙度，常用于样板、模具制造和机器的装配、调整和维修。锉削可以加工平面、曲面、内外圆弧面和沟槽，也可加工各种复杂的特殊形状的表面。

（一）锉刀的结构

锉刀的结构如图 4.16 所示，其中一侧锉刀边有齿纹，另一侧无齿纹，称为光边。使用时，两锉刀面和一侧锉刀边能起切削作用。在 90° 角相邻表面均需加工时，用带齿纹的锉刀边和锉刀面；仅需加工一侧表面时，就得翻转锉刀，用锉刀面和不带齿纹的锉刀边进行加工。锉刀面（上、下两面）是锉削的主要工作面，锉刀在纵向方向上做成凸弧形，其作用是能够抵消锉削时由于手上下摆动而产生的表面中凸现象，以使工件锉平。

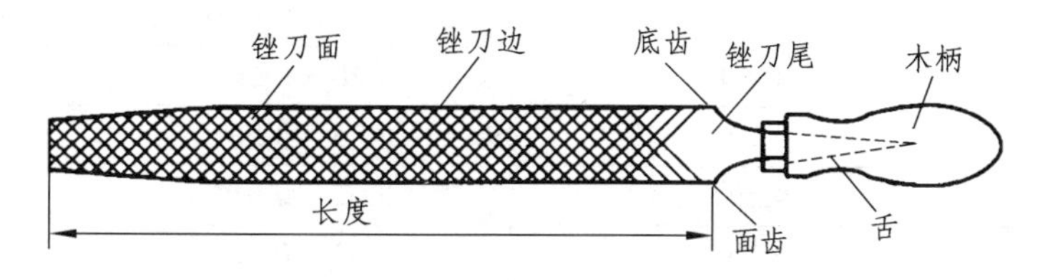

图 4.16 锉刀的结构

（二）锉刀的种类及选用

1. 锉刀的种类

锉刀有普通锉、整形锉（什锦锉）和特种锉三大类。常用的是普通锉。普通锉按其断面形状不同可分为平锉（板锉）、半圆锉、方锉、三角锉和圆锉等，如图 4.17 所示。整形锉主要用于修整工件上的细小部分，特种锉主要用于加工零件的特殊表面，如模具形腔凹平面、凹曲面等。

按锉刀齿纹粗细，可将锉刀分为粗齿锉、中齿锉、细齿锉和油光锉等。

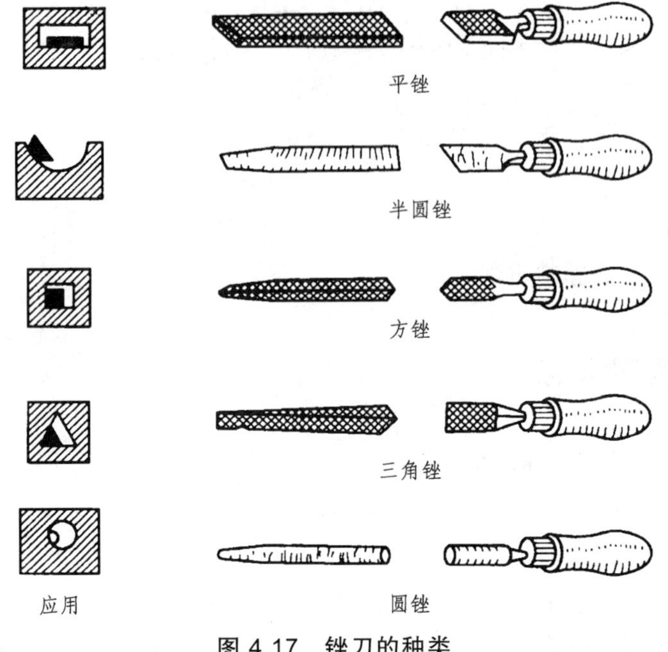

图 4.17 锉刀的种类

2. 锉刀的选用

每种锉刀都有它的适当用途，选择不当，就不能充分发挥它的效能并且会使其过早丧失切削能力，因此，必须正确选择锉刀。

根据工件表面的形状选择锉刀断面的形状，锉刀齿纹粗细的选择取决于工件材料的性质、加工余量的大小、加工精度的高低、表面粗糙度值的大小。表 4.2 是选择锉刀齿纹粗细规格时的参考值。

表 4.2 锉刀齿纹的粗细规格选用

锉刀粗细	适用场合		
	锉削余量/mm	尺寸精度/mm	表面粗糙度值/μm
1 号（粗齿锉刀）	0.50 ~ 1.0	0.20 ~ 0.50	*Ra*100 ~ 25
2 号（中齿锉刀）	0.20 ~ 0.50	0.05 ~ 0.20	*Ra*25 ~ 6.3
3 号（细齿锉刀）	0.10 ~ 0.30	0.02 ~ 0.05	*Ra*12.5 ~ 3.2
4 号（双细齿锉刀）	0.10 ~ 0.20	0.01 ~ 0.02	*Ra*6.3 ~ 1.6
5 号（油光锉刀）	0.1 以下	0.01	*Ra*1.6 ~ 0.8

粗加工和锉削软金属（铜、铝等）时，选用粗锉刀，这种锉刀齿间距大，不易堵塞；半精加工钢、铸铁等工件时，选用细锉刀；修光工件表面时，选用油光锉刀。

（三）锉削基本操作要领

1. 锉刀的握法

锉刀的种类较多，规格、大小不一，使用场合也不同，所以锉刀的握法也应随之改变。握大锉刀（长度在 250 mm 以上的锉刀）时，右手心抵住锉刀木柄的端头，大拇指放在锉刀木柄的上面，其余四指弯在下面，配合大拇指捏住锉刀木柄；左手用中指、无名指捏住锉刀的前端，大拇指根部压在锉刀头上，食指、小拇指自然收拢，如图 4.18（a）所示。握中锉刀（长度在 200 mm 左右的锉刀）时，右手的握法与大锉刀相同，而左手则需要大拇指和食指捏住锉刀前端，如图 4.18（b）所示。握小锉刀的时候，将右手食指伸直，拇指放在锉刀木柄上面，食指靠在锉刀的刀边上；左手几个手指压在锉刀中部，如图 4.18（c）、（d）所示。

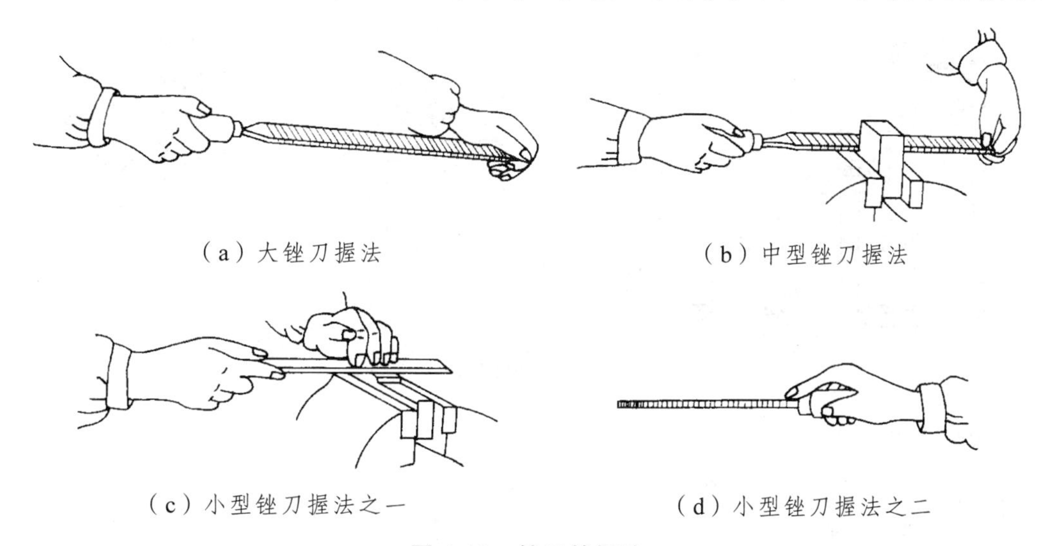

（a）大锉刀握法　（b）中型锉刀握法

（c）小型锉刀握法之一　（d）小型锉刀握法之二

图 4.18　锉刀的握法

2. 锉削姿势

锉削时的站立的姿势如图 4.19 所示，两手握住锉刀放在工件上，左臂弯曲，小臂与工件锉削面的左右方向保持基本平行。右手小臂要与工件锉削面的前后方向保持基本平行。自然站立，站立的姿势要便于用力，能适应不同的锉削要求。身体的重心落在左脚上，右膝伸直，左膝随锉刀的往复运动而屈伸。

在锉刀向前锉削的过程中，身体和手臂的运动情况如图 4.20 所示。起锉时，身体向前倾 10°左右；锉至 1/3 行程时，身体随之前倾至 15°左右；在锉削 2/3 行程时，右肘向前推进锉刀，身体逐渐向前倾斜至 18°左右后停止向前；当锉削最后 1/3 行程时，右肘继续向前推进锉刀，同时左腿自然伸直并随着锉刀的反作用力，将身体后移至 15° 左右；锉削行程结束后，手和身体都恢复到原位，同时将锉刀略微提起并顺势收回原位。当锉刀收回将近结束时，身体又开始前倾，做第二次锉削的向前运动。

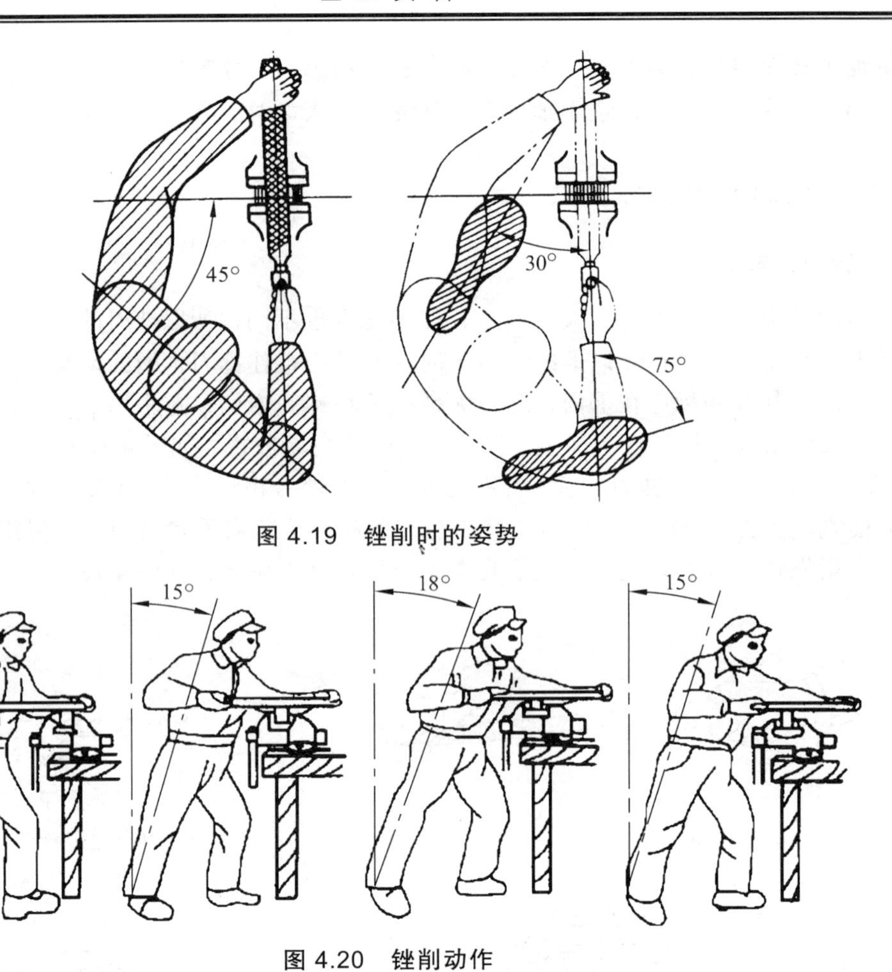

图 4.19 锉削时的姿势

图 4.20 锉削动作

3. 锉削力的运用

要锉削出平直的平面，必须使锉刀保持直线的锉削运动。锉削的力量有水平推力和垂直压力，推力主要由右手控制，其大小必须大于切屑的阻力才能锉去切屑；压力是由两手控制的，其作用是使锉齿深入金属表面。锉削开始时，左手压力大，右手压力小；随着锉刀前推，左手压力逐渐减小，右手压力逐渐增大；当工件在锉身中间位置时，双手压力变为均等；再往前推锉，右手压力逐渐大于左手。回锉时，两手不施加压力回原位，以减少锉齿的磨损，如图 4.21 所示。

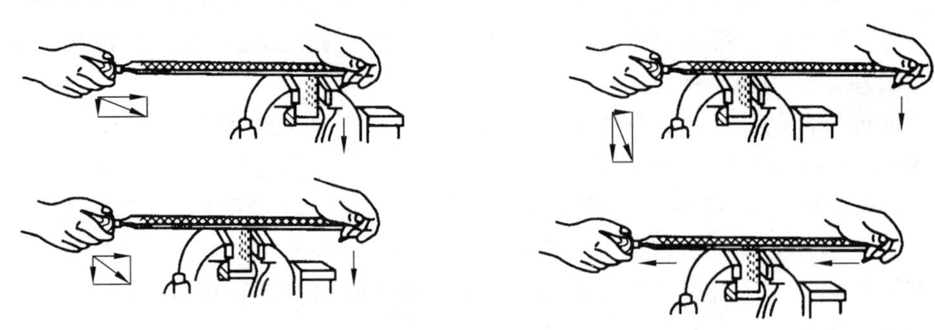

图 4.21 锉削时双手的用力

锉削的速度一般控制在每分钟 40 次以内，推出时慢，回程时稍快，动作协调自如。太快，操作者容易疲劳且锉齿易磨钝；太慢，切削效率低。

三、各种形面的锉削方法

1．平面的锉削

平面的锉削有顺向锉削、交叉锉削和推锉锉削 3 种方法，如图 4.22 所示。

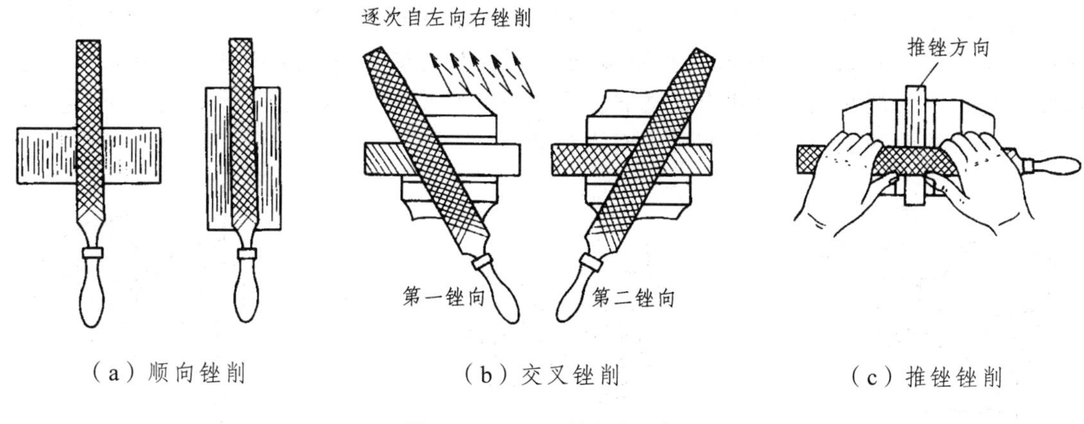

图 4.22　平面的锉削方法

2．外圆弧面的锉削

外圆弧面一般可采用平锉进行锉削，锉削时锉刀要同时完成两个运动，即锉刀在做前进运动的同时还应绕工件圆弧的中心转动。常用的锉削方法有横锉削法和滚锉削法两种，如图 4.23 所示。

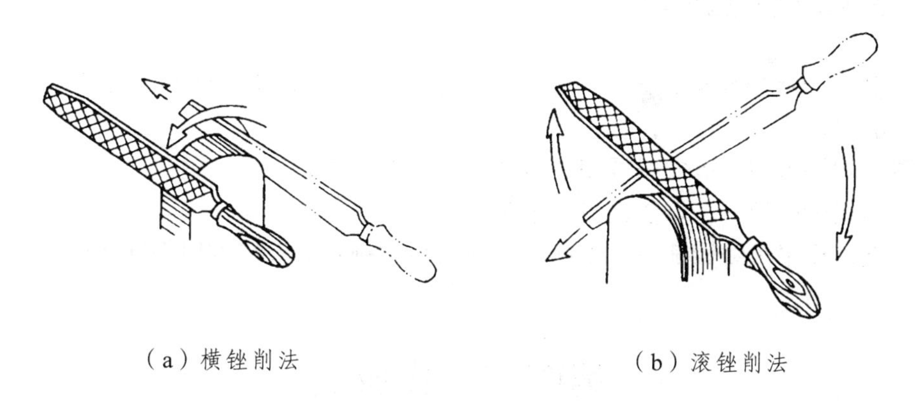

图 4.23　外圆弧面的锉削方法

3．内圆弧面的锉削

用圆锉或半圆锉刀沿着圆弧母线向前推锉，同时绕圆弧中心和锉刀自身轴线旋转，3 个运动正确组合才能锉出所需表面，如图 4.24 所示。

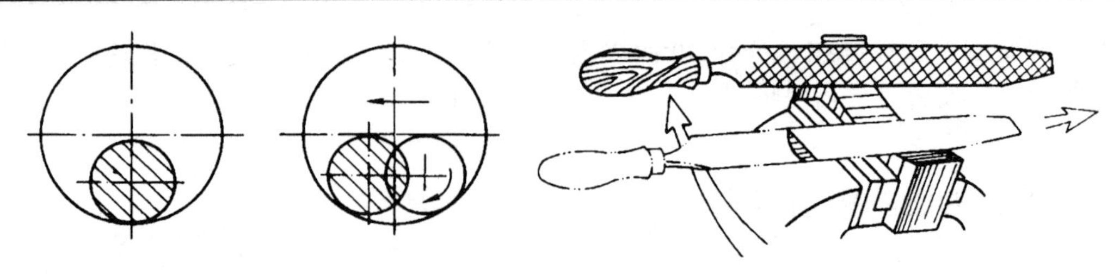

图 4.24 内圆弧面的锉削

4. 锉削常用检测技术

锉削形面常用的检测工具有刀口直尺、90° 角尺、半径规或半径样板等，分别用来检测直线度、垂直度、圆弧，如图 4.25 和图 4.26 所示。检测时，一般采用透光法来检查，透光微弱而均匀，说明被测面符合要求；透光强弱不一，说明被测面高低不平，透光的部分是最凹的地方。误差值的确定可以用塞尺作塞入检查。

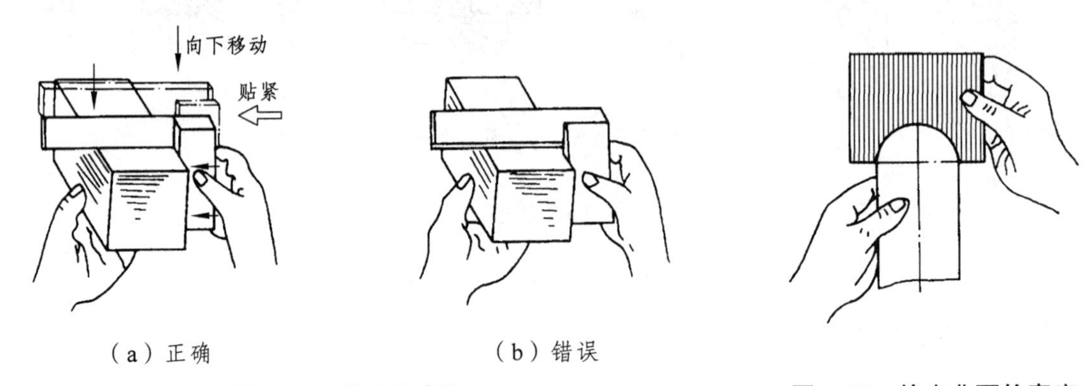

（a）正确 （b）错误

图 4.25 检查垂直度

图 4.26 检查曲面轮廓度

四、锉削安全注意事项

（1）锉削时除使用什锦锉外，不准使用无柄的锉刀，否则，锉削时使不上力，易扎伤手掌。

（2）不准把锉刀当手锤或撬棍用，以免锉刀折断伤人。

（3）不准用嘴吹锉屑，以防锉屑飞进眼里。

（4）不允许用手去除锉削面上的锉屑，应用钢丝刷顺着锉纹方向将锉屑刷掉。

第四节 孔加工

一、实训目的

（1）了解钻削的应用范围，了解钻床的结构；

（2）掌握立式钻床的操作方法；
（3）了解麻花钻、丝锥、铰刀的结构和功用；
（4）掌握手动攻螺纹及铰孔的操作方法。

二、实训准备知识

1. 钻削的应用

钻削是用钻头在工件实体材料上加工孔的方法。孔加工的切削条件比外圆面差，刀具受孔径的限制，只能使用定值刀具。钻头加工时排屑困难，散热慢，切削液不易进入切削区，钻头易钝化，所以，钻孔能达到的尺寸公差等级为 IT11 ~ IT12 级，对精度要求高的孔，还应进行扩孔、铰孔等工序。

2. 钻　床

钻床是指要用钻头在工件上加工孔的机床，通常钻头旋转为主运动，钻头沿主轴方向移动为进给运动。钻床结构简单，加工精度相对较低，可以钻孔、扩孔、铰孔、攻丝等。常用的钻床有台式钻床、立式钻床和摇臂钻床。

台式钻床体积小巧，操作方便，主要用于加工直径小于 13 mm 的孔。

立式钻床是一种中型钻床，适用于单件、小批生产中加工中小型工件，其最大钻孔直径是用钻床型号的最后两个数字表示的，如 Z525 表示最大钻孔的直径是 25 mm。立式钻床的组成如图 4.27 所示。

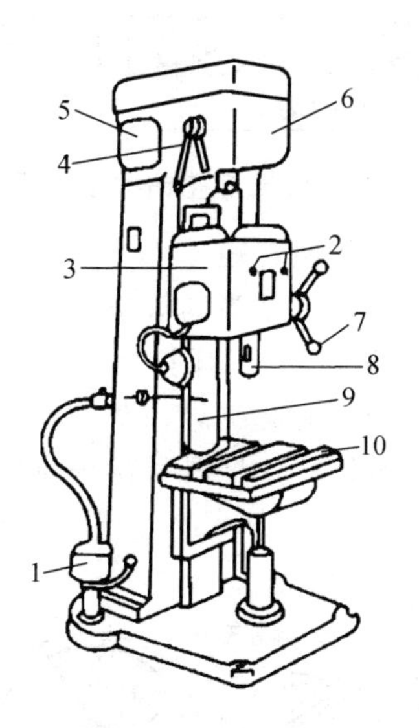

图 4.27　立式钻床

1—冷却电动机；2—进给变速手柄；3—进给变速箱；4—变速手柄；5—主电动机；6—主轴变速箱；7—进给手柄；8—主轴；9—立柱；10—工作台

摇臂钻床结构比较复杂，操作灵活，主要用于大型工件的孔加工，特别适用于多孔件的加工。摇臂钻床如图 4.28 所示。

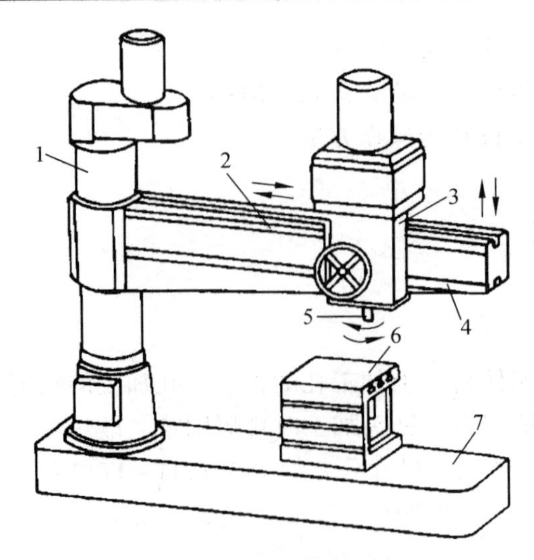

图 4.28 摇臂钻床

1—立柱；2—摇臂；3，5—主轴箱；4—摇臂导轨；6—工作台；7—机座

3. 钻 头

钻头是钻孔用的主要刀具，常用的是标准麻花钻，它由高速钢制造，经热处理后其工作部分硬度达 62HRC 以上，其结构如图 4.29 所示。

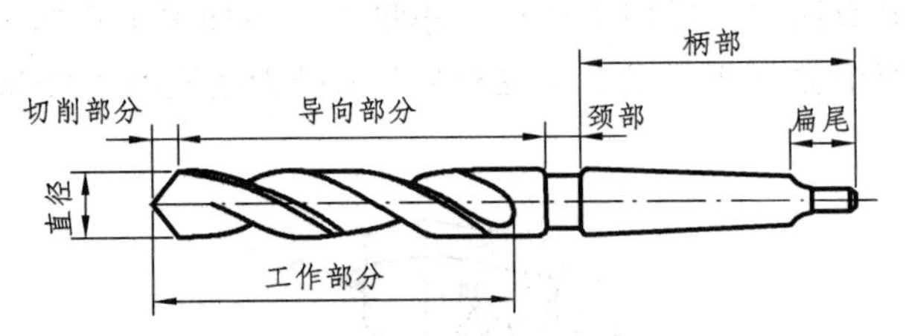

图 4.29 标准麻花钻的组成部分

柄部是麻花钻的夹持部分，用于传递转矩。

颈部在磨削麻花钻时作退刀槽使用，钻头的规格、材料、商标等通常打印在颈部。

工作部分又分为切削部分和导向部分。切削部分包括横刃和两个切削刃（见图 4.30），起着主要的切削作用；导向部分在切削时起引导钻头方向的作用，并具有修光孔壁的作用。导向部分有两条螺旋形棱边，略有倒锥，这样既可保证切削顺利进行，还可以减少钻头与孔壁之间的摩擦。

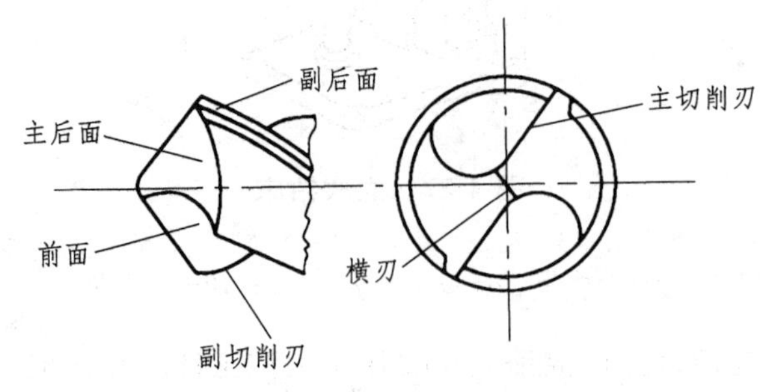

图 4.30 麻花钻的切削部分

三、钻孔操作步骤

1. 工件的划线

按钻孔的位置尺寸要求划出孔的十字中心线，并在中心打上样冲眼，按孔的大小划出孔的圆周线，以便打孔时检查钻孔的位置。

2. 装夹工件和钻头

按工件的大小、形状、数量和钻孔直径，选用适当的夹持方法和夹具夹紧工件，以保证钻孔的质量和安全。

3. 调整钻削速度和进给速度

钻硬材料和大孔时，切削速度要小；钻小孔时，切削速度要大些；钻削大于ϕ30 mm 的孔径时应分两次钻出，先钻 0.6 ~ 0.8 倍孔径的小孔，再钻至要求的孔径。进给速度要均匀，快慢要适中。钻盲孔要做好深度标记；钻通孔时当孔将钻通时，应减慢进给量，以免卡钻，甚至折断钻头。

4. 加注切削液

钻削时切削条件差，刀具不易散热，排屑不畅，故需加注切削液进行冷却和润滑减摩。钻深孔时，必须不时地退出钻头，以排屑、冷却，注入切削液。

5. 起　钻

钻孔时，先使钻头对准孔中心，起钻出一浅坑（约占孔径的 1/4），观察其位置是否正确，并不断校正，使浅坑与划线同轴。如有偏离，可采用借正的方法进行纠正。

6. 正式钻孔

当起钻达到钻孔位置要求后，即可压紧工件完成钻孔。手动进给时，进给用力不应使钻头产生弯曲现象，以免钻孔轴线歪斜。钻小孔或深孔时，进给力要小，并要经常退钻排屑，以免切屑阻塞而扭断钻头。

7. 钻孔操作安全注意事项

（1）钻削时，衣袖要系紧，严禁戴手套，女同学应戴工作帽，防止切屑伤手或伤眼。

（2）工件必须夹紧可靠，孔将要钻通时，尽量减小进给力，避免钻头折断。

（3）开动钻床前，必须检查是否有钻头钥匙插在钻轴上，如果有应取下。

（4）需要进行变速的时候，要先将钻床停下，待主轴停止转动后方可进行变速操作。

（5）严禁在开车状态下装卸工件，检查工件时必须停车进行。

（6）不可用手、棉纱或用嘴吹清除切屑，以防切屑伤手或伤眼。

四、扩孔、铰孔、攻螺纹

（一）扩　孔

使用扩孔钻或麻花钻扩大零件上原有的孔叫扩孔。对于直径较大或精度要求较高的孔，为了提高精度和钻头耐用度，一般分两次或两次以上将孔钻出。先用小直径的钻头钻出小孔，然后再进行扩孔。用扩孔钻进行扩孔时，底孔直径为要求直径的 0.9 倍，用麻花钻进行扩孔时，底孔直径为要求直径的 0.5 ~ 0.7 倍。扩孔可作为孔的最后加工，也可作为铰孔前的预加工。扩孔精度可达 IT10 ~ IT9，表面粗糙度可达 Ra6.3 ~ 3.2 μm。

（二）铰　孔

孔经过钻孔、扩孔后，用铰刀对孔进行提高尺寸精度和表面质量的加工叫铰孔。铰孔具有刀齿数量多、切削阻力小、导向性好、加工余量小（粗铰 0.15 ~ 0.5 mm，精铰 0.05 ~ 0.25 mm）等特点。铰孔精度可达 IT8 ~ IT6，表面粗糙度可达 Ra1.6 ~ 0.4 μm。

1. 铰　刀

按使用方法不同，可将铰刀分为手用铰刀和机用铰刀，如图 4.31 所示。机用铰刀为锥柄，手用铰刀为直柄。铰刀一般制成两支一套，其中一支为粗铰刀（刃上开有螺旋形分布的分屑槽），另一支为精铰刀。

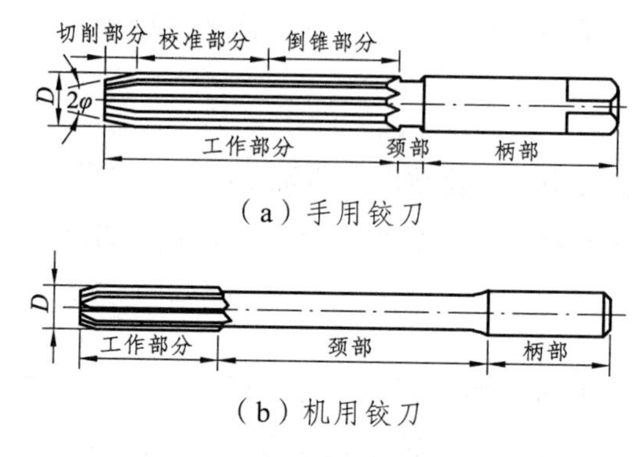

图 4.31　铰刀的构造

2. 手铰孔方法

先将铰刀插入孔内，两手握住铰杠手柄，顺时针转动并稍加压力，使铰刀慢慢向孔内进给，两手用力要平衡，使铰刀铰削时始终保持与零件垂直。铰刀退出时，也应边顺时针转动边向外拔出。

（三）攻螺纹

1. 攻螺纹的应用

攻螺纹是用丝锥在工件上加工内螺纹的方法。攻螺纹是钳工的基本操作，凡是小直径螺纹，单件、小批生产或结构上不宜采用机攻螺纹的，大多采用手攻。

2. 丝　锥

攻内螺纹的刀具称为丝锥，如图 4.32 所示。其工作部分分为切削部分和校准部分。工作部分有 3 ~ 4 条轴向容屑槽，可容纳切屑，并形成刀刃和前角。切削部分呈圆锥形，切削刃分布在圆锥表面上。校准部分的齿形完整，可校正已切出的螺纹，并起导向作用。柄部末端有方头，以便用铰杠装夹和旋转。

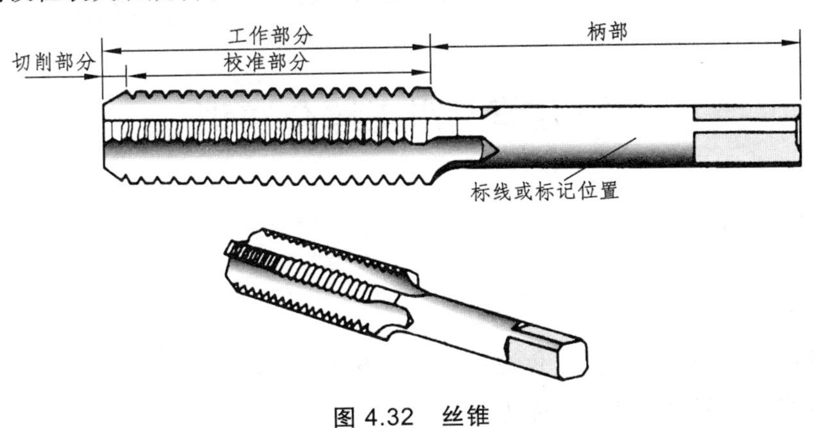

图 4.32　丝锥

丝锥须成组使用，每组 2 ~ 3 支丝锥组成的成组丝锥分次切削，依次分担切削量，以减轻每支丝锥单齿切削负荷。M6 ~ M24 的丝锥两支一组，小于 M6 和大于 M24 的三支一组。小丝锥强度差，易折断，将切削余量分配在 3 个等径的丝锥上。大丝锥切削的金属量多，应逐渐切除，分配在 3 个不等径的丝锥上。

3. 铰　杠

铰杠是手工攻丝时用来装夹丝锥的工具。

4. 攻螺纹的操作步骤

（1）确定底孔直径：攻丝前的底孔直径 d（钻头直径）略大于螺纹底孔孔径。其选用可以通过经验公式计算。

对于钢及韧性材料：$d=D-P$

对于脆性材料：$d=D-(1.05\sim1.1)P$

式中　d——底孔直径（mm）；

D——螺纹基本尺寸（mm），亦即工件螺纹公称直径；

P——螺距（mm）。

根据上述公式计算麻花钻直径，对工件进行钻底孔操作，之后就可以进行攻丝了。

（2）起攻：起攻用头攻直攻。起攻时，用一手按住铰杠中部，沿丝锥轴线用力加压，另一手配合做顺向旋进；两手均匀加压，转动铰杠。如图 4.33 所示，当头攻切入两牙左右后，用 90° 角尺在两个垂直平面内进行检查，保证丝锥轴线与孔轴线重合，若丝锥歪斜，要纠正后再往下攻。

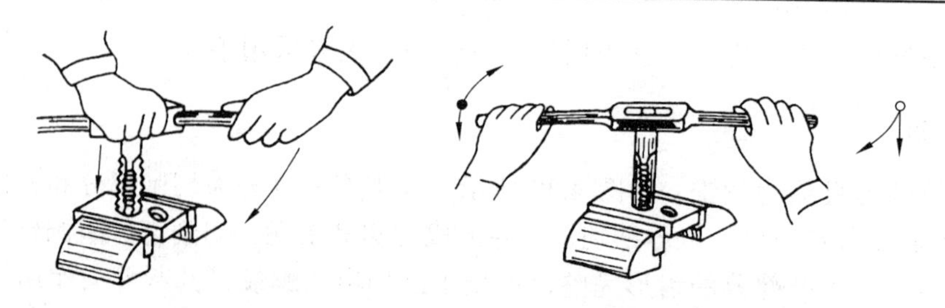

图 4.33　起攻方法

第五节　钳工综合实训

一、实训目的

（1）学习编制典型零件的加工工艺；

（2）练习锯削、锉削、钻削、攻螺纹等操作方法；

（3）加强综合运用钳工技能的能力。

二、实训准备

（1）根据图样编制合理的加工工艺。

（2）准备好加工零件所用的工具、量具。使用的工具有锯弓、平锉、丝锥、铰杠、麻花钻、划针、划规等。量具有游标卡尺、90°角尺、120°样板、刀口尺等。

三、实训示例

1. 制作六角形螺母

图 4.34 所示是六角形螺母的图样，材料是 30#钢，其制作步骤见表 4.3。

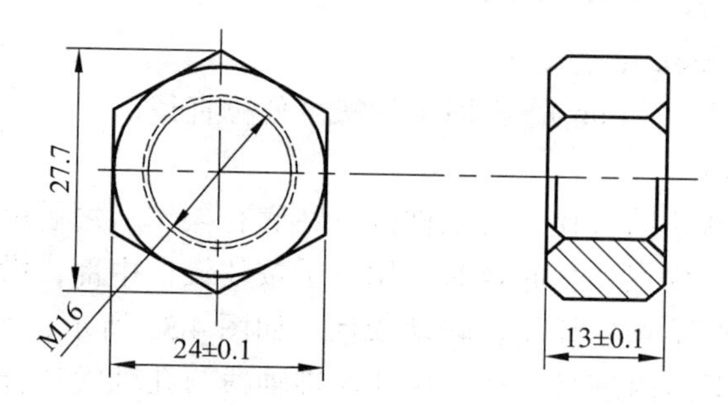

图 4.34　六角形螺母

表 4.3 六角形螺母的制作步骤

序号	工序	加工简图	加工内容	工具、量具
1	备料		下料：ϕ30 棒料，高度 14.5 mm	钢直尺、钢锯
2	锉削	14.5 ϕ30	锉削上下两端面，高度 $H = 13$ mm，要求两平面平行，平面平直	锉刀、钢直尺
3	划线	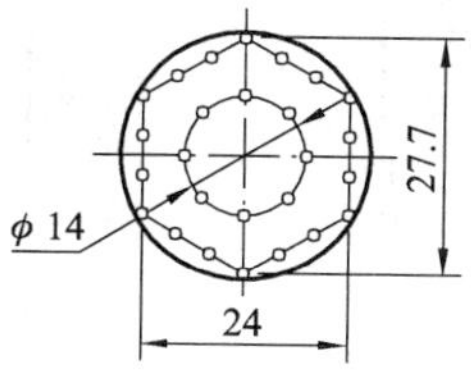 ϕ 14 27.7 24	划线：定中心，划中心线，按尺寸划出六角形边线和钻孔孔径线，打样冲眼	划针、划规、样冲、小锤子、钢直尺
4	锉削	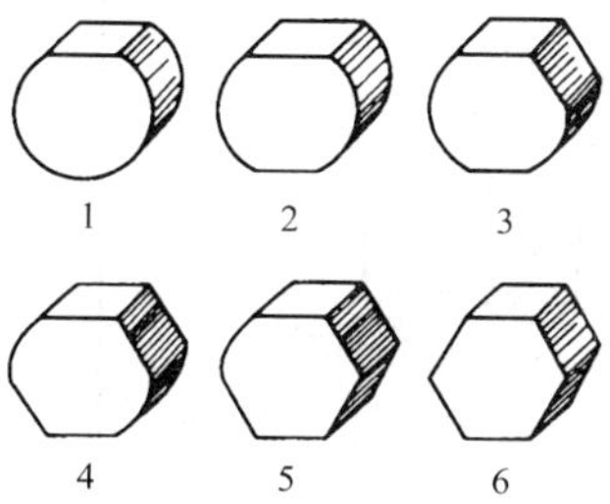 1 2 3 4 5 6	锉六个侧面：先锉第一个平面，再锉削与之相对平行的平面。然后再锉削其余四面。在锉削平面的时候，参照所划的线，同时用 120° 样板检查相邻两平面的夹角，用 90°角尺检查六个平面与端面的垂直度。用游标卡尺测量尺寸及两对面的平行度	锉刀、钢直尺、90° 角尺、120° 样板、游标卡尺
5	锉削	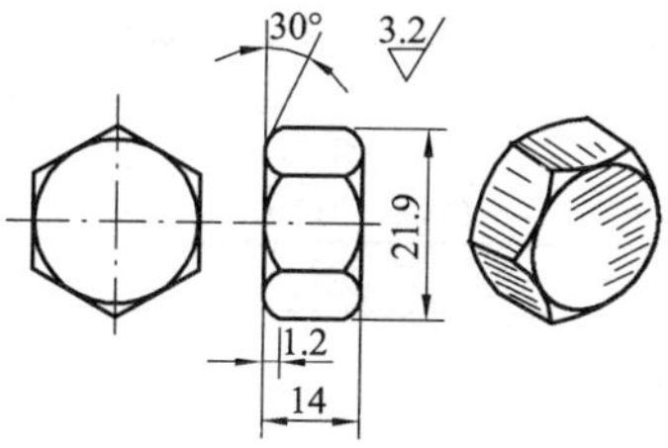 30° 3.2 21.9 1.2 14	倒角：按照加工界限倒两端的圆弧角	锉刀
6	钻孔	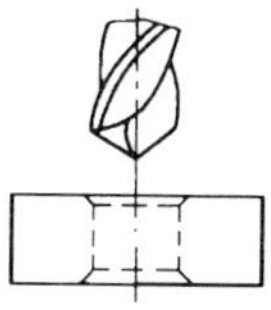	钻孔：计算钻孔直径，用相应的钻头进行钻孔，用游标卡尺检查孔径	钻头、游标卡尺
7	攻丝	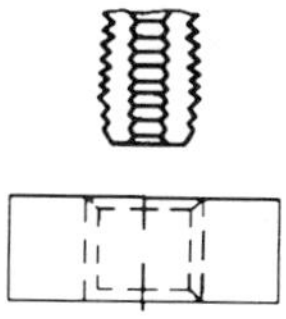	攻丝：先用头攻进行攻丝，再用二攻攻丝	丝锥、铰杠

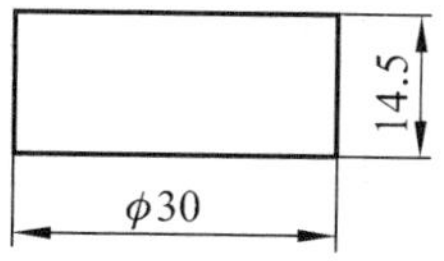

2. 榔头的制作

榔头的制作图纸如图 4.35 所示。

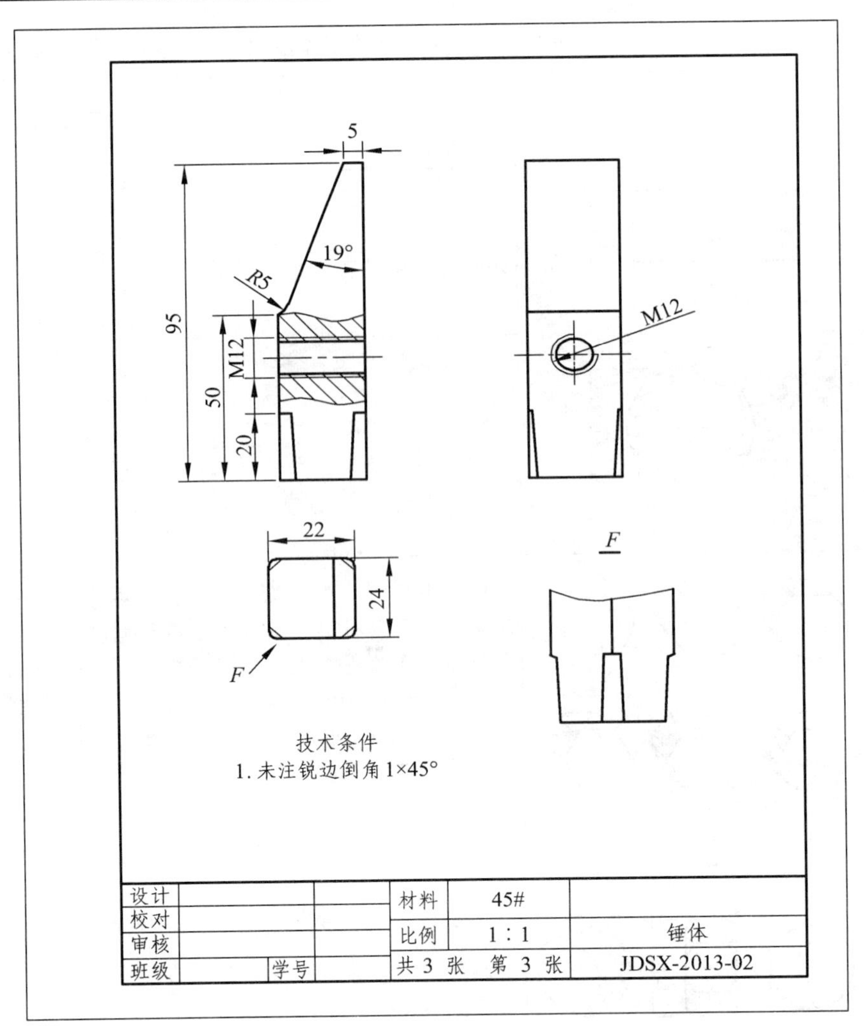
5
19°
R5
95
M12
50
20
M12
22
24
F
F
技术条件
1. 未注锐边倒角1×45°
设计
校对
审核
班级
学号
材料
45#
比例
1 : 1
共3张 第3张
锤体
JDSX-2013-02

图 4.35 榔头制作图纸

第五章　车削加工

第一节　车削的应用及卧式车床

一、实训目的

（1）了解车削的特点和应用范围，了解车床型号的含义；
（2）了解普通卧式车床的组成及各组成部件的作用；
（3）了解车床附件的结构及使用方法；
（4）掌握车削外圆、端面、圆锥、成形面及螺纹的方法。

二、实训准备知识

（一）车削的特点和应用范围

车削加工是指在车床上利用工件的旋转和刀具的移动，从工件表面切除多余材料，使其成为符合一定形状、尺寸和表面质量要求的零件的一种切削加工方法。车削加工是机械加工中最基本最常用的加工方法，车削加工既可以加工金属材料，也可以加工塑料、橡胶、木材等非金属材料。车床是金属切削机床中数量最多的一种，在现代机械加工中占有重要地位。

车削主要用来加工零件上的回转表面，加工精度达 IT8 ~ IT6，表面粗糙度 Ra 值达 3.2 ~ 0.8 μm。车床的种类很多，按用途结构分，有立式车床、卧式车床、仪表车床、数控车床等。随着技术的不断发展，高效自动化和高精度的车床不断出现，为车削加工提供了广阔的前景。车削加工应用范围很广泛，它可完成的主要工作如图 5.1 所示。

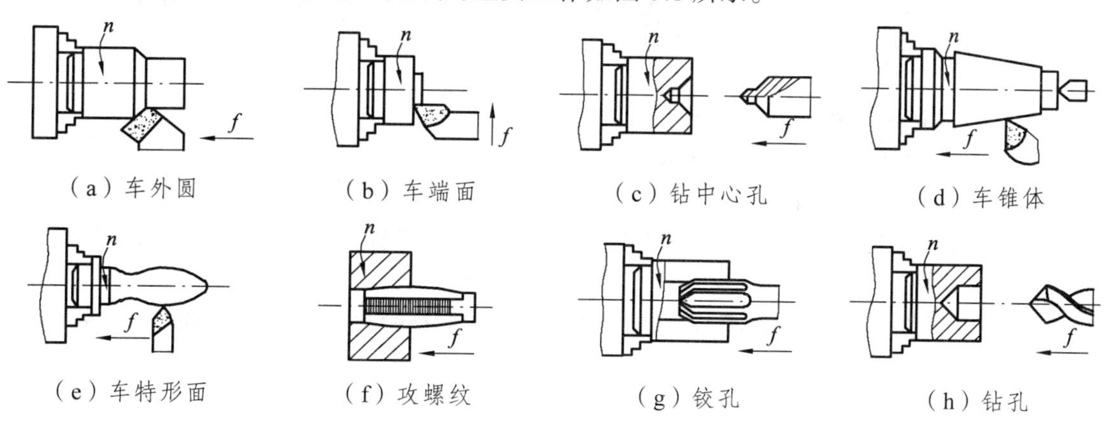

（a）车外圆　（b）车端面　（c）钻中心孔　（d）车锥体
（e）车特形面　（f）攻螺纹　（g）铰孔　（h）钻孔

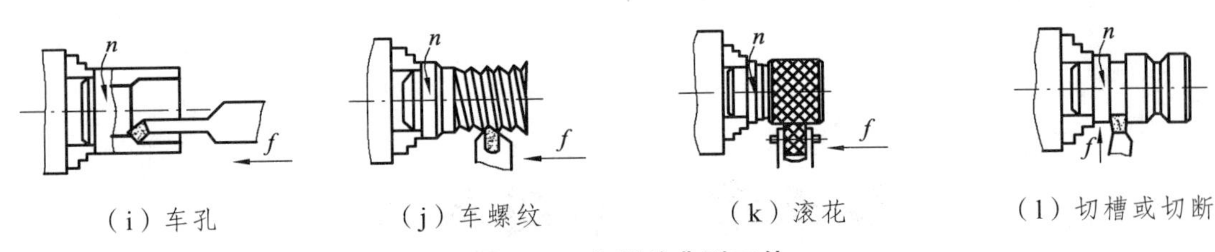

（i）车孔　（j）车螺纹　（k）滚花　（l）切槽或切断

图 5.1　车削的典型工件

车削加工的特点如下：

（1）生产率较高。由于车削过程是连续的，切削力变化小，比较平稳，故可以进行高速切削或强力切削。

（2）车削适用范围广。车削可以加工各种金属和非金属材料，它是加工各种不同材质、不同精度的具有回转体表面零件不可缺少的工序。

（3）生产成本低。车刀是刀具中最简单的一种，制造、刃磨安装比较方便。车床附件多，生产准备时间短。

（4）容易保证零件上各加工面的位置精度。在一次安装过程中加工零件各回转面时，可保证各加工面的同轴度、平行度、垂直度等位置精度要求。

（二）车削运动及车削用量

1. 车削运动

按车削运动所起的作用，通常可将车削运动分为主运动和进给运动两种。

主运动是切除工件上多余金属，形成工件新表面必不可少的基本运动。其特征是速度最高，消耗功率最多。车削时工件的旋转为主运动，切削加工时主运动只能有一个。

进给运动是使切削层间断或连续投入切削的一种附加运动。其特征是速度小，消耗功率少。车削时刀具的纵、横向移动为进给运动，切削加工时进给运动可能不止一个。

2. 车削用量

车削时的车削用量是指切削速度 v_c、进给量 f 和背吃刀量 a_p 三个切削要素的总称。它们对加工质量、生产率及加工成本有很大影响。

切削速度 v_c 是指车刀刀刃与工件接触点上主运动的最大线速度，由下式确定：

$$v_c = \pi dn/1\,000$$

式中　v_c——切削线速度（m/min）；

d——切削部位工件直径（mm）；

n——主轴转速（r/min）。

车削进给量 f 是指工件一转时刀具沿进给方向的位移量，又称进给量，其单位符号为 mm/r。

背吃刀量 a_p 是指待加工表面与已加工表面之间的垂直距离，它又称切削深度。车外圆时由下式确定：

$$a_p = \frac{d_w - d_m}{2}$$

式中　a_p——背吃刀量（mm）;

d_w——工件待加工表面的直径（mm）;

d_m——工件已加工表面的直径（mm）。

（三）普通卧式车床

1. 车床的型号

车床型号是按 GB/T 15375—2008 的标准规定的，由汉语拼音和阿拉伯数字组成，如图 5.2 所示。

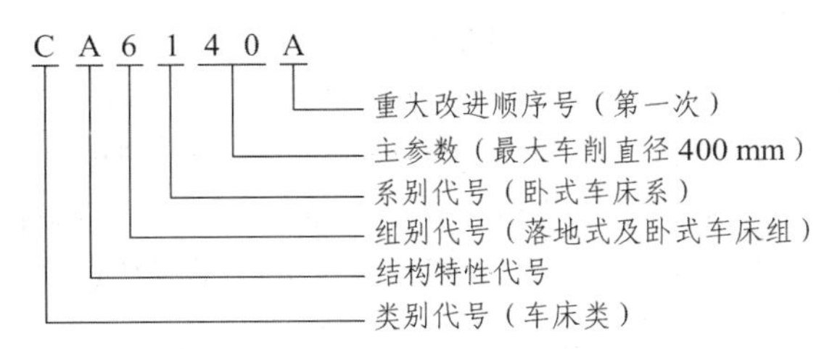

图 5.2　车床型号

2. 卧式车床的组成

车床种类很多，其中卧式车床是应用最广泛的一种，它的万能性大，适用于加工各种轴类、套筒类和盘类零件上的回转表面。图 5.3 所示是 CA6140A 型卧式车床的外形图。

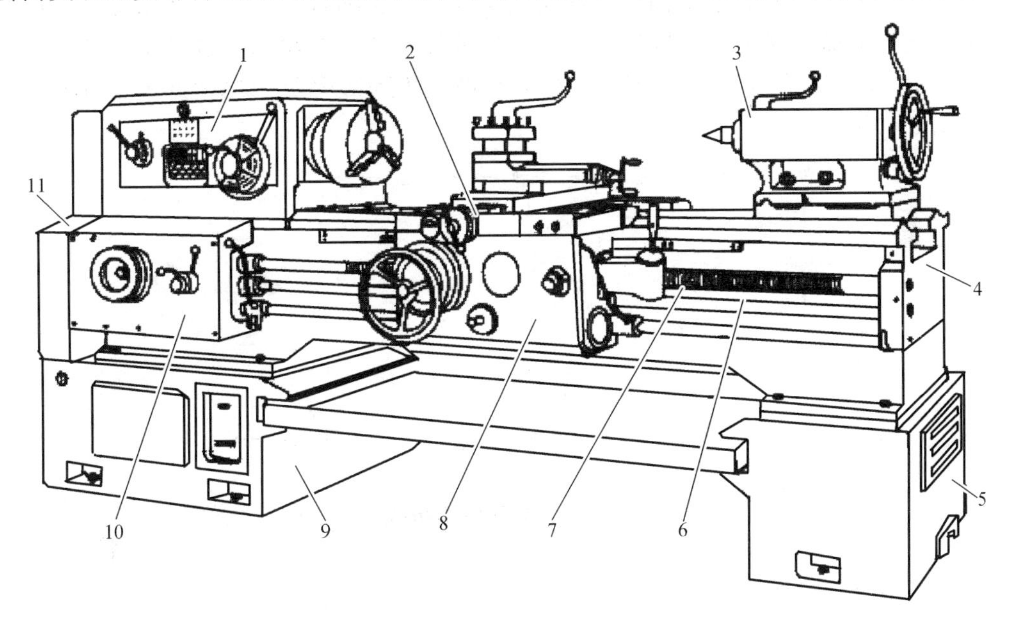

图 5.3　CA6140A 型卧式车床

1—主轴箱；2—中滑板；3—尾架；4—床鞍；5，9—床腿；6—光杠；7—丝杠；8—溜板箱；10—进给箱；11—挂轮箱

车床上由机床主轴带动工件旋转。由溜板箱上的大拖板及刀架带动刀具做纵、横向直线移动。为了改变上述运动的大小，尚有主运动变速箱（主轴箱）和进给运动变速箱（进给箱）。

车床各组成部分及其作用如下：

（1）主轴箱：主轴箱内装有多组齿轮变速机构，变速箱外手柄的位置可使主轴得到各种不同的转速。主轴是空心结构，以便使长棒料穿过主轴进行装夹。

（2）变速箱：安装变速机构，以增加主轴变速范围。变速箱外变速手柄的位置，通过不同的齿轮啮合，改变传动比，可以扩大车床的变速范围。

（3）进给箱：进给箱内装有进给运动的变速机构，通过调整外部进给手柄的位置，能使光杠或丝杠获得不同的转速，从而获得所需要的进给量或螺距。

（4）溜板箱：溜板箱与刀架相连，是进给运动的操纵机构。通过改变不同的手柄位置，可使光杠传来的旋转运动变为车刀的纵向或横向直线运动，也可将丝杠传来的旋转运动通过开合螺母直接变为车刀的纵向移动以车削螺纹。

（5）尾座：用来安装顶尖以支撑较长的工件，也可以装夹钻头、铰刀、丝锥、板牙等刀具，进行孔加工或攻丝、套螺纹；调整尾座的横向位置，可以加工长锥体。

（6）床身：床身是安装车床各个部件的主体，用来支承上述各部件，并保证其间相对位置。

（7）光杠：光杠用来带动溜板箱，使车刀沿要求的方向做纵向或横向运动。

（8）丝杠：用于车螺纹时，将进给箱的运动传给溜板箱。

（9）刀架：安装车刀、换刀。

3. CA6140A 型卧式车床的传动路线

电动机输出的动力，经变速箱内变速齿轮改变啮合位置，可得到不同的转速，经 V 带传动给主轴箱。变速箱外的变速手柄可以使箱内不同的齿轮啮合，从而使齿轮得到各种不同的转速，主轴通过卡盘带动工件做旋转运动。主轴的旋转通过挂轮箱、进给箱、丝杠或光杠、溜板箱的传动，使溜板箱带动装在刀架上的刀具做直线进给运动。CA6140A 型卧式车床的传动路线如图 5.4 所示。

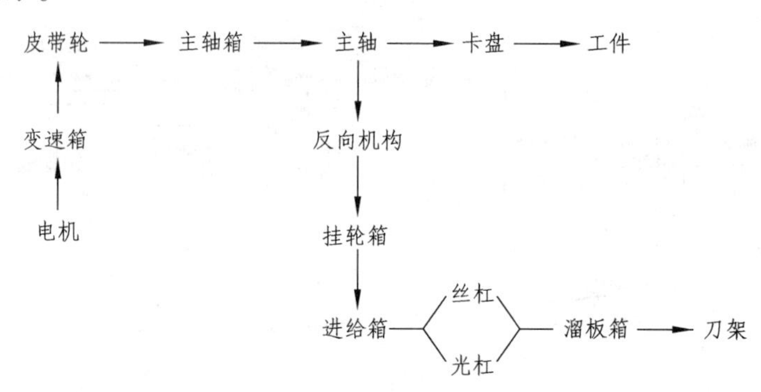

图 5.4 车床传动路线

（四）车床附件及应用

1. 三爪自定心卡盘

三爪自定心卡盘是车床上应用最广泛的一种通用夹具。三爪卡盘的 3 个卡爪是联动的，能自动定心，故一般零件不需要校正，装夹效率比较高；但是夹紧力不大，只适用于中、小型的横截面是圆形、正三边形、正六边形的工件，不能用来装夹不规则的零件。三爪卡盘结构如图 5.5 所示。

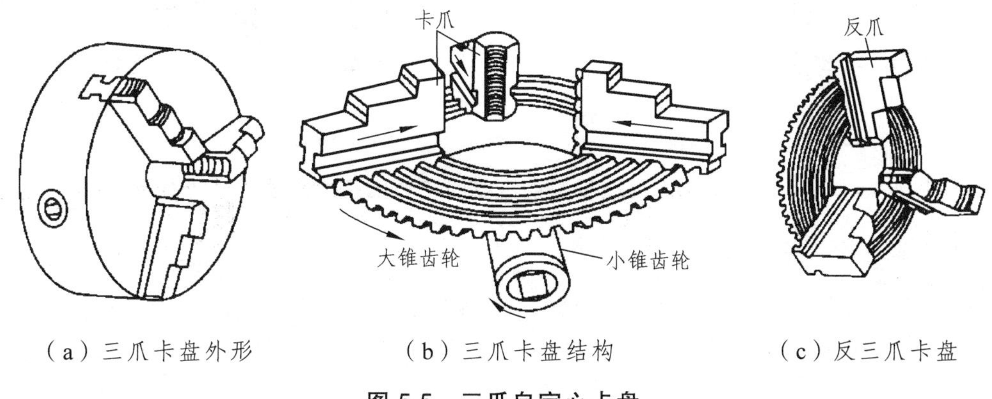

（a）三爪卡盘外形　（b）三爪卡盘结构　（c）反三爪卡盘

图 5.5　三爪自定心卡盘

使用时，将卡盘扳手插入小锥齿轮的方孔内，转动小锥齿轮，由小锥齿轮带动大锥齿轮转动。大锥齿轮背面有平面螺纹，三爪与平面螺纹啮合，因此当大锥齿轮转动时，由背面的平面螺纹带动 3 个卡爪向内或向外移动，从而夹紧或松开工件。

用三爪卡盘安装工件时，应先将工件置于 3 个卡爪中找正，轻轻夹紧，然后开动机床使主轴低速旋转，检查工件有无歪斜偏摆，如有偏摆，停车后用锤子轻轻校正，然后夹紧工件，并及时取下卡盘扳手。当工件较短时，用 3 个卡爪夹紧工件即可；当工件较长时，应在工件右端用尾座顶尖支撑以加强工件的强度，如图 5.6 所示。

2. 四爪单动卡盘

四爪卡盘的外形如图 5.7 所示，它有 4 个单动可调的卡爪，因此，它不仅可以安装圆形工件，还能安装异形件。它的夹紧力大，适宜于安装较重较大的工件。

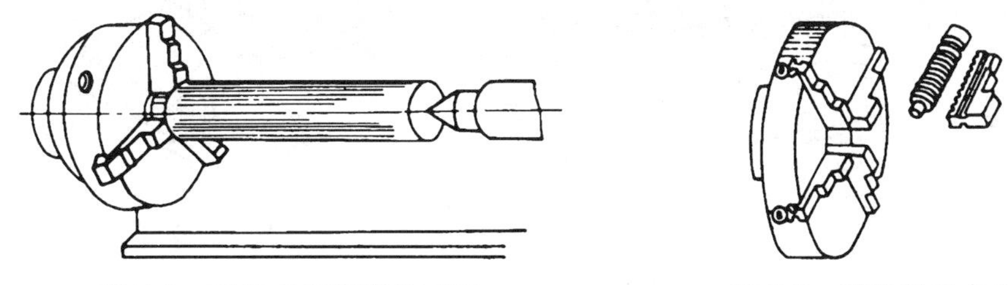

图 5.6　三爪卡盘和顶尖安装　　**图 5.7　四爪单动卡盘**

四爪卡盘不能自动定心，使用四爪卡盘装夹工件的时候，必须进行找正，其目的是要校正工件回转轴线与机床轴线基本重合，工件端面基本垂直于轴线或按图样要求调整工件到理想的位置。下面说明以事先划出的加工界线用划线盘找正的方法。

使划针靠近零件上划出的加工界线，用手慢慢扳动卡盘，先校正端面，在离针尖最近的零件端面上用小锤轻轻敲至各处距离相等。再将划针针尖靠近外圆，用手扳动卡盘，校正中心，将离开针尖最远处的一个卡爪松开，拧紧对面的一个卡爪，反复调整几次，直至校正为止。对于定位精度要求较高的零件，可以用百分表进行找正，找正方法如图 5.8 所示。

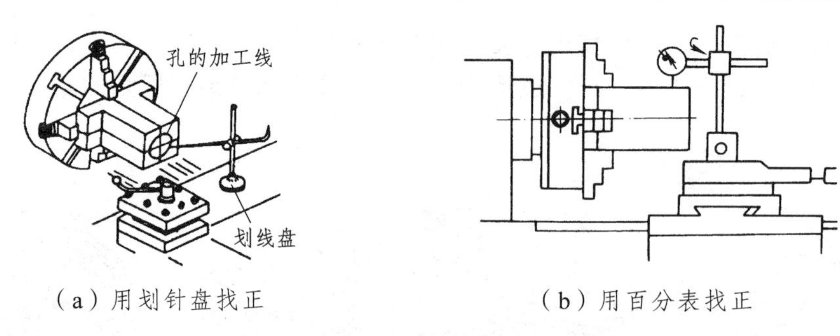

（a）用划针盘找正　　（b）用百分表找正

图 5.8　用四爪单动卡盘时工作找正的方法

3. 中心架和跟刀架

当工件长度与直径之比大于 25 的时候，称该工件为细长轴。细长轴本身刚性较差，加工过程中容易产生振动，并且常会出现两头细中间粗的现象。在加工细长轴时，要使用中心架或跟刀架作为附加支承，以增加工件的刚性。

（1）中心架。

中心架一般多用于加工阶梯轴及在长杆件端面进行钻孔、镗孔或攻丝。对于不能通过机床主轴孔的大直径长轴进行端面车削时，也经常使用中心架。

中心架固定在车床导轨上，主要用于提高细长轴或悬臂安装工件的支承刚度。安装中心架之前先在工件上车出中心架支承凹槽，槽的宽度略大于支承爪，槽的直径比工件的最终直径要大一些，以便精车。调整中心时，须先调整下面两个爪，然后把盖子盖好固定后，再调整上面一个爪。车削时卡爪与工件接触处要经常加润滑油，注意其松紧要适量，以防工件被拉毛及摩擦发热，如图 5.9 所示。

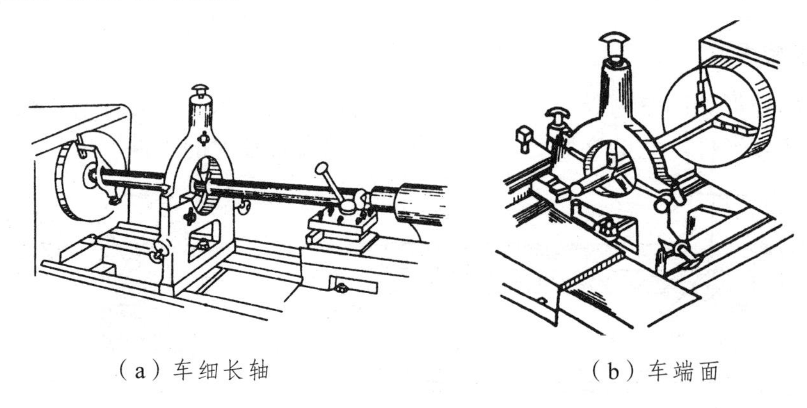

（a）车细长轴　　（b）车端面

图 5.9　中心架的应用

（2）跟刀架。

跟刀架一般有两个卡爪，使用时固定在床鞍上，可随刀架一起移动，主要用作精车、半精车细长轴（长径比在 30 ~ 70）的辅助支承。跟刀架可以跟随车刀抵消径向的切削抗力，以防止由于径向切削力而使工件产生弯曲变形。车削时在工件头上先车好一段外圆，使跟刀架支承爪与之接触并调整至松紧适宜，支承处要加润滑油润滑。

跟刀架一般有两个支承爪，一个从车刀的对面抵住工件，另一个从上向下压住工件。有的跟刀架有 3 个爪，三爪跟刀架夹持工件稳定，工件上下左右的变形均受到限制，不易发生振动，如图 5.10 所示。

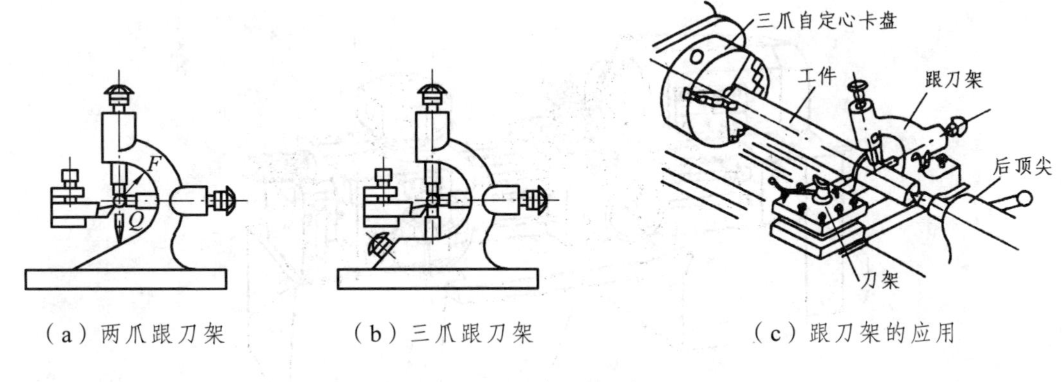

（a）两爪跟刀架　（b）三爪跟刀架　（c）跟刀架的应用

图 5.10　跟刀架及应用

（五）其他车床

除了卧式车床外，还有以下几种常见的车床。

1. 立式车床

立式车床的主轴回转轴线处于垂直位置，如图 5.11 所示，可加工内外圆柱面、圆锥面、端面等，适用于加工长度短而直径大的重型零件，如大型带轮、轮圈、大型电动机零件等。立式车床的立柱和横梁上都装有刀架，刀架上的刀具可同时切削并快速移动。

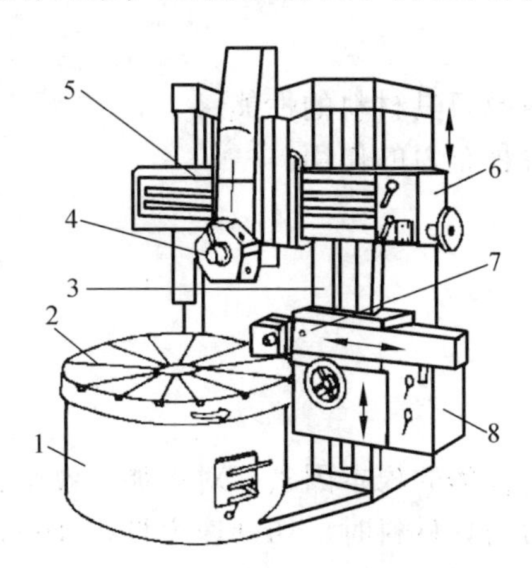

图 5.11　立式车床

1—底座；2—工作台；3—立柱；4—垂直刀架；5—横梁；6—垂直刀架进给箱；7—侧刀架；8—侧刀架进给箱

2. 转塔车床

转塔车床又称六角车床，用于加工外形复杂且大多数中心有孔的零件。转塔车床在结构上没有丝杠和尾座，代替卧式车床尾座的是一个可旋转换位的转塔刀架，如图 5.12 所示。该刀架可按加工顺序同时安装钻头、铰刀、丝锥以及装在特殊刀架中的各种车刀共 6 把。还有一个与卧式车床相似的四方刀架，两个刀架配合使用，可同时对零件进行加工。另外，机床上还有定程装置，可控制加工尺寸。

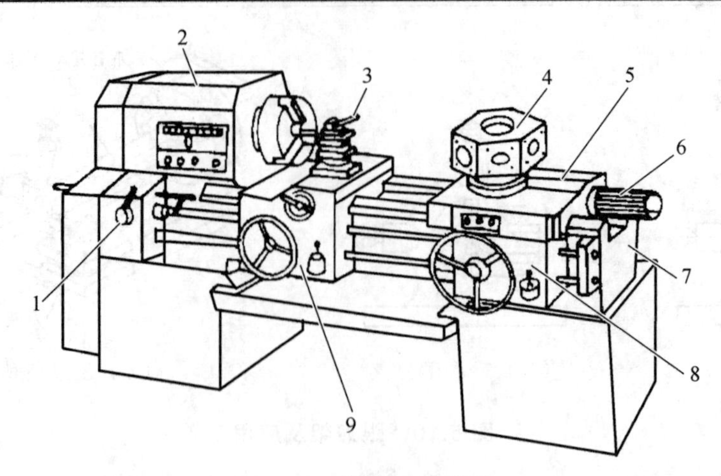

图 5.12 滑鞍转塔车床

1—进给箱；2—主轴箱；3—横刀架；4—转塔刀架；5—床鞍；6—定程装置；
7—床身；8—转塔刀架溜板箱；9—横刀架溜板箱

第二节 车 刀

一、实训目的

（1）了解常用的刀具材料及刀具材料的性能；
（2）了解车刀的种类和各种车刀的作用。

二、实训准备知识

（一）车刀概述

刀具材料是决定刀具切削性能的根本因素，对于加工效率、加工质量以及刀具耐用度影响很大。使用碳素工具钢作为刀具材料时，切削速度只有 10 m/min 左右；20 世纪初出现了高速钢刀具材料，切削速度提高到每分钟几十米；20 世纪 30 年代出现了硬质合金，切削速度提高到每分钟一百多米至几百米；当前陶瓷刀具和超硬材料刀具的出现，使切削速度提高到 1 000 m/min 以上，被加工材料的发展也大大推动了刀具材料的发展。

（二）刀具材料应具备的性能

性能优良的刀具材料，是保证刀具高效工作的基本条件。刀具切削部分在强烈摩擦、高压、高温下工作，应具备如下基本要求：

（1）高硬度和高耐磨性。刀具材料的硬度必须高于被加工材料的硬度才能切下金属，这是刀具材料必备的基本要求，现有刀具材料硬度都在 60HRC 以上。刀具材料越硬，其耐磨性越好，但由于切削条件较复杂，材料的耐磨性还取决于它的化学成分和金相组织的稳定性。

（2）足够的强度与冲击韧性。强度是指抵抗切削力的作用而不至于刀刃崩碎与刀杆折断所应具备的性能，一般用抗弯强度来表示。冲击韧性是指刀具材料在间断切削或有冲击的工作条件下保证不崩刃的能力。一般地，硬度越高，冲击韧性越低，材料越脆。硬度和韧性是一对矛盾，也是刀具材料所应克服的一个关键。

（3）高耐热性。耐热性又称红硬性，是衡量刀具材料性能的主要指标。它综合反映了刀具材料在高温下保持硬度、耐磨性、强度、抗氧化、抗黏结和抗扩散的能力。

（4）良好的工艺性和经济性。为了便于制造，刀具材料应有良好的工艺性，如锻造、热处理及磨削加工性能。当然在制造和选用时应综合考虑经济性。当前超硬材料及涂层刀具材料费用都较贵，但其使用寿命很长，在成批大量生产中，分摊到每个零件中的费用反而有所降低。因此在选用时一定要综合考虑。

（三）常用的刀具材料

常用的刀具材料有工具钢、高速钢、硬质合金、陶瓷和超硬刀具材料，目前用得最多的是高速钢和硬质合金。

1. 高速钢

高速钢是一种加入了较多的钨、铬、钒、铝等合金元素的高合金工具钢，其强度和韧性是现有刀具材料中最高的。高速钢的制造工艺简单，容易刃磨成锋利的切削刃；锻造、热处理变形小，目前在复杂的刀具（如麻花钻、丝锥、拉刀、齿轮刀具和成形刀具）制造中，占有主要地位。高速钢可分为普通高速钢和高性能高速钢。

普通高速钢（如 W18Cr4V）广泛用于制造各种复杂刀具。其切削速度一般不太高，切削普通钢料时为 40 ~ 60 m/min。

高性能高速钢（如 W12Cr4V4Mo）是在普通高速钢中再增加一些含碳量、含钒量及添加钴、铝等元素冶炼而成的。它的耐用度为普通高速钢的 1.5 ~ 3 倍。

粉末冶金高速钢是 20 世纪 70 年代投入市场的一种高速钢，其强度与韧性分别提高了 30% ~ 40%和 80% ~ 90%，耐用度可提高 2 ~ 3 倍。粉末冶金高速钢目前在我国尚处于试验研究阶段，生产和使用尚少。

2. 硬质合金

硬质合金可分为 P、M、K 三类。P 类硬质合金主要用于加工长切屑的黑色金属，用蓝色作标志；M 类硬质合金主要用于加工黑色金属和有色金属，用黄色作标志，又称通用硬质合金；K 类硬质钢主要用于加工短切屑的黑色金属、有色金属和非金属材料，用红色作标志。

P、M、K 后面的阿拉伯数字表示其性能和加工时承受载荷的情况或加工条件。数字越小，硬度越高，韧性越差。

P 类相当于我国原钨钛钴类通用合金，代号为 YT，如 YT5、YT10、YT15。

K 类相当于我国原钨钴类通用合金，代号为 YG，如 YG3、YG6、YG8。

M 类相当于我国原钨钛钽钴类通用合金，代号为 YW。

（四）车刀分类

车刀是一种单刃刀具，其种类很多，分类方法也有多种。

（1）车刀按用途不同可分为直头外圆刀、弯头车刀、切断刀、镗孔刀、螺纹刀等，如图5.13所示。

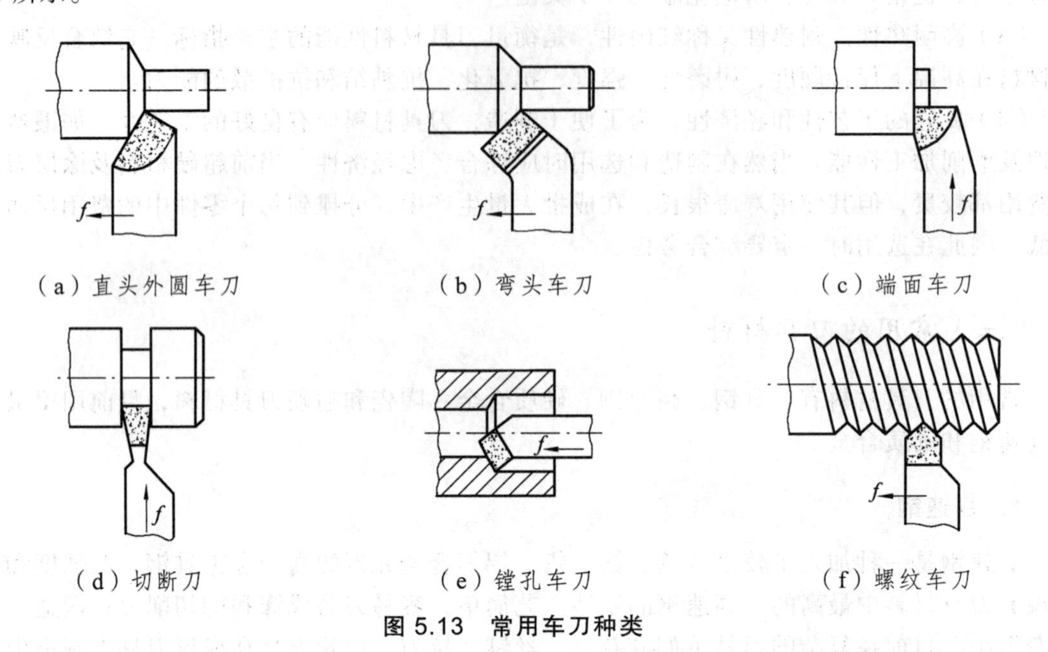

（a）直头外圆车刀　（b）弯头车刀　（c）端面车刀

（d）切断刀　（e）镗孔车刀　（f）螺纹车刀

图5.13　常用车刀种类

（2）车刀按结构形式不同可分为整体式车刀、焊接式车刀和机夹式车刀。

整体式车刀的切削部分与夹持部分材料相同，用于车削有色金属和非金属材料，如高速钢车刀。

焊接式车刀的切削部分与夹持部分材料不同。切削部分材料多以刀片形式焊接在刀杆上，如常用的硬质合金刀具，焊接式车刀适用于各类车刀，特别是较小的刀具。

机夹式车刀分为机械夹固重磨式和不重磨式两种。重磨式车刀用钝后可重磨；不重磨式车刀的切削刃用钝后可快速转位再用，也称机夹可转位式刀具，适用于自动化生产线和数控车床。机夹式车刀避免了刀片因焊接产生的应力、变形等缺陷，刀杆利用率高。

（五）车刀的安装

车刀如果安装不当，就会影响工件的加工质量，所以车刀使用时必须正确安装，具体要求如下：

（1）车刀伸出刀架部分不能太长。一般车刀伸出刀架的长度不超过刀杆高度的2倍，否则切削时刀杆的刚度减弱，容易产生振动，使车出的工件表面粗糙度增加或刀具损坏。

（2）车刀刀尖应与工件轴线等高，若刀尖高于工件中心，会使车刀的实际后角增大，后刀面与工件之间的摩擦增大；刀尖装得太低，会使刀具前角减小，切削不顺利。安装车刀的时候可以用尾座的顶尖高度来调整刀尖的高度，或者试车端面，根据端面的中心进行调整。

（3）装夹车刀时，刀杆中心线应与进给方向垂直，否则会使车刀的主偏角和副偏角的数值发生变化。

（4）调整车刀时，刀柄下面的垫片要平整洁净，垫片应与刀架对齐，数量不宜太多，以1～3片为宜，车刀至少要用两个螺钉压在刀架上，并逐个轮流拧紧。

第三节　车削加工工艺

一、实训目的

（1）掌握车床各操作手柄的使用；

（2）掌握试车法；

（3）掌握车削外圆、端面、圆锥、成形面、车螺纹以及切断的方法。

二、实训准备知识

（一）刻度盘及其手柄的使用

中拖板的刻度盘和丝杠相连，丝杠螺母与中拖板固定在一起。当中拖板手柄带动刻度盘转动1周时，丝杠相应地也转过1圈，这时螺母带动中拖板移动1个螺距。因此，中拖板移动的距离可根据刻度盘上的格数来计算。

刻度盘转1格刀架在横向移动的距离 = 丝杠螺距/刻度盘格数（mm）。

C6132型车床中拖板丝杠的螺距是4 mm。中拖板刻度盘等分为200格，故刻度盘每转过1格，中拖板带动刀架在横向移动的距离是4 ÷ 200 = 0.02（mm）。刻度盘每转1格，拖板带动车刀在工件的半径方向横向移动0.02 mm，即被吃刀量为0.02 mm，相应地零件直径减小0.04 mm。简单地说就是刻度盘上的刻度每变化1格，工件的直径变化是0.04 mm。

（二）试切法

试切是车削零件达到所要求直径尺寸的关键，为了保证零件径向尺寸精度，开始车削时，应进行试切，如图5.14所示。

第一步：启动车床，开车对刀，使刀尖与零件表面轻微接触，确定刀具与零件的接触点，作为进刀的起始点，然后向右退回车刀，记下刻度盘上的数值，如图5.14（a）、（b）所示。

第二步：按背吃刀量或零件直径要求，根据中拖板刻度盘上的数值横向进给，并手动纵向切削1～3 mm，然后向右退回车刀，如图5.14（c）、（d）所示。

第三步：用游标卡尺或千分尺进行测量，如果尺寸合格了，就按照该切削深度将整个表面加工完；如果尺寸偏大或偏小，就重新进行试切，直到尺寸合格为止，如图5.14（e）、（f）所示。

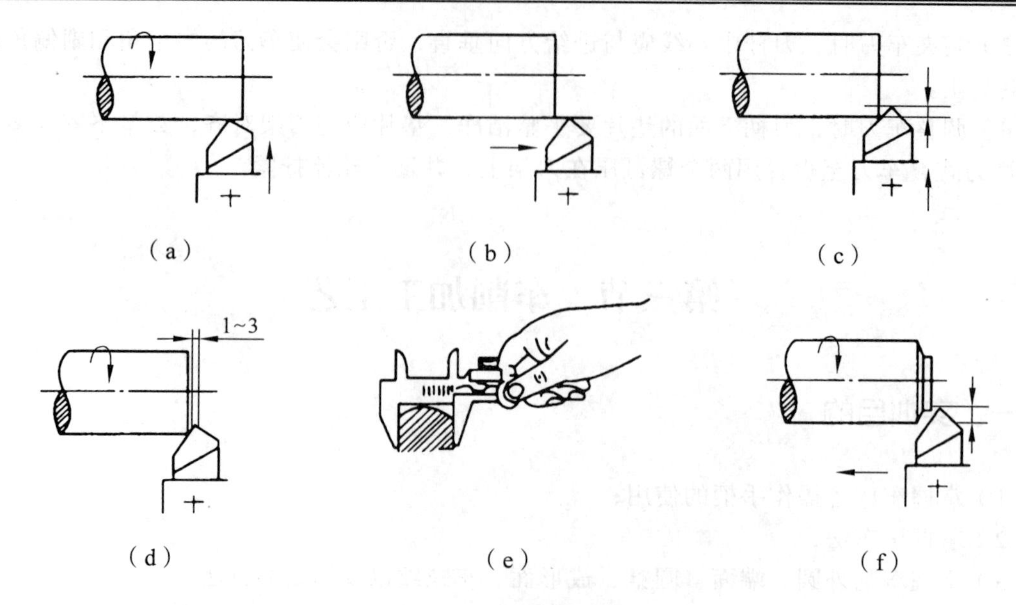

图 5.14 试切法步骤

第四步：零件加工完后要进行测量检验，以确保零件的质量。

注意：由于丝杠和螺母之间存在间隙，会产生空行程现象，所以刻度盘手柄必须慢慢地转动，以便对准位置；如果不慎转过了位置，不能简单地退回到所需刻度，必须向进给的反方向退回全部行程后，再向进给方向转过所需的刻度。

三、典型零件车削工艺

（一）车外圆

车外圆时一般可分为粗车和精车。粗车的目的是切去毛坯硬皮和大部分的加工余量，精车的目的是达到零件的工艺要求。车外圆必须掌握以下要点：

（1）无论是粗车或精车，都必须进行试切，试切的方法如前所述。

（2）试切零件到正确尺寸后，可手动或机动进给进行车削。

（3）车削工件达到外圆长度时，停止进给，摇动中拖板的手柄，横向退出车刀，并将刀架退回到原位，最后停车。

（二）车端面

车端面时刀具做横向进给，越向中心车削速度越小，当刀尖达到工件中心时，车削速度为零，故切削条件比车外圆要差。车刀安装时，刀尖应严格对准工件旋转中心，否则工件中心余料难以切除；并尽量从中心向外走刀，必要时锁住大拖板。车削端面如图 5.15 所示。

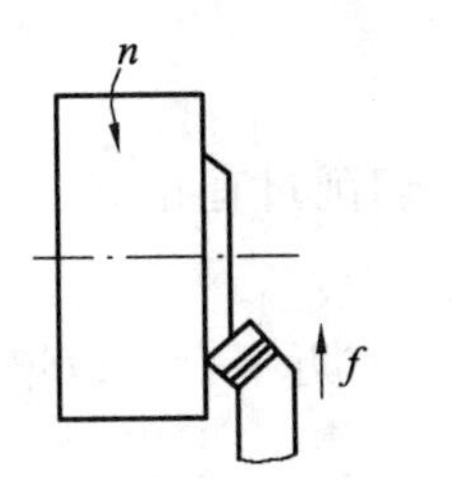

（a）弯头刀车端面

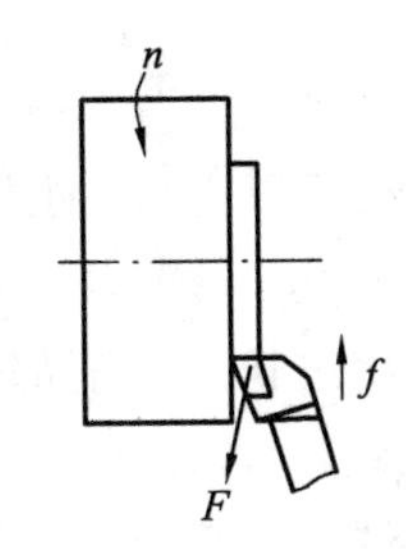

（b）右偏刀从外向中心进给车端面

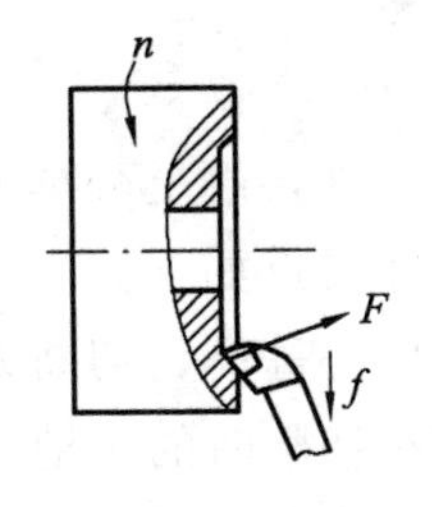

（c）右偏刀从中心向外进给车端面

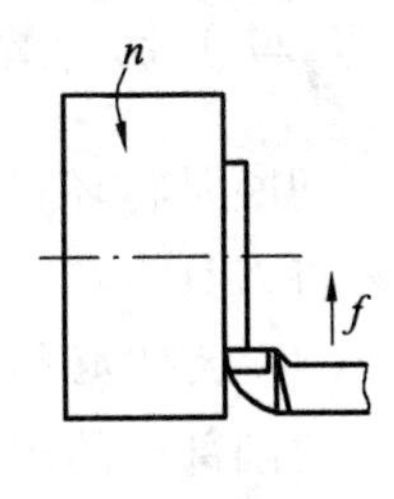

（d）左偏刀车端面

图 5.15　端面车削方法

车削端面的操作要点如下：

（1）用手动车削端面时，手动进给速度应均匀。

（2）用机动车削端面时，当车刀刀尖到端面中心附近时应停止机动进给，改用手动进给，车到中心后，车刀应迅速退回。

（3）精车端面时，当车刀车到中心时，为防止车刀退回时拉伤表面，应先将车刀纵向退出，再横向退刀。

（三）车台阶

很多轴类、盘、套类零件上有台阶面。台阶面是有一定长度的圆柱面和端面的组合。台阶的高、低由相邻两段圆柱体的直径所决定，安装车刀的时候应使车刀主切削刃垂直于零件的轴线或与零件的轴线约呈 95° 夹角。

车台阶的操作步骤如下：

（1）当台阶的高度小于 5 mm 时，应使车刀主切削刃垂直于零件的轴线，台阶可以一次车完，如图 5.16（a）所示。

（2）当台阶高度大于 5 mm 时，应使车刀主切削刃与零件轴线夹角约呈 95° 夹角，分层纵向进给切削，最后一次纵向车削时，车刀刀尖应紧贴台阶端面横向退出，这样才能车出 90° 台阶。如图 5.16（b）、（c）所示。

（3）为了保证台阶的长度符合要求，可用钢直尺或游标卡尺直接在工件上量取台阶长度，并用刀尖刻出线痕，以此线痕作为加工界线；这种方法不够准确，划线痕时应留出一定的加工余量。

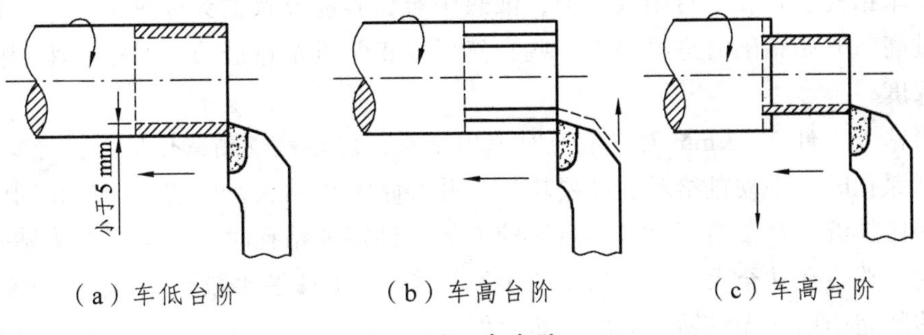

（a）车低台阶　（b）车高台阶　（c）车高台阶

图 5.16　车台阶

（四）切　断

切断是将坯料或工件从夹持端上分离下来。切断刀刀头长，刚性差，切削过程排屑困难，容易将刀具折断。切断操作要点如下：

（1）刀尖必须与工件中心等高，切断刀不宜伸出过长，切削部位尽量靠近卡盘，以增加工件切削部分的刚性，减小切削时的振动。

（2）正确安装切断刀，切断刀的中心线应与工件轴线垂直。

（3）切削速度应低些，主轴和刀架各部分配合间隙要小，以免切削过程中产生振动，影响切断质量甚至使刀具断裂。

（4）手动进给速度要均匀。快切断时，应放慢进给速度，以防刀头折断。

（五）钻　孔

在车床上钻孔时，工件的回转运动为主运动，尾座上的套筒推动钻头所做的纵向移动为进给运动，如图 5.17 所示。

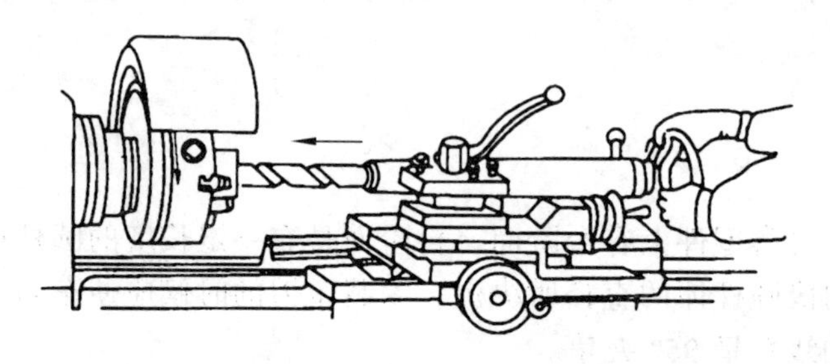

图 5.17　在车床上钻孔

钻孔的操作步骤如下：

（1）车平端面。为便于钻头定心，防止钻偏，应先将工件端面车平。

（2）预钻中心孔。用中心钻在工件中心处先钻出麻花钻定心孔，或用车刀在工件中心处车出定心小坑。

（3）装夹钻头。选择与所钻孔直径对应的麻花钻，麻花钻工作部分长度略长于孔深。

（4）调整尾座纵向位置。松开尾座锁紧装置，移动尾座直至钻头接近工件，将尾座锁紧在床身上。此时要考虑加工时套筒伸出不要太长，以保证尾座的刚性。

（5）开车钻孔。钻孔是封闭式切削，散热困难，容易导致钻头过热，所以，钻孔的切削速度不宜过高，开始钻削时进给要慢一些，然后以正常进给量进给，通过尾座套筒上的刻度控制钻孔深度。

（6）当钻入工件 2 ~ 3 mm 时，应及时退出钻头，停车检查测量孔是否符合要求。

（7）钻深孔时，手动进给时速度要均匀，并经常退出钻头，以清除切屑，同时应向孔中注入充分的切削液。对于精度要求不高又较长的工件需要钻孔时，可采用调头钻孔的方法，先在工件的一端将孔钻至大于工件长度的 1/2 之后，再调头装夹校正，将另一半钻通。

（8）钻削完毕后，先将钻头退出，然后停车。

（六）车成形面

在回转体上有时会出现母线为曲线的回转表面，如手柄、手轮、圆球等，这些表面称为成形面。成形面的车削方法有手动法、成形车刀法、靠模法、数控法等。

1. 手动法

操作者双手同时操纵中拖板和大拖板手柄移动刀架，使刀尖运动的轨迹与要形成的回转体成形面的母线尽量相符合。通过反复加工、检验、修正，最后形成要加工的成形表面。手动法加工简单方便，但对操作者技术要求高，而且生产效率低，加工精度低，一般适用于单件小批量生产。

2. 成形车刀法

切削刃形状与工件表面形状一致的车刀称为成形车刀。用成形车刀切削时，只要做横向进给就可以车出工件上的成形表面。用成形车刀车削成形面，工件的形状精度取决于刀具的精度，加工效率高，但由于刀具切削刃长，加工时的切削力大，加工系统容易产生变形和振动，要求机床有较高的刚度和切削功率。成形车刀制造成本高，且不容易刃磨。因此，成形车刀法适用于成批、大量生产。

3. 靠模法

靠模法加工采用普通的车刀进行切削，刀具实际参加切削的切削刃不长，切削力与普通车削相近，变形小，振动小，工件的加工质量好，生产效率高，但靠模的制造成本高。靠模法车成形面主要用于成批或大量生产。

4. 数控法

数控车床刚性好，制造和对刀精度高，可以方便地进行人工和自动补偿，所以能加工尺寸精度要求较高的零件，在有些场合可以以车代磨，利用数控车床的直线和圆弧插补功能，车削由任意直线和曲线组成的形状复杂的回转体零件。

（七）车螺纹

螺纹的种类有很多，按牙型分有三角形、梯形、方牙螺纹等；按标准分有米制、英制螺纹。米制螺纹牙型角为60°，用螺距或导程来表示；英制三角螺纹牙型角为55°。在车床上能车削各种螺纹，现以车削普通螺纹为例予以说明。

在车床上车削螺纹的实质就是使车刀纵向进给量等于螺距。为保证螺距的精度，需要使用丝杠及开合螺母带动刀架完成进给运动。螺纹有一定的深度，需要多次车削才能完成，在多次走刀的过程中，必须保证车刀每次都落入已切出的螺纹槽内，否则就会发生“乱扣”现象。

当丝杠的螺距是零件螺距的整数倍时，可任意打开合上开合螺母，车刀总会落入原来已切出的螺纹槽内。若不是整数倍时，多次走刀和退刀时，都不能打开开合螺母，否则将发生“乱扣”现象。

车削外螺纹的步骤如下：

（1）选择并安装螺纹车刀，根据所加工螺纹的材料、切削速度等选择合适的车刀。

（2）查表确定螺纹牙型高度，确定走刀次数和各次走刀的横向进给量。

（3）开动车床，使车刀的刀尖与工件表面轻微接触，记下刻度盘的读数，向右退出车刀，如图 5.18（a）所示。

（4）合上开合螺母，在工件表面上车出一条浅螺旋线，横向退出车刀，停车，如图 5.18（b）所示。

（5）开反车使车刀退到工件右端，停车，用游标卡尺或钢直尺检查螺距是否符合要求，如图 5.18（c）所示。

（6）利用刻度盘调整背吃刀量，开车切削，如图 5.18（d）所示。

（7）车刀将至行程终点时做好退刀停车准备，先快速退回车刀，然后停车，开反车退回刀架，如图 5.18（e）所示。

（8）再次横向进给，继续切削，按照图 5.18（f）所示路线循环。

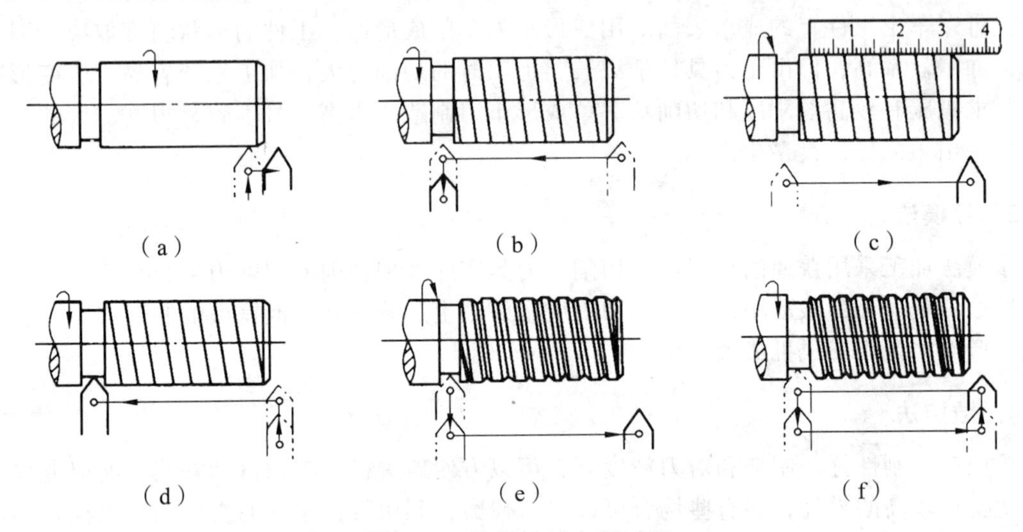

图 5.18 外螺纹的车削过程

车螺纹的进给方法有直进刀法和斜进刀法。直进刀法是用中拖板横向进刀，两切削刃和刀尖同时参与切削，这种方法操作简便，能保证螺纹牙型精度，但车刀受力大，散热差，排屑难，刀尖容易磨损，适用于车削脆性材料、小螺距螺纹和精车螺纹。斜进刀法是用中拖板横向进刀和小拖板纵向进刀相配合，使车刀只有一个切削刃参与切削，车刀受力小，散热、排屑有所改善，可提高生产率。但螺纹牙型的一侧表面粗糙度值较大，所以在最后一刀要留有余量，用直进法进刀修光牙型两侧，这种方法适用于塑性材料和大螺距螺纹的粗车。

第四节 车工综合实训

一、实训目的

（1）根据图样编制典型车削零件的加工工艺；

（2）练习车削端面、外圆、成形面、切断和钻孔等各项操作技能；
（3）了解各种车刀的使用场合。

二、实训准备知识

（1）根据图样编制合理的加工工艺。
（2）准备好加工零件所用的刀具、量具。

三、实训示例

（一）锉刀柄的车削

锉刀柄图样如图 5.19 所示，材料为木质，采用双手协调法车削。

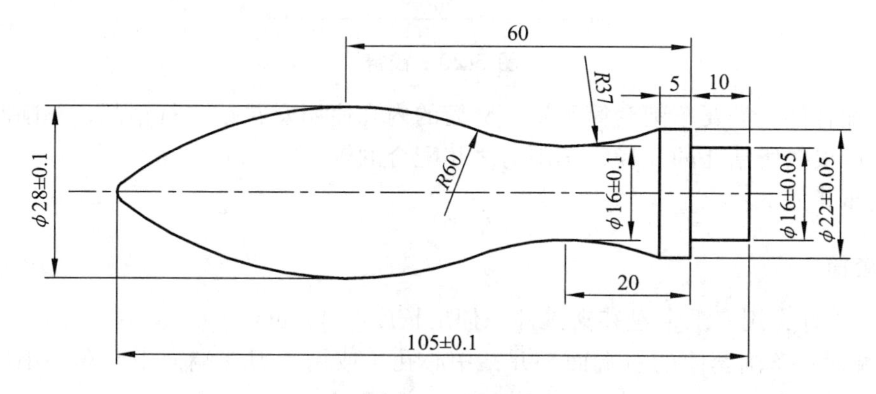

图 5.19　锉刀柄

1．加工步骤

① 装夹工件：将毛坯用三爪卡盘装夹，找正、夹紧并用顶针将工件顶住。
② 粗车毛坯：将坯料车至 φ30 mm、长度 > 115 mm。
③ 车φ16 mm、长度 10 mm。
④ 车φ22 mm、长度 5 mm（该圆柱可车长一些，以便后续加工，可车 20 mm 长）。
⑤ 粗车 *R*37 圆弧段：车圆弧之前，将圆弧的最高点、最低点和总长度做标记，以防车削时工件的形状走样。
⑥ 粗车 *R*60 圆弧段。
⑦ 精车圆弧：将圆弧处φ22 mm、φ16 mm 车至符合要求。
⑧ 切断：将多余的部分切除，切断时，应双手协调控制刀架，使切断刀走过圆弧轨迹，如同车圆弧一样，将零件切断。

2．注意事项

双手协调法车削锉刀柄时，在车削圆弧的时候要注意双手转动车床操作手柄的方法，双手和手轮的接触面积应尽可能大，这样可以方便地控制手轮的转速，根据圆弧的弧度随时改变进给速度。

（二）铰链的车削

铰链图样如图 5.20 所示，材料为低碳钢。

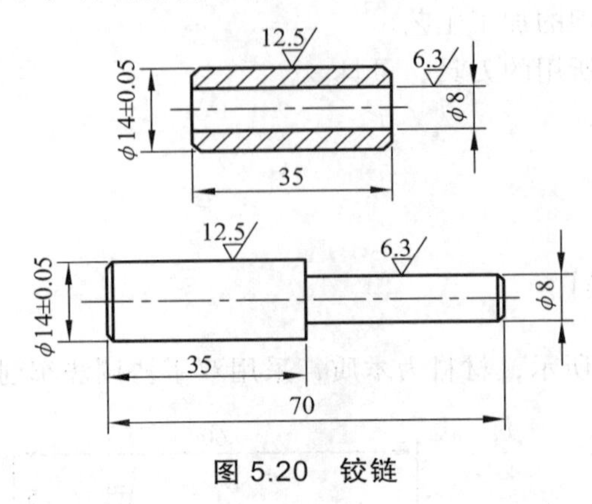

图 5.20 铰链

铰链是配合件，需要车削套筒和轴。套筒的内孔使用麻花钻进行钻削，车削时，应先车削套筒，然后根据所钻孔的孔径，车削与之相配合的轴。

其车削步骤如下：

1. 车套筒

① 装夹工件：用三爪卡盘装夹工件，伸出长度约 45 mm。

② 车端面：车削套筒的右端面，并钻中心孔（或用车刀在端面中心车一小坑）作为钻孔时钻头的定位孔。

③ 车削外圆ϕ14 mm，长度 38 mm，并倒角。

④ 用ϕ8 mm 的钻头进行钻孔，钻孔深度 40 mm。

⑤ 切断：切断工件的长度为 36 mm。

⑥ 工件调头轻轻装夹（工件可用纱布包裹后装夹，以防夹伤已加工表面），车平端面至套筒长度 $H = 35$ mm，并倒角。

2. 车 轴

① 装夹工件：用三爪卡盘装夹工件，伸出长度约 80 mm。

② 车削轴的右端面。

③ 车削外圆ϕ8 mm（车削时，须用游标卡尺测量套筒的内孔实际孔径，根据孔径加工该段圆柱），长度 35 mm。

④ 车削外圆ϕ14 mm 至图样要求，轴的总长车至约 73 mm。

⑤ 切断：保证切下轴的长度约 71 mm。

⑥ 将轴调头装夹，车端面，倒角，车削至总长度为 70 mm。

（三）锥体加工

1. 加工步骤

锥体图样如图 5.21 所示，其加工步骤如下：

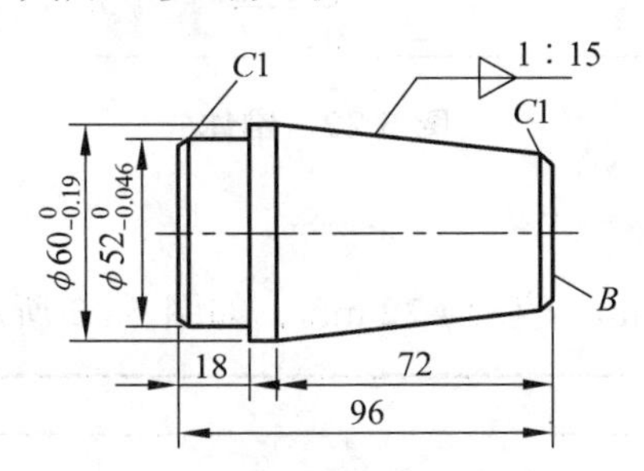

材料：HT150 ϕ65 mm×100 mm

图 5.21　锥体

① 用三爪自定心卡盘夹持毛坯外圆，伸出长度 25 mm 左右，校正并夹紧。
② 车端面 *A*：粗、精车外圆ϕ52 mm 至图样要求，长 18 mm 至要求，倒角 *C*1。
③ 调头夹持ϕ52 mm 外圆，长 15 mm 左右，校正并夹紧。
④ 车端面 *B*，保持总长 96 mm，粗、精车外圆ϕ60 mm 至图样要求。
⑤ 小滑板逆时针转动圆锥半角（$\alpha/2=1°54'33''$），粗车外圆锥面。
⑥ 用万能角度尺检测圆锥半角并调整小滑板转角。
⑦ 精车圆锥面至尺寸要求。
⑧ 倒角 *C*1，去毛刺。
⑨ 检查各尺寸合格后卸下工件。

2. 注意事项

① 车刀必须对准工件旋转中心，避免产生双曲线误差，可通过把车刀对准圆锥体零件端面中心来对刀。

② 单刀刀刃要始终保持锋利，工件表面一刀车出。

③ 应两手握小拖板手柄，均匀移动小拖板。

④ 要防止扳手在扳小拖板紧固螺帽时打滑而撞伤手。粗车时，吃刀量不宜过长，应先校正锥度，以防工件车小而报废，一般留精车余量 0.5 mm。

⑤ 在转动小拖板时，应稍大于圆锥斜角口，然后逐次校准，当小拖板角度调整到相差不多时，只需把紧固螺母稍松一些，用左手大拇指放在小拖板转盘和刻度之间，消除中拖板间隙，用铜棒轻轻敲击小拖板所需校准的方向，使手指感到转盘的转动量，这样可较快地校正锥度。

⑥ 小拖板不宜过松，以防工件表面车削痕迹粗细不一。

（四）榔头柄的车削

榔头柄的加工是一项综合性较强的普车实训项目，锥体图样如图 5.22 所示，材料为低碳钢。

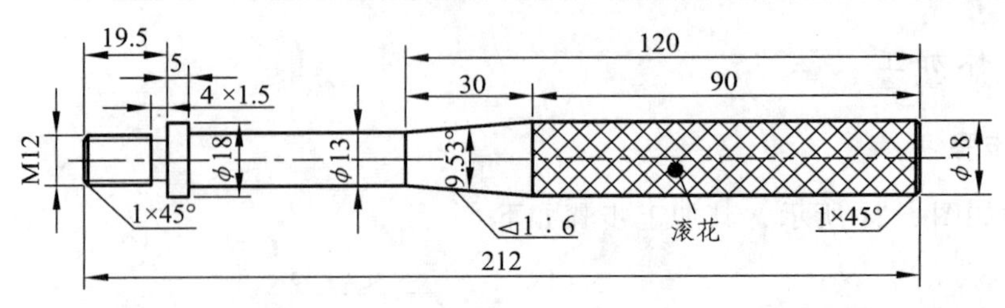

图 5.22 锥体

1. 加工步骤

① 下料，毛坯长度 212 mm，直径ϕ22 mm，如图 5.23 所示。

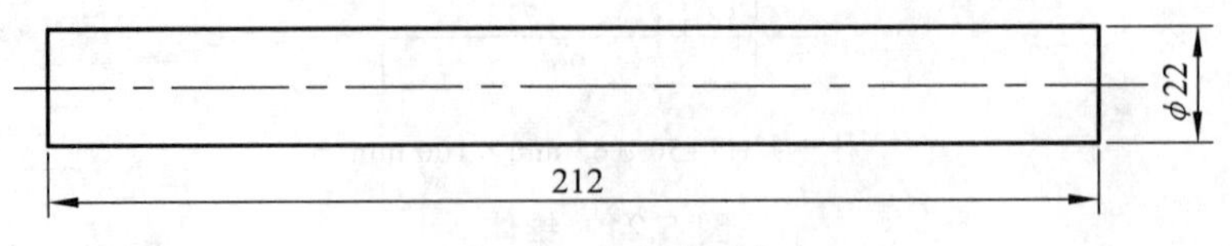

图 5.23 毛坯尺寸

② 用三爪自定心卡盘夹持毛坯外圆，伸出长度 85 mm 左右，校正并夹紧，车右端面见光即可，车外圆$\phi 18\times 60$，如图 5.24 所示。

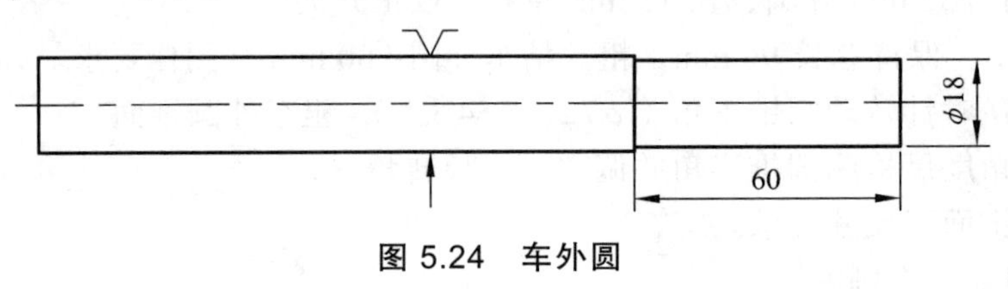

图 5.24 车外圆

③ 掉头装夹，伸出长度 25 mm 左右，校正并夹紧，车端面见光即可，打中心孔 A4，如图 5.25 所示。

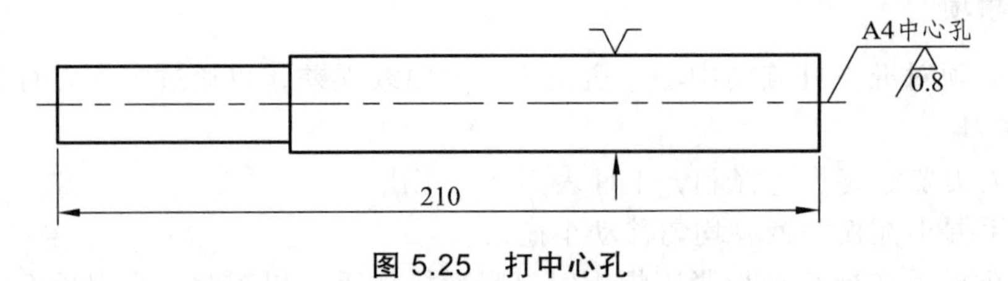

图 5.25 打中心孔

④ 工件夹持长度 35 mm，尾座顶针顶紧，车外圆ϕ18 mm，与前述ϕ 18 mm 接平，如图 5.26 所示。

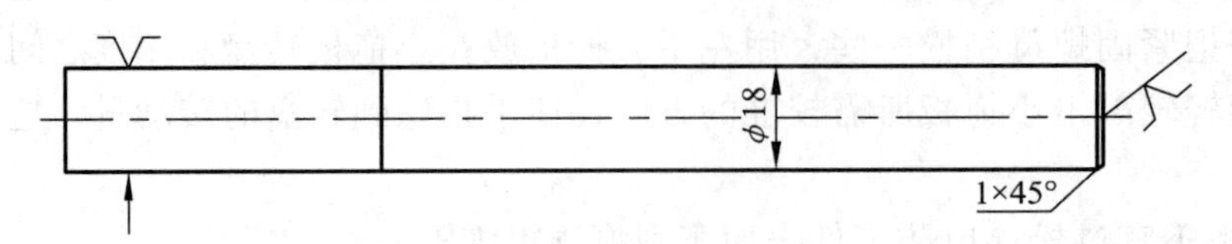

图 5.26 车外圆

⑤ 工件夹持长度 35 mm，尾座顶针顶紧，用滚花刀滚花，滚花刀进刀 0.1 mm，如图 5.27 所示。

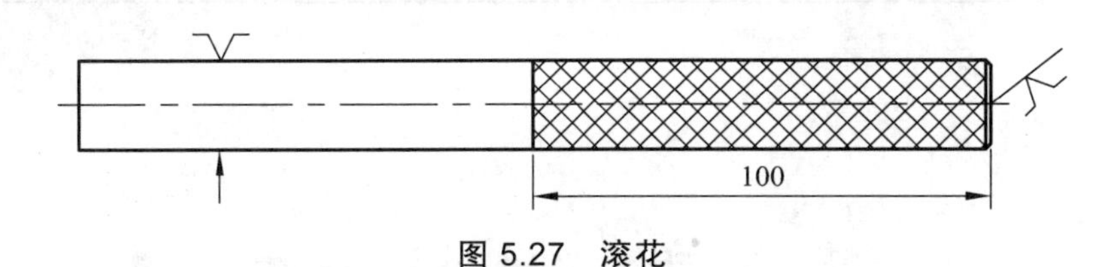

图 5.27　滚花

⑥ 工件夹持 15 mm，在 24.5 mm 右侧处切槽ϕ 14 × 6，划尺寸 90 mm、30 mm 加工线，调整小拖板角度车圆锥面，车ϕ13 mm 外圆，如图 5.28 所示。

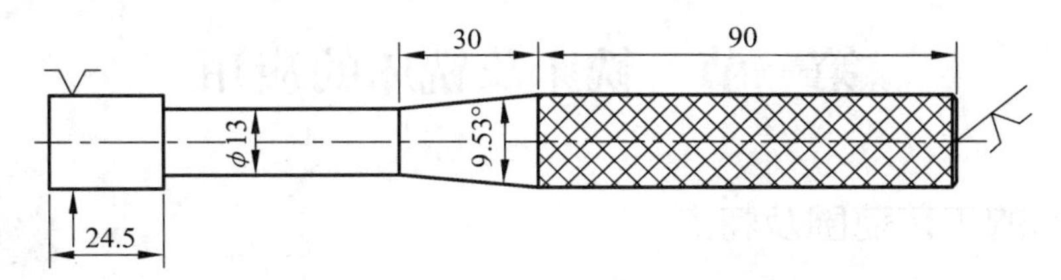

图 5.28　外圆加工

⑦ 掉头装夹，夹持长度 35mm，车ϕ 10.7 × 18，切槽 4 × 1.5，倒角 1 × 45°，如图 5.29 所示。

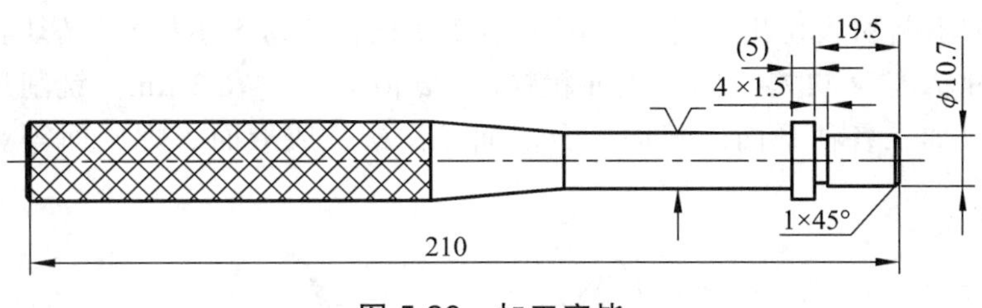

图 5.29　加工完毕

⑧ 检查各尺寸合格后卸下工件。

2. 注意事项

① 注意每一道工序的装夹尺寸要求。

② 用中心钻打孔注意手摇进给速度，以免中心钻钻头折断在工件中。

③ 应两手握小拖板手柄，均匀移动小拖板。

④ 要防止扳手在扳小拖板紧固螺帽时打滑而撞伤手。粗车时，吃刀量不宜过长，应先校正锥度，以防工件车小而报废，一般留精车余量 0.5 mm。

⑤ 在转动小拖板时，应稍大于圆锥斜角口，然后逐次校准，当小拖板角度调整到相差不多时，只需把紧固螺母稍松一些，用左手大拇指放在小拖板转盘和刻度之间，消除中拖板间隙，用铜棒轻轻敲击小拖板所需校准的方向，使手指感到转盘的转动量，这样可较快地校正锥度。

⑥ 小拖板不宜过松，以防工件表面车削痕迹粗细不一。

⑦ 滚花刀的安装应严格按照要求，滚花时的主轴转速控制在 100 r/min 左右。

第六章　铣削加工

第一节　铣床及铣床的应用

一、铣削的工艺范围及特点

在铣床上利用刀具的旋转运动，对工件进行切削加工的方法叫作铣削。机械加工中，铣削加工是除了车削加工之外用得较多的一种加工方法。铣刀是多齿刀具，铣削时同时有多条切削刃参与切削，可以获得比较高的生产率；铣削加工是断续切削，切削刃的散热条件较好；铣刀刀齿不断切入切出工件，切削力不断变化，容易产生振动，影响加工表面质量。铣削加工的尺寸精度为 IT7 ~ IT9，表面粗糙度 Ra 值为 1.6 ~ 6.3 μm。铣削加工的应用范围非常广泛，可以加工各种平面、斜面、台阶面、沟槽、成形面、螺旋面等。常见的铣削加工如图 6.1 所示。

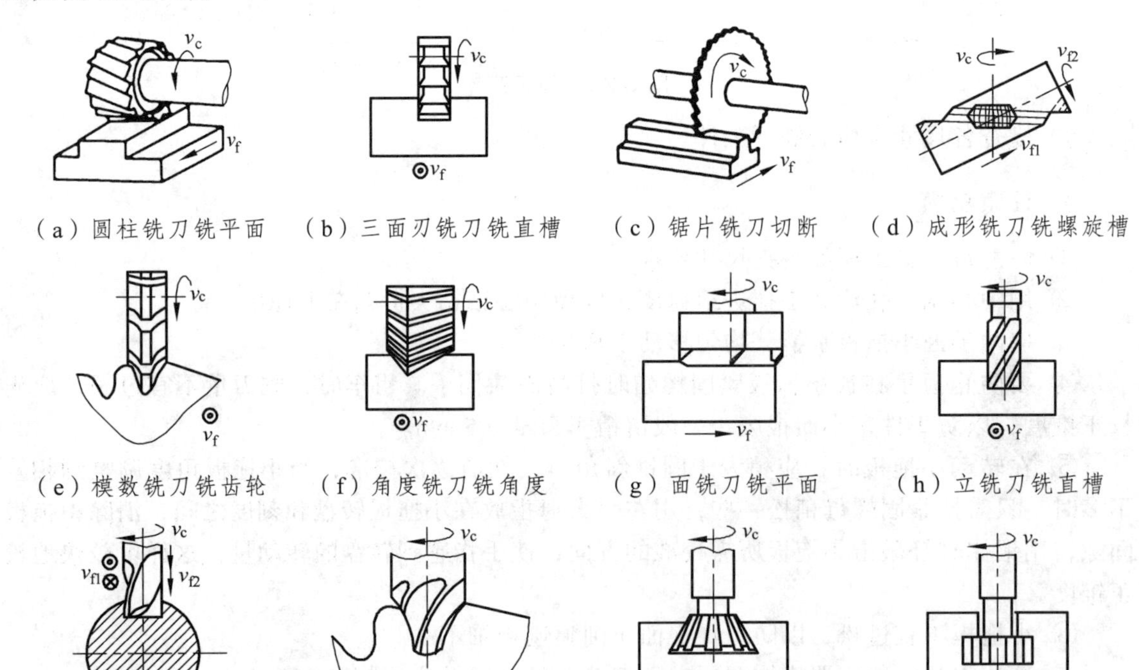

（a）圆柱铣刀铣平面　（b）三面刃铣刀铣直槽　（c）锯片铣刀切断　（d）成形铣刀铣螺旋槽

（e）模数铣刀铣齿轮　（f）角度铣刀铣角度　（g）面铣刀铣平面　（h）立铣刀铣直槽

（i）键槽铣刀铣键槽　（j）指状模数铣刀铣齿轮　（k）燕尾槽铣刀铣燕尾槽　（l）T 形槽铣刀铣 T 形槽

图 6.1　常见的铣削加工

二、铣　床

铣床有多种形式，并各有特点，按照结构和用途的不同可分为卧式铣床、立式铣床、龙门铣床等。其中，卧式升降台铣床和立式升降台铣床的通用性最强，应用也最广泛。铣床与其他机床一样，有规定的表示方法，如型号为 X6132 的铣床含义如下：X 表示机床类别代号（铣床类）；61 表示机床组系代号（万能卧式升降台铣床）；32 表示主参数代号（工作台面宽度 320 mm）。

（一）卧式升降台铣床

卧式铣床的主轴是水平放置的，与工作台面平行。铣削时，铣刀安装在与主轴相连的刀杆上做旋转运动，工件安装并固定在工作台面上，随工作台做纵向、横向或垂向的进给运动。卧式万能升降台铣床的工作台还可以通过转台，在水平面回转一定的角度，以满足不同的铣削要求。如图 6.2 为 X6132 型卧式万能升降台铣床。

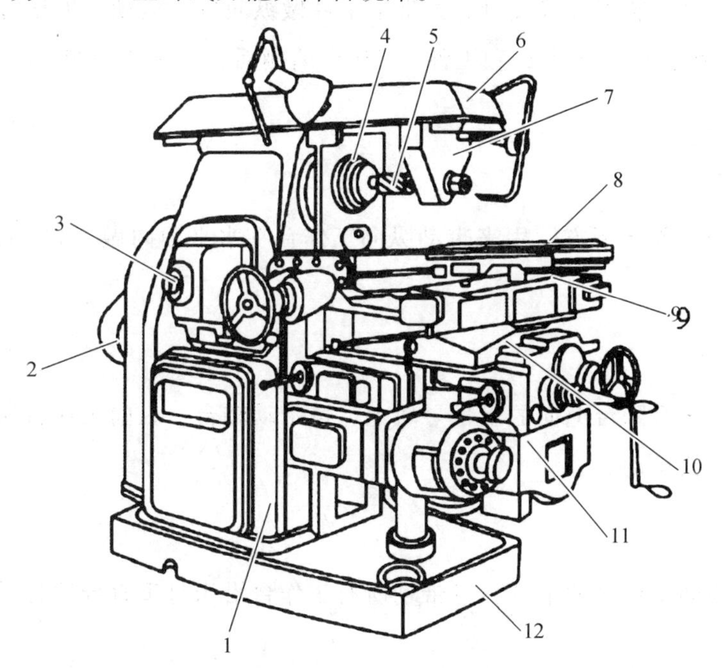

图 6.2　X6132 型卧式万能升降台铣床

1—床身；2—主轴电动机；3—主轴变速机构；4—主轴；5—刀杆；6—横梁；7—吊架；8—纵向工作台；9—转台；10—横向工作台；11—升降台；12—底座

X6132 型卧式万能升降台铣床的主要部件及作用如下：

1. 床　身

床身用来支承和固定铣床上所有的部件。内部装有主轴、主轴变速箱、电气设备及润滑油泵等部件。顶面上有供横梁移动用的水平导轨。前壁有燕尾形的垂直导轨，供升降台上下移动。

2. 主 轴

主轴是用来安装刀杆并带动铣刀旋转的。主轴做成空心，前端有锥孔以便安装刀杆锥柄。

3. 主轴变速机构

主轴变速机构可以将电动机传来的转速，通过齿轮变速机构变成 18 种不同的转速传递给主轴。

4. 横 梁

横梁上装有吊架，用以支持刀杆的外端，以减少刀杆的弯曲和颤动。横梁伸出的长度可根据刀杆的长度调整。

5. 纵向工作台

纵向工作台用来安装工件或夹具，并带动工件做纵向进给运动。工作台上面有 3 条 T 形槽，用来安放 T 形螺钉以固定夹具和工件。工作台前侧面有一条 T 形槽，用来固定自动挡铁，控制铣削长度。

6. 转 台

转台位于纵向工作台下方，用来带动纵向工作台在水平面内做 ±45° 的水平调整，以便铣削螺旋槽。

7. 横向工作台

横向工作台位于升降台上面的水平导轨上，可带动转台、纵向工作台做横向移动，从而带动工件做横向进给运动。

8. 升降台

升降台位于横向工作台的下方，可带动所有工作台沿床身垂直导轨移动，以调整台面到铣刀间的距离。

（二）立式升降台铣床

立式升降台铣床简称立式铣床。立式铣床的主轴与工作台台面相垂直，这是它与卧式铣床的主要区别。有时根据加工需要，可将立铣头（包括主轴）左右扳转一定的角度，以便加工斜面等。由于操作立式铣床时观察、检查和调整铣刀位置等都比较方便，又便于装夹硬质合金端铣刀进行高速铣削，因此立式铣床生产率较高，应用很广。立式铣床结构如图 6.3 所示。

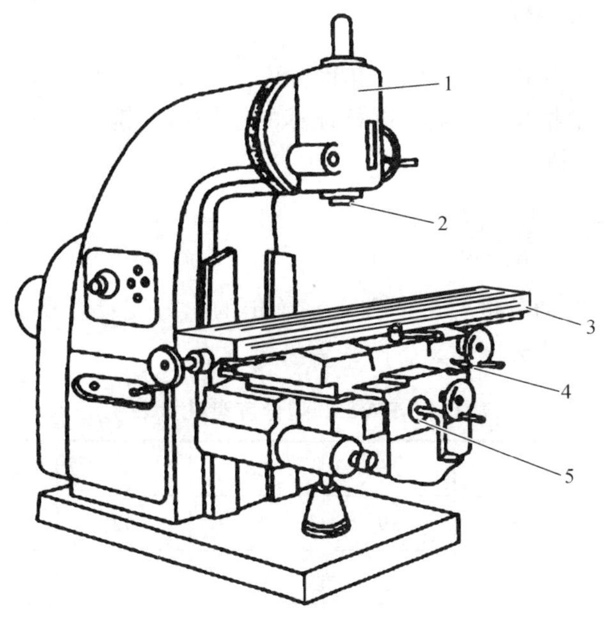

图 6.3　立式升降台铣床

1—立铣头；2—主轴；3—工作台；4—床鞍；5—升降台

（三）铣床的主要附件

1. 分度头

在铣削加工中，经常遇到铣削正多面体、花键、离合器、齿轮等，工件每铣过一个面或一个槽后需要转过一个角度，再铣削第二面或第二槽，依此类推，此称为分度。分度头是在铣床上用来分度的机构。

（1）万能分度头的组成。

分度头的组成如图 6.4 所示，分度头的主轴可以经其传动机构在垂直平面内转动，分度头上的分度盘两面有若干圈数目不等的小孔。转动分度手柄，可通过分度头内部的蜗轮副带动分度头主轴旋转，从而进行分度。主轴前端常装有三爪卡盘或顶尖，用以装夹工件。

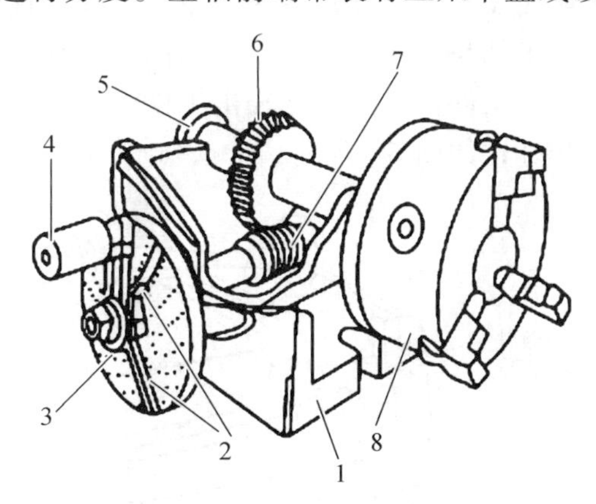

图 6.4　万能分度头的组成

1—底座；2—扇形板；3—分度盘；4—主轴分度手柄；5—主轴；6—蜗轮；7—蜗杆；8—卡盘

（2）分度方法。

用分度头分度的方法有简单分度法、角度分度法、差动分度法等，其中简单分度法是最常用的。简单分度法就是根据 $n=40/z$ 进行计算的。例如，铣齿数 $z=36$ 的齿轮，每铣削完一个齿，分度手柄转过的圈数为

$$n=\frac{40}{z}=\frac{40}{36}=1\frac{1}{9}\ （圈）$$

分度手柄的转数是借助分度盘上的孔眼来确定的，分度盘正反面有许多孔数不同的孔圈，FW250 型分度头有两块分度盘，各圈孔数见表 6.1。

表 6.1 FW250 型分度盘孔数表

第一块	正面	24	25	28	30	34	37
	反面	38	39	41	42	43	
第二块	正面	46	47	49	51	53	54
	反面	57	58	59	62	66	

分度时，分度头固定不动，将分度手柄上的定位销拔出，调整到孔数为 9 的倍数的孔圈上。在该例中，即手柄的定位销插在孔数为 54 的孔圈上，此时，手柄转过 1 圈后，再沿孔数为 54 个孔的孔圈转过 6 个孔距，即 $n=1\frac{1}{9}=1\frac{6}{54}$，这样主轴每次就可以准确地转过 $1\frac{1}{9}$ 圈。为了避免每次数孔的烦琐和确保手柄每次转过的孔距数可靠，可利用扇形板。扇形板装在分度盘面上，扇形板组成的夹角大小可以按所需孔距数调节，使夹角正好等于分子的孔距数，这样依次进行分度时，就可以方便快捷、准确无误。但是当转角超过时，必须反转消除间隙。

2. 平口钳

铣床上常用平口钳装夹工件。安装平口钳时，应擦净钳座底面、工作台面；安装工件时，应擦净钳口铁平面、钳体导轨面及工件表面；在平口钳上装夹工件时，放置的位置应适当，夹紧后钳口的受力应均匀。当工件与固定钳身导轨接触面为已加工面时，应在固定钳身导轨面和工件之间垫平行垫铁，夹紧工件后，用铜锤轻击工件上面，如果平行垫铁不松动，则说明工件与固定钳身导轨面贴合好，如图 6.5 所示。

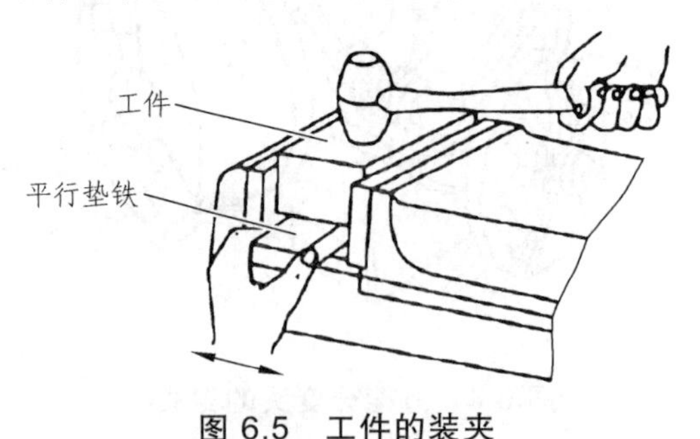

图 6.5 工件的装夹

第二节　铣刀及其安装

一、铣刀的分类

铣刀实质上是一种由几把单刃刀具组成的多刃标准刀具，其主、副切削刃根据其类型和结构不同分别分布在外圆柱面和端平面上。

铣刀的分类方法很多，根据铣刀的安装方法不同，可将铣刀分为带孔铣刀和带柄铣刀两大类。

带孔铣刀多用于卧式铣床上，用于加工平面、直槽、齿形和圆弧形槽及切断工件。常用的铣刀有圆柱铣刀、锯片铣刀、模数铣刀等，如图 6.6 所示。

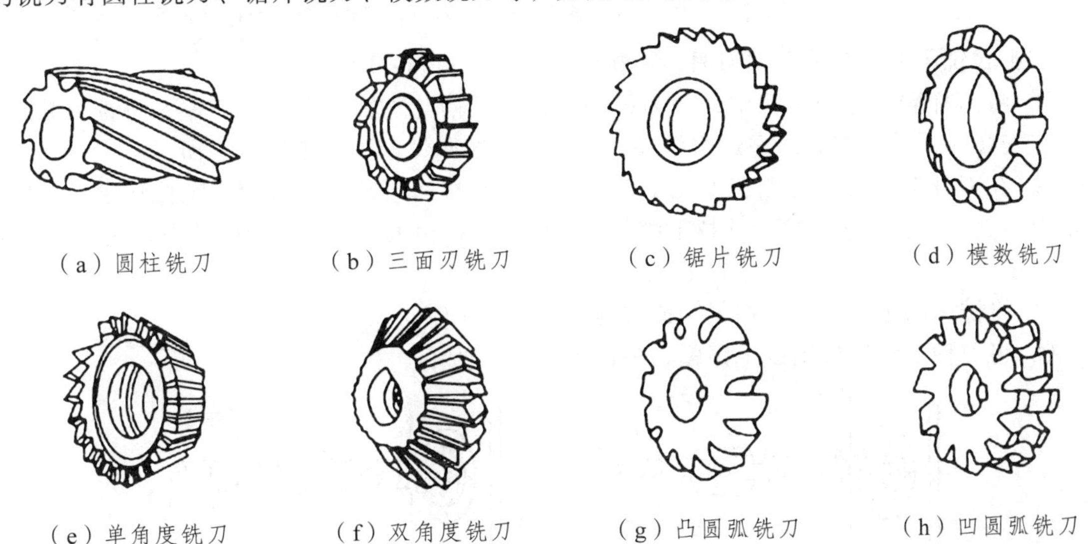

图 6.6　带孔铣刀

带柄铣刀按刀柄形状不同分为直柄和锥柄两种，常用的有镶齿面铣刀、立铣刀、键槽铣刀、T 形槽铣刀和燕尾槽铣刀等，如图 6.7 所示。带柄铣刀多用于立式铣床上，用于加工平面、台阶面、沟槽、键槽、T 形槽、燕尾槽等。

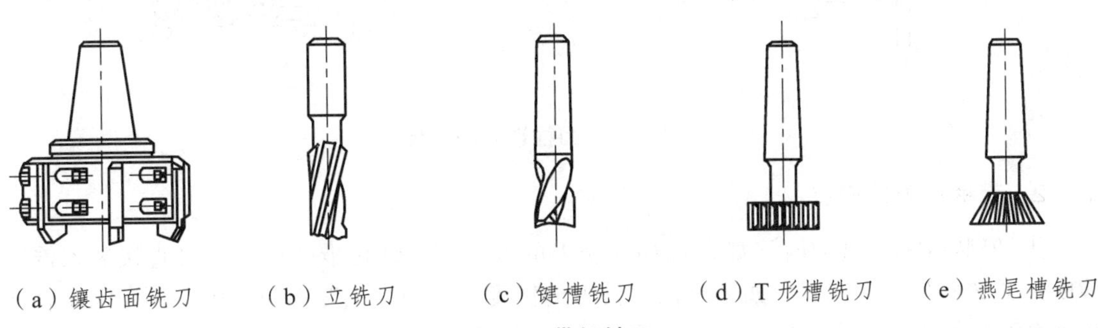

图 6.7　带柄铣刀

二、铣刀的安装

1. 带孔铣刀的安装

带孔铣刀刀杆各组成部分如图 6.8 所示。

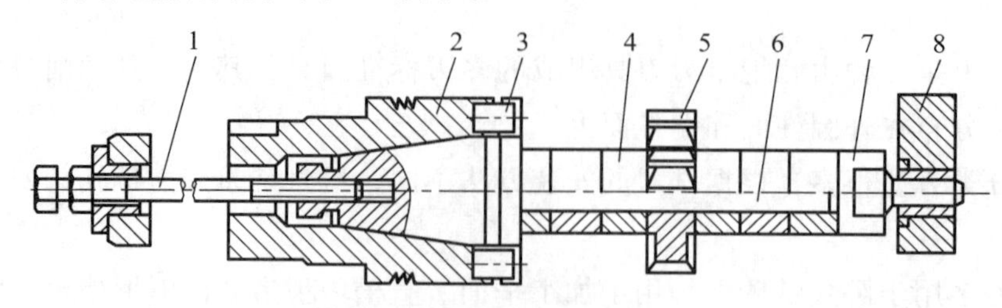

图 6.8 带孔铣刀的组成部分

1—拉杆；2—主轴；3—端面键；4—套筒；5—铣刀；6—刀杆；7—螺母；8—吊架

在卧式铣床上安装带孔铣刀时，应按照以下步骤进行：

① 将刀杆插入主轴锥孔中，使刀杆凸缘上的键槽与主轴的端面键相嵌；将铣刀装在刀杆上，安装时，铣刀应尽量靠近主轴端，以增加系统刚性，如图 6.9（a）所示。

② 在刀杆上铣刀的两侧套上几个套筒，套筒的端面与铣刀的端面必须擦拭干净，以保证铣刀端面与刀杆的垂直度，并拧上螺母，螺母不要拧得太紧，以免刀杆受力弯曲，如图 6.9（b）所示。

③ 将铣床的吊架装上，锁紧紧固螺母，如图 6.9（c）所示。

④ 将刀杆上的螺母用扳手锁紧，如图 6.9（d）所示。

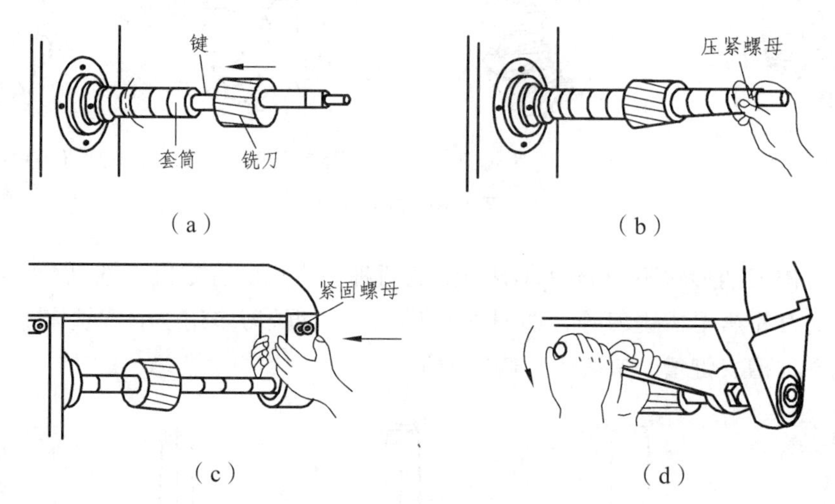

图 6.9 圆柱铣刀的安装

2. 带柄铣刀的安装

① 安装锥柄立铣刀时，如果锥柄立铣刀的锥度与主轴孔锥度相同，可直接装入铣床主轴中拉紧螺杆将铣刀拉紧。如果锥柄立铣刀的锥度与主轴孔锥度不同，则需利用大小合适的变锥套筒将铣刀装入主轴锥孔中，如图 6.10（a）所示。

② 直柄立铣刀多采用弹簧夹头安装，更换不同孔径的弹簧套，可以安装直径不同的铣

刀。安装时，铣刀的直柄要插入弹簧套的光滑圆孔中，然后旋转螺母以挤压弹簧套的端面，使弹簧套的外锥面受压而孔径缩小，夹紧直柄铣刀，如图 6.10（b）所示。

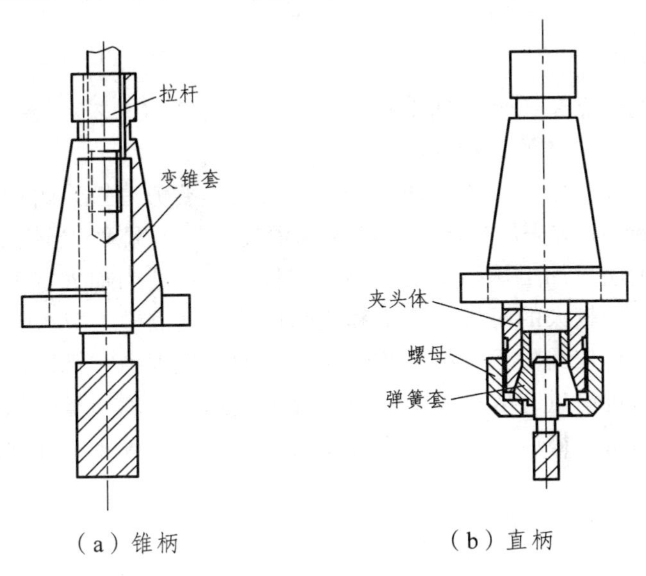

图 6.10　带柄铣刀的安装

第三节　常见形面的铣削方法

一、铣刀加工

（一）铣削用量

1. 铣削用量的概念

在铣削过程中所选用的切削用量称为铣削用量。它包括铣削宽度、铣削深度、铣削速度和进给量。

（1）铣削宽度：工件在一次进给中，铣刀切除工件表层的宽度，通常用符号 B 来表示。

（2）铣削深度：工件在一次进给中，铣刀切除工件表层的厚度，通常用符号 a_p 来表示。

（3）铣削速度：铣刀切削刃上离中心最远点的圆周速度，其计算公式为

$$v_c = \frac{\pi d_0 n_0}{1\,000 \times 60}$$

式中　d_0——铣刀外径（mm）；

n_0——铣刀转速（r/min）。

（4）进给量：铣刀在进给运动方向上相对工件的单位位移量。进给量根据具体情况，有 3 种表述和度量的方法。

① 每齿进给量（f_z）：铣刀每转过一齿工件相对于铣刀移动的距离，单位为 mm/z；

② 每转进给量（f_r）：铣刀每转过一转工件相对于铣刀移动的距离，单位为 mm/r；

③ 每分进给量（f_{min}）：每分钟内工件相对于铣刀移动的距离，单位为 mm/min。

2. 选择铣削用量

选择铣削用量的依据是工件的加工精度、刀具耐用度和工艺系统的刚度。在保证产品质量的前提下，尽量提高生产效率和降低成本。

粗铣时，工件的加工精度不高，选择铣削用量应主要考虑铣刀耐用度、铣床功率、工艺系统的刚度和生产效率。首先应选择较大的铣削深度和铣削宽度，当铣削铸件和锻件毛坯时，应使刀尖避开表面硬层。加工铣削宽度较小的工件时，可适当加大铣削深度。铣削宽度尽量一次铣出，然后再选用较大的每齿进给量和较低的铣削速度。

精铣时，为了获得较高的尺寸精度和较小的表面粗糙度值，铣削深度应取小些，铣削速度可适当提高，每齿进给量宜取小值。一般情况下，选择铣削用量的顺序是：先选大的铣削深度，再选每齿进给量，最后选择铣削速度。铣削宽度尽量等于工件加工面的宽度。

（二）顺铣和逆铣

在铣削加工中，根据铣刀的旋转方向和切削进给方向之间的关系，可将铣削分为顺铣和逆铣两种。

1. 顺　铣

铣刀旋转方向与工件进给方向相同，称为顺铣，如图 6.11 所示。顺铣时，铣刀刀刃的切削厚度由厚变薄，不存在滑行现象，刀具磨损较小，工件冷硬程度较轻。铣刀作用在工件上的垂直分力 F_V，对工件有一个压紧作用，有利于工件的夹紧，铣削比较平稳。由于铣床进给机构中的丝杠与螺母之间存在一定的间隙，当铣刀作用在工件上的水平分力 F_H 较大时，会引起工件连同工作台一起窜动。这样会引起“啃刀”现象，严重时会引起刀杆弯曲，刀头折断。顺铣时工件表面光洁度较好，所以精加工应采用顺铣。

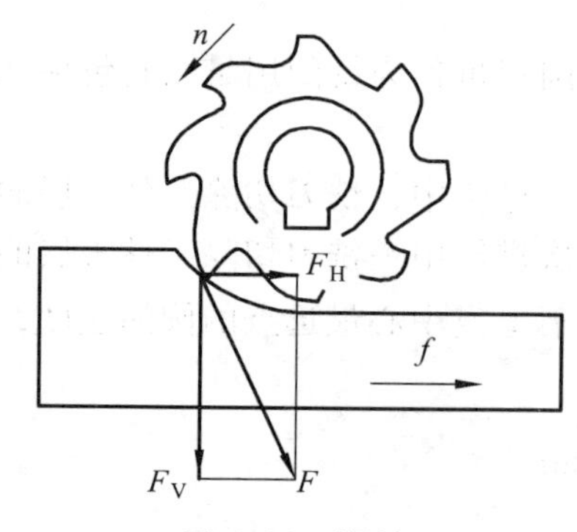

图 6.11　顺铣

2. 逆　铣

铣刀旋转方向与工件进给方向相反，称为逆铣，如图 6.12 所示。逆铣时，铣刀刀刃不能立刻切入工件，而是在工件已加工表面滑行一段距离。刀具磨损加剧，工件表面产生冷硬现象。铣刀作用在工件上的垂直分力 F_V 对工件有一个上抬的作用，不利于工件的夹紧。但是水平分力 F_H 方向与工件进给方向相反，有利于消除工作台丝杠和螺母间的间隙，不会出现窜动现象。逆铣时工件表面粗糙度较差，适合粗加工。

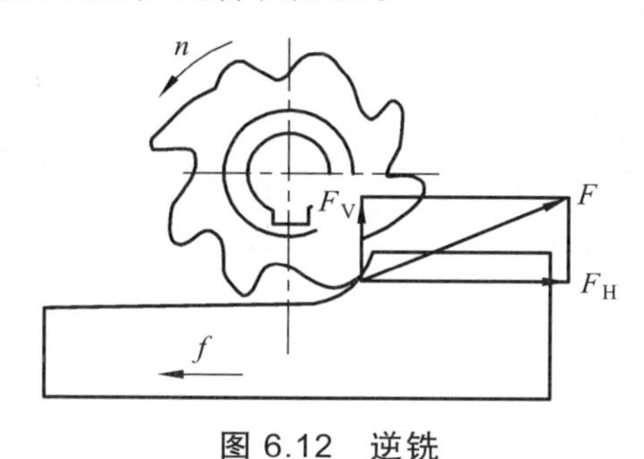

图 6.12　逆铣

二、常见形面的铣削方法

（一）铣平面

在铣床上铣削平面常用两种方法，即在立式铣床上用端铣刀进行铣削和在卧式铣床上用圆柱铣刀进行铣削。

1. 用端铣刀在立式铣床上铣削平面的步骤

① 安装好刀具和工件，一般小型工件用平口钳装夹，大型零件用压板螺栓装夹。

② 根据刀具和工件的材料、零件的表面质量，调整好铣床的转速。调节转速时打开微动开关，调节转速盘，转速调节完毕后将微动开关扳动至原来位置。

③ 将工件移动至主轴正下方，将横向工作台的锁紧手柄合上。

④ 开启机床，在刀具旋转的情况下，缓慢升高工作台，使铣刀的最低点轻轻接触工件的最高点，并在升降工作台的刻度盘上做记号。

⑤ 降下工作台，纵向退出工件。

⑥ 摇动升降台手柄，确定铣削的深度。

⑦ 开启纵向自动进给手柄，利用纵向自动进给加工零件。

⑧ 重复⑤、⑥、⑦，直到达到尺寸要求。

⑨ 卸下工件，去除毛刺，检查工件尺寸是否达到零件图纸规定要求。

2. 用圆柱铣刀在卧式铣床上铣平面的步骤

① 安装好刀具和工件后，启动机床，使铣刀旋转，摇动升降台进给手柄，使工件缓慢上升，当铣刀和工件轻微接触后，在升降台刻度盘上作记号。

② 降下工作台，纵向退出工件。

③ 利用升降台的刻度盘将工件升高到设定的铣削深度位置，锁紧升降台和横向进给手柄。

④ 先用手动使工作台纵向进给，当工件被切入后，开动自动进给。

⑤ 铣削完毕，停车，摇动升降台手柄，降下工作台。

⑥ 退回工作台，测量工件尺寸，重复铣削直到满足要求。

具体参见图 6.13。

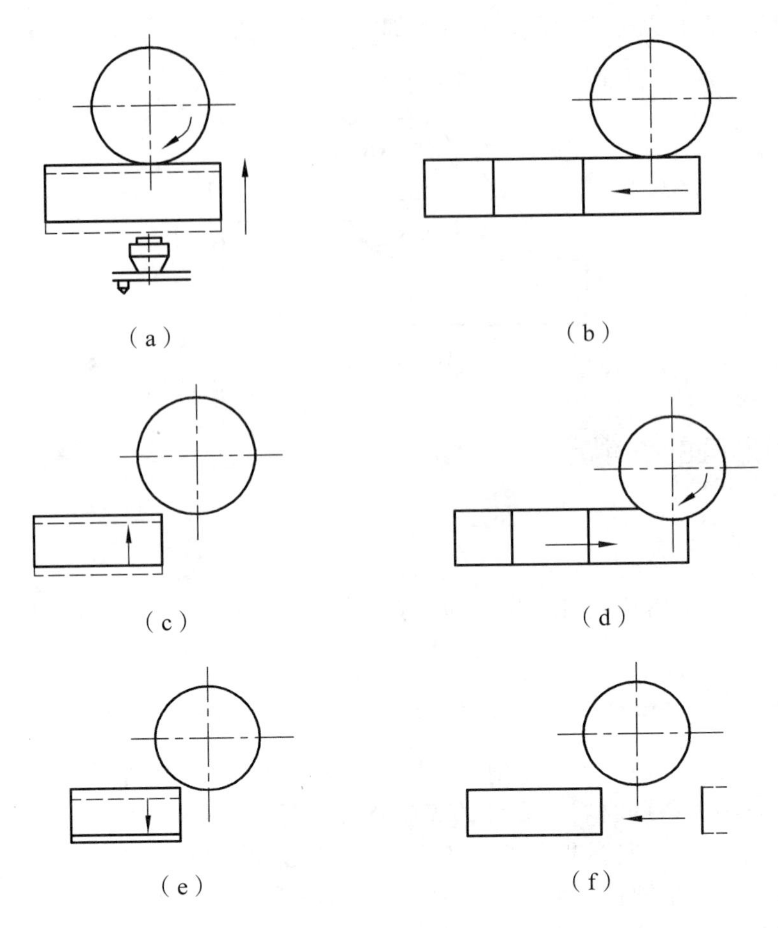

图 6.13　圆柱铣刀铣平面步骤

（二）铣斜面

铣削斜面的方法很多，常用的方法有以下几种：

（1）用倾斜垫铁铣斜面。在零件的设计基准下面垫一块倾斜的垫铁，使工件倾斜放置，这样铣出来的平面就与零件的设计基准倾斜。改变垫铁的角度，就可加工出不同的零件斜面，如图 6.14（a）所示。

（2）使用分度头铣斜面。在一些圆柱形和特殊形状的零件上加工斜面时，可利用分度头将工件转成所需位置进行斜面铣削，如图 6.14（b）所示。

（3）用角度铣刀铣斜面。一些比较小的斜面可以用合适的角度铣刀直接铣削，如图 6.14（c）所示。

（4）用万能立铣头铣斜面。万能立铣头能方便地改变铣刀的空间位置，使铣刀相对于工件倾斜一个角度，这样就可以铣出所需斜面，如图 6.14（d）所示。

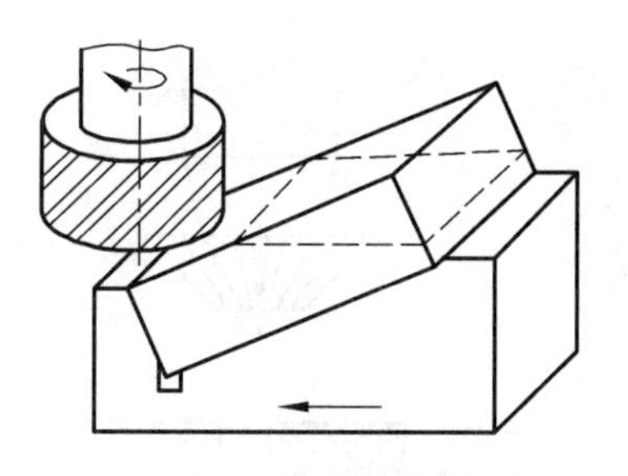

（a）用倾斜垫铁铣斜面

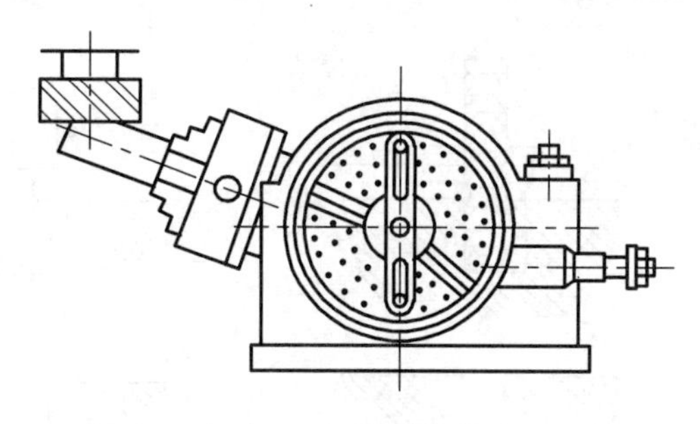

（b）用分度头铣斜面

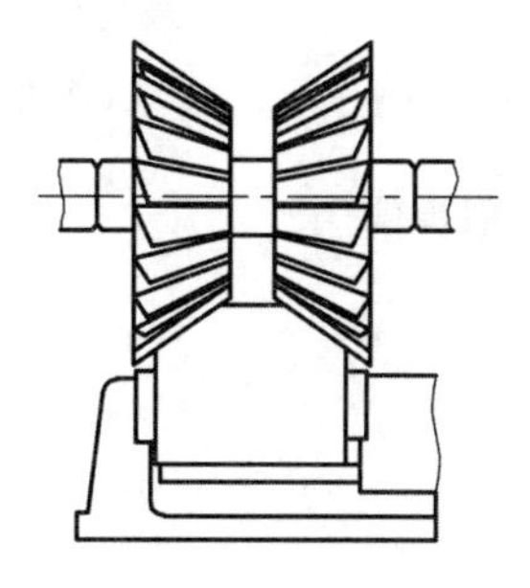

（c）用角度铣刀铣斜面

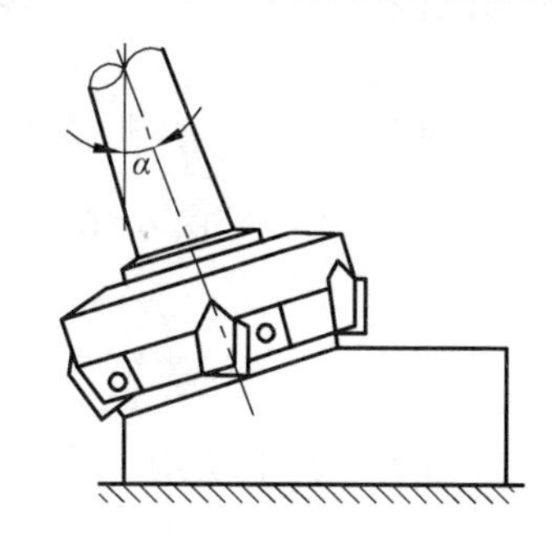

（d）用万能立铣头铣斜面

图 6.14　铣削斜面的方法

铣斜面的操作步骤和铣削平面的操作步骤基本相同，不同之处在于工件或铣刀所处的空间位置。

（三）铣 T 形槽

T 形槽一般是放置紧固螺栓用的，铣削前必须找正工件的位置，使 T 形槽与工作台进给方向以及工作台台面平行。铣削步骤如下：

（1）铣削直槽。在立式铣床上用立铣刀（或在卧式铣床上用盘铣刀）铣出宽度与槽口相等、深度与 T 形槽深度相等的直槽，如图 6.15（a）所示。

（2）铣 T 形槽。拆下直槽铣刀，装上 T 形槽铣刀，把 T 形槽铣刀的端面调整到与直角槽的槽底相接触，然后开始铣削，如图 6.15（b）所示。

（3）槽口倒角。如果 T 形槽槽口处要求倒角，应在铣削后拆下 T 形槽铣刀，装上角度铣刀倒角，如图 6.15（c）所示。

铣 T 形槽的注意事项如下：

（1）铣削时铣削用量不能过大，防止折断铣刀；及时刃磨铣刀，保持刃口锋利。

（2）铣削 T 形槽时排屑比较困难，经常会把容屑槽填满而使铣刀不能切削，以致铣刀折断，所以必须经常清除切屑。

（3）铣削时排屑不畅，切削时热量不易散失，铣刀容易发热，在铣削钢制材料时，应充分浇注切削液。

（4）T 形槽铣刀颈部直径比较小，应注意防止铣刀受到过大的切削力和突然的冲击力而折断。

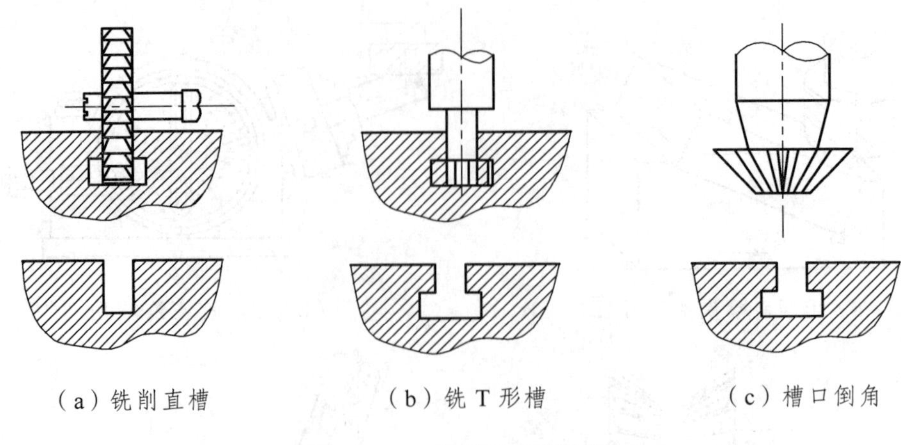

（a）铣削直槽　（b）铣 T 形槽　（c）槽口倒角

图 6.15　T 形槽的铣削步骤

（四）铣燕尾槽

铣削燕尾槽步骤如图 6.16 所示。

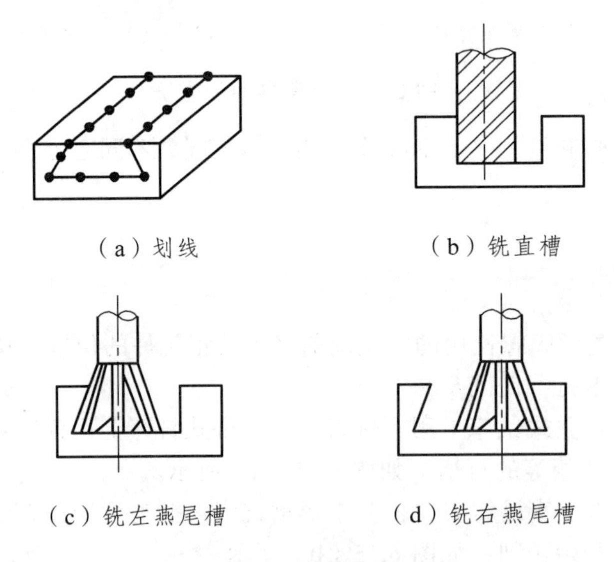

（a）划线　（b）铣直槽

（c）铣左燕尾槽　（d）铣右燕尾槽

图 6.16　铣燕尾槽的步骤

（五）铣齿轮

在铣床上用成形法铣削加工齿轮，具有不需要专用设备、刀具成本低等特点，但是加工效率低、加工精度较低，多用于修配或单件小批量生产。在铣床上用成形法加工直齿圆柱齿轮的步骤如下：

（1）选择和安装铣刀。铣削直齿圆柱齿轮要用模数铣刀来加工，模数铣刀根据齿轮的模数和齿数来确定，同一模数的模数铣刀有 8 把，分为 8 个刀号，每一号模数铣刀仅适合加工一定齿数范围的齿轮，如表 6.2 所示。

表 6.2　铣刀号数与加工齿轮齿数的范围

铣刀号数	1	2	3	4	5	6	7	8
齿轮齿数 z	12 ~ 13	14 ~ 16	17 ~ 20	21 ~ 25	26 ~ 34	35 ~ 54	55 ~ 135	$z \geqslant 136$

（2）安装工件。先将工件安装在心轴上，再将心轴安装在分度头和尾座顶尖之间，如图 6.17 所示。

（3）对刀找正。开启铣床，使铣刀旋转，手动控制工作台，使齿轮毛坯的最高点和铣刀轻微接触，观察切出的小平面是否对称，如果不对称，摇动横向进给手柄，使切痕对称，并记下升降台刻度盘的刻度。

（4）摇动升降台，利用升降台的刻度盘，将工作台升起至齿深位置，开启纵向自动进给手柄进行铣削。

（5）铣削完毕后，关闭纵向自动进给，手动纵向退回工件。利用分度头进行分度，使工件转过 $1/z$ 圈，开启纵向自动进给进行铣削。

（6）重复（5）直到所有的齿铣削完毕。

（7）关闭铣床，拆下工件。

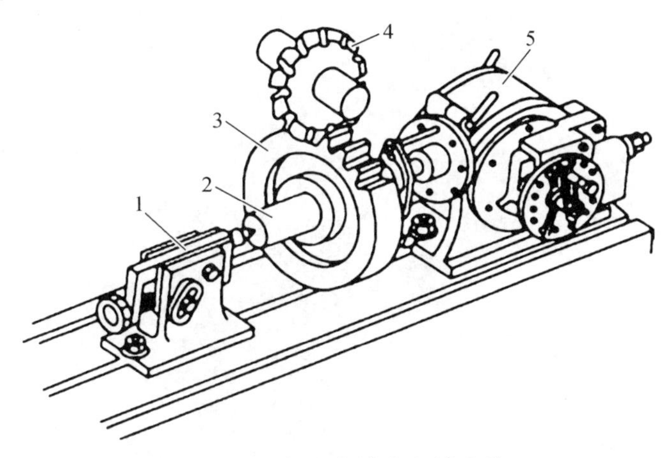

图 6.17　在卧式铣床上铣齿轮

1—尾座；2—心轴；3—齿轮毛坯；4—盘状模数铣刀；5—分度头

三、实训示例

内六角扳手图样如图 6.18 所示，其铣削步骤如下：

（1）本例拟用立式铣床进行加工，选用 $\phi 25$ mm 立铣刀，将铣刀安装在主轴上。

（2）安装工件，工件用分度头及尾座进行装夹，采用一夹一顶的方式，找正工件。

（3）计算分度头手柄转数 $n = 40/z$，调整定位销位置及扇形板之间的孔距数。

（4）对刀，采用试切法进行对刀，使铣刀轻轻接触工件，作为垂直进给的参考点。

（5）铣削第一面至图样要求。

（6）转动分度手柄进行分度，然后铣削第二面及其他面。

（7）检查工件质量，合格后拆下工件。

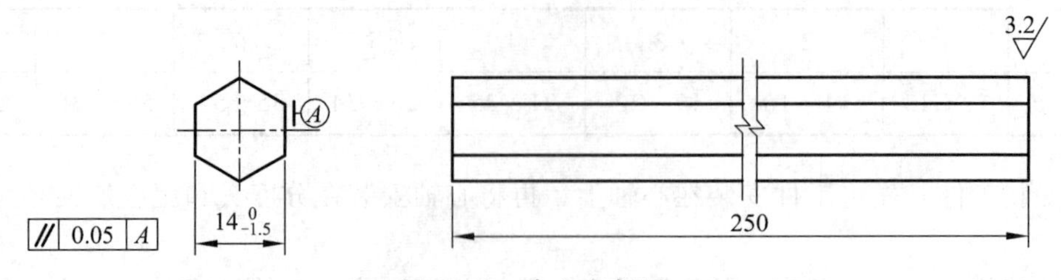

图 6.18 内六角扳手

第七章　磨削加工

第一节　磨床及磨削的应用

一、实训目的

（1）了解磨削的应用及磨削加工的特点；
（2）了解磨床的种类与型号；
（3）了解万能外圆磨床的组成及组成部件的作用。

二、磨削的应用及磨削加工的特点

磨削加工是在磨床上用砂轮对工件的已加工表面进行更为精密的切削加工。它是零件精加工的主要方法之一。磨削加工的尺寸公差等级可达 IT6 ~ IT5，表面粗糙度 *R*a 值可达 0.8 ~ 0.2 μm。磨削的基本工作内容有磨外圆、磨内圆、磨平面、磨螺纹、磨齿轮、磨导轨、磨成形面及刃磨各种刀具等。磨削加工的典型零件如图 7.1 所示。

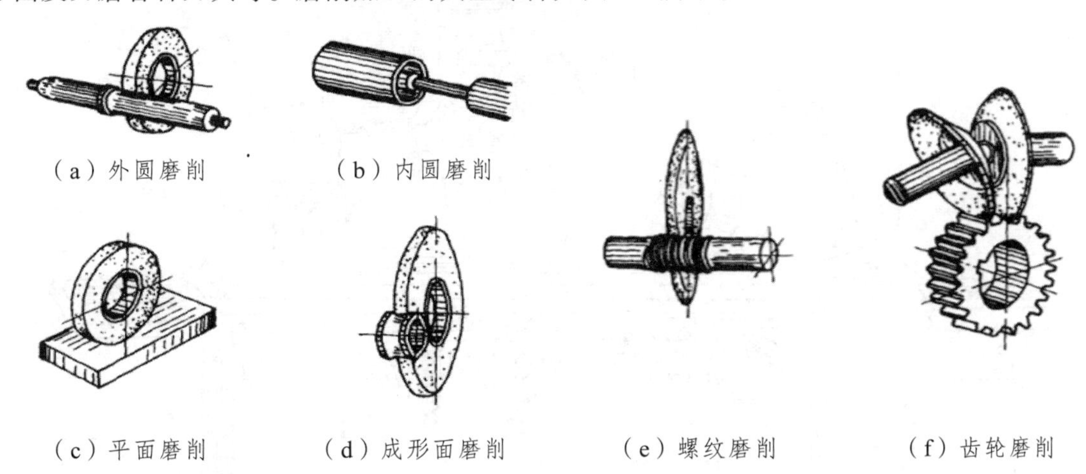
（a）外圆磨削　（b）内圆磨削　（c）平面磨削　（d）成形面磨削　（e）螺纹磨削　（f）齿轮磨削

图 7.1　磨削的加工范围

磨削加工与车削、铣削等加工方法相比有以下特点：

（1）加工材料广泛。磨削不仅可以加工一般金属材料，还可以加工一般刀具难以加工的高硬度材料，如淬火钢、硬质合金等。

（2）磨削加工尺寸精度高，表面粗糙度值低。

（3）磨削的加工余量很小，在磨削之前应先进行粗加工以及半精加工。

（4）磨削温度高。磨削过程中，切削速度很高，产生大量切削热，温度超过 1 000 °C。为减少摩擦和迅速散热，降低磨削温度，及时冲走切屑，磨削时需使用大量切削液。

（5）磨削属于多刃、微刃切削，磨削用的砂轮是由许多细小坚硬的磨粒用黏合剂黏合经焙烧而成，这些锋利的磨粒就像铣刀的切削刃，在砂轮高速旋转的条件下，切入零件表面，因此磨削是一种多刃、微刃切削过程。

三、磨　床

1. 磨床的种类与型号

磨床有外圆磨床、内圆磨床、平面磨床、工具磨床等，常用的是外圆磨床和平面磨床。磨床型号 MW1432B 的含义：M 表示磨床类机床；W 表示万能磨床特性代号；1 表示外圆磨床的组别代号；4 表示万能外圆磨床的系别代号；32 表示最大磨削直径的 1/10，即最大的磨削直径是 320 mm；B 表示重大结构改进顺序号（经第二次改进设计）。本节就 MW1432B 型万能外圆磨床做简单介绍。

2. MW1432B 型万能外圆磨床的组成

MW1432B 型万能外圆磨床主要由床身、内圆磨具、砂轮架、尾架、进给手轮等组成，其外形如图 7.2 所示。

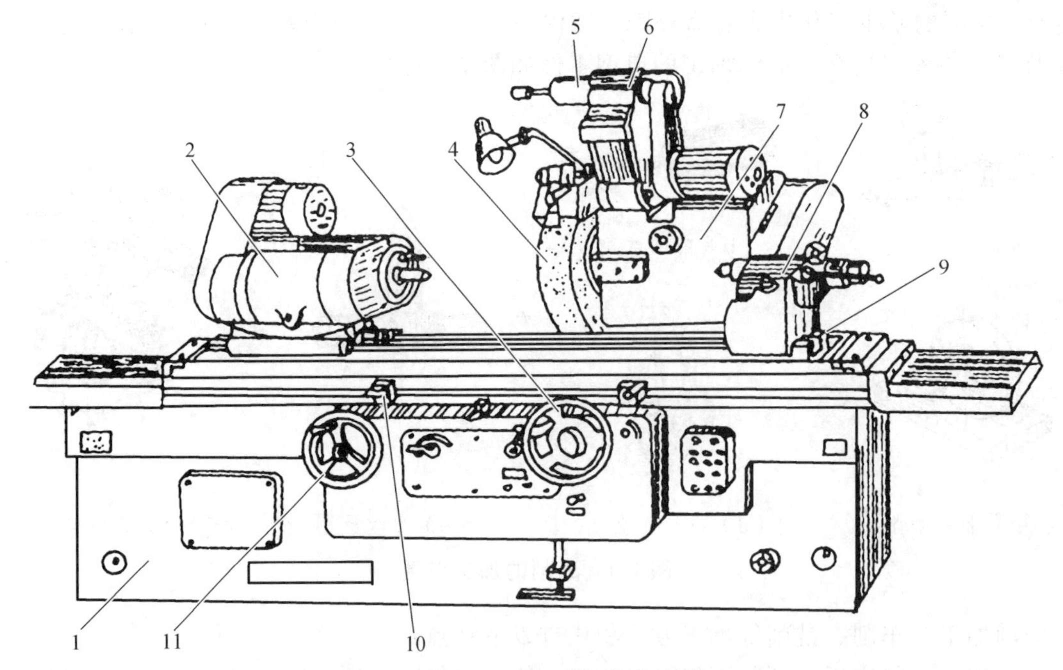

图 7.2　MW1432B 型万能外圆磨床

1—床身；2—头架；3—横向进给手轮；4—砂轮；5—内圆磨具；6—支架；7—砂轮架；8—尾架；9—工作台；10—撞块；11—纵向进给手轮

头架：头架上装有主轴，主轴端部可以安装顶尖、拨盘或卡盘，可用顶尖或卡盘安装工件，以便装夹工件并带动工件旋转，可逆时针偏转 90°，以磨削任意锥角的较短锥面。

尾架：尾架内装有顶尖，用来支承工件的另一端，以加强零件的装夹刚性。

砂轮架：砂轮架主轴上安装砂轮，由电动机经三角皮带直接带动。砂轮架可沿床身后部的横向导轨前后移动，以实现自动周期进给、快速引进、快速退出及手动横移。

工作台：工作台分上下两层。下工作台可做纵向往复运动，上工作台可相对下工作台在水平面内偏转一定角度（顺时针方向为 3°，逆时针方向 9°），以便磨削锥面。在磨削圆柱面时若产生锥度，可通过调整上工作台的位置予以消除。

第二节　砂　轮

一、实训目的

（1）了解砂轮的组成及分类；
（2）了解砂轮的修整。

二、砂轮的组成及种类

砂轮是特殊的刀具，又称磨具，它是由磨料和黏合剂黏结在一起焙烧而成的疏松多孔体，可以黏结成各种形状和尺寸，如图 7.3 所示。砂轮由磨粒、黏合剂、空隙三要素构成，砂轮的网状空隙起容屑和散热的作用。

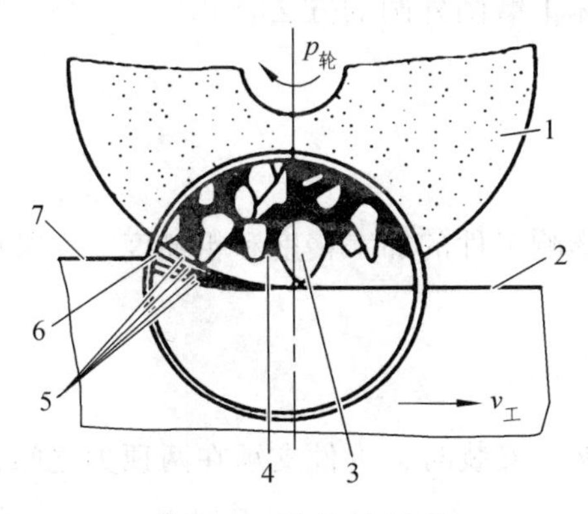

图 7.3　砂轮的组成

1—砂轮；2—已加工表面；3—磨粒；4—黏合剂；5—切削表面；6—空隙；7—待加工表面

在磨削过程中，锋利的磨粒会因磨损而变钝，受到磨削力的作用而脱落，露出新的锋利的磨粒。钝化的磨粒自行崩碎或脱落，又露出新的、锋利的磨粒，使砂轮保持原来的切削性能，砂轮的这种性能称为砂轮的自锐性。磨粒的微刃分布在砂轮圆周上，距基准圆远近不等，称为砂轮的微刃不等高性。经金刚石修整后，可改善其不等高性。

三、砂轮的修整

砂轮常用金刚石笔进行修整，如图 7.4 所示。金刚石笔与水平面的安装倾角一般取 10°左右，与端面的倾角一般取 20°～30°，且低于砂轮中心 1～2 mm，以减少振动，避免金刚石笔嵌入砂轮。修整砂轮时要用大量的冷却液，以冲掉脱落的碎粒，也可以避免金刚石笔因温度剧升而破裂。

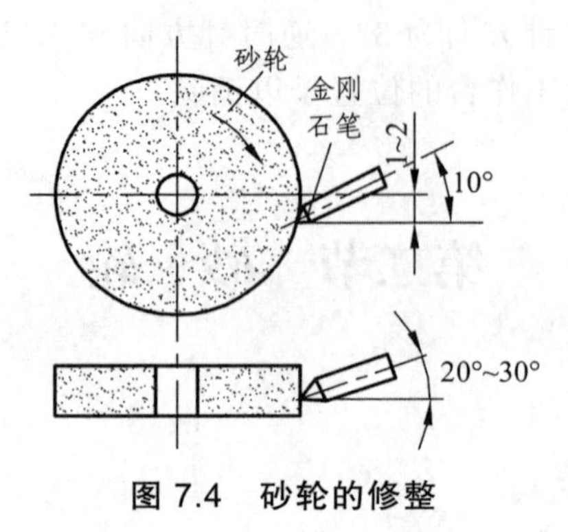

图 7.4 砂轮的修整

第三节 磨 削

一、实训目的

（1）了解在万能外圆磨床上磨削时，工件的安装方法；
（2）了解在万能外圆磨床上磨削外圆的方法。

二、工件的装夹

工件装夹是否稳固可靠影响工件的加工精度和粗糙度，在某些情况下，装夹不正确还会造成事故。

1. 顶尖安装

轴类零件通常用顶尖装夹。安装时，工件支承在两顶尖之间，如图 7.5 所示。磨床用的

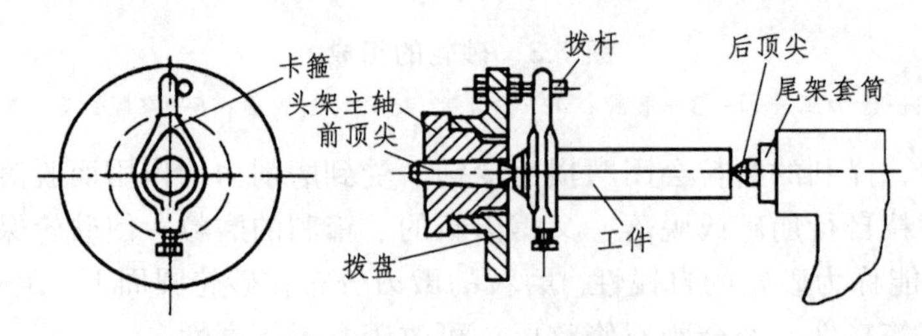

图 7.5 顶尖安装

顶尖是固定顶尖，顶尖都是不随工件一起转动的，这样可以避免由于顶尖转动而产生的径向跳动误差。尾座顶尖是靠弹簧推力顶紧工件的，这样可以自动控制工件的松紧程度，避免工件因受热伸长而带来的弯曲变形。

磨削前，工件的中心孔要进行修研，以提高其几何形状精度和减少表面粗糙度，保证定位准确。修研一般用四棱硬质合金顶尖在车床或钻床上对中心孔进行挤研，将中心孔研亮。

2. 卡盘安装

卡盘安装通常用来磨削短工件的外圆。磨削端面上不能打中心孔的短圆柱工件采用三爪卡盘安装；对称工件则采用四爪卡盘安装，并用百分表找正；形状不规则的工件则用花盘安装，安装方法与在车床上安装工件基本相同。

3. 心轴安装

磨削套筒类零件时，常以内孔作为定位基准，把零件套在心轴上，心轴再装夹在磨床的前、后顶尖上。常用的心轴有锥形心轴、带台肩圆柱心轴、带台肩可胀心轴等。

三、磨削外圆的方法

在外圆磨床上磨削外圆的方法有 4 种，如图 7.6 所示。

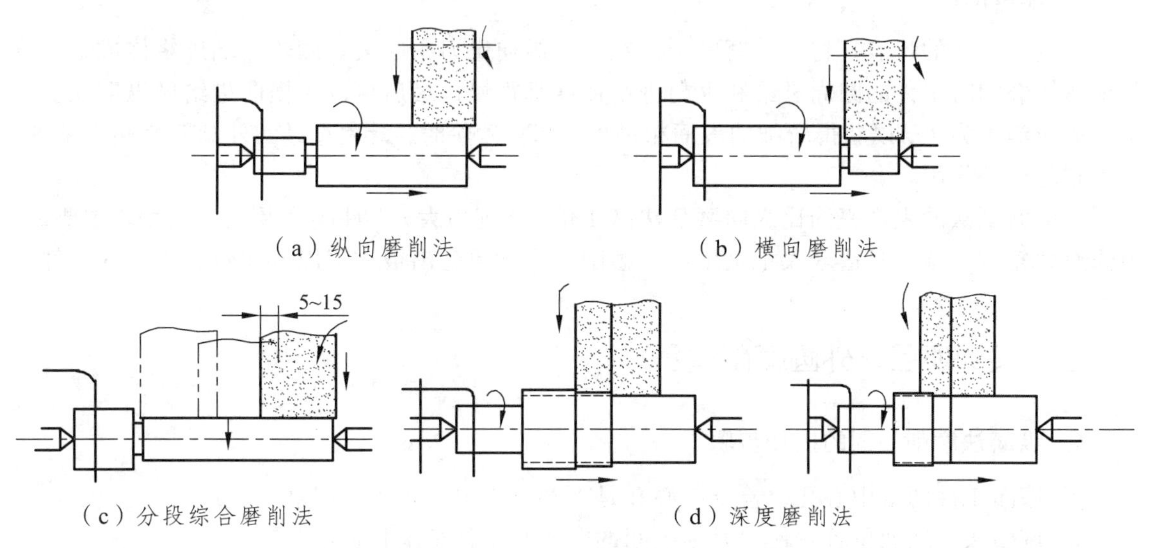

图 7.6　外圆磨削方法

1. 纵向磨削法

纵向磨削法简称纵磨法，磨削时工件做圆周进给运动，同时随工作台做纵向进给运动，每一纵向行程或往复行程结束后，砂轮做一次小量的横向进给。当工件磨削至最终尺寸时，无横向进给，纵向继续往复几次，至火花消失为止。纵磨时磨削深度小，磨削力小，磨削温度低，再加磨到最后又做几次无横向进给的光磨行程，能逐步消除由于机床、工件、夹具弹性变形而产生的误差，所以磨削精度较高。纵向磨削法是最通用的一种磨削方法，其特点是可用同一砂轮磨削长度不同的工件，且加工质量好。该方法在单件小批量生产以及精磨时被广泛使用。

2. 横向磨削法

磨削时工件无纵向进给运动，采用一个比工件需要磨削的表面宽（或等宽）的砂轮连续地或间断地向工件做横向进给运动，直至磨掉全部加工余量，此法又称径向磨削法或切入磨法。横向磨削法生产率高，但由于工件相对砂轮无纵向进给运动，相当于成形磨削，砂轮的形状误差直接影响工件的形状精度；另外，砂轮与工件的接触宽度大，磨削力大，磨削温度高，因此砂轮要勤修整，切削液供应要充分，工件刚度要好。

横向磨削法主要用于磨削短外圆表面、阶梯轴的轴颈和粗磨等。

3. 分段综合磨削法

分段综合磨削法是纵向磨削法和横向磨削法的综合应用。先在工件磨削表面的全长上分成几段进行横磨，相邻两段间有 5 ~ 15 mm 的重叠，每段都留下 0.01 ~ 0.03 mm 的精磨余量，然后用纵向磨削法将它磨去。

这种磨削方法综合了横向磨削法生产率高、纵向磨削法精度高的优点。当工件磨削余量较大，加工表面的长度为砂轮宽度的 2 ~ 3 倍，而一边或二边又有台阶时，采用此法最为合适。

4. 深度磨削法

深度磨削法的特点是将全部磨削余量在一次纵向走刀中磨去。砂轮一端外缘修成锥形或阶梯形，磨削时工件的圆周进给和纵向进给速度都很慢，最后再以无横向进给做纵向往复几次至火花消失为止，以获得较细的表面粗糙度。修整砂轮时，最大直径的外圆要修整得精细，因为它起精磨作用。

深度磨削法的生产率约比纵向磨削法高 1 倍，磨削力大，工件刚度及装夹刚度要求要好。但修整砂轮较复杂，只适合大批量生产，磨削允许砂轮越出被加工面两端较大距离的工件。

四、实训项目、外圆磨削演示

1. 纵磨法磨削外圆的操作步骤

① 擦净工件两端中心孔，检查中心孔是否圆整光滑，否则需研磨。

② 调整头、尾架位置，使前后顶尖间的距离与工件长度相适应。

③ 在工件的一端装上适当的夹头，两中心孔加入润滑脂后，把工件装在两顶尖之间，调整尾架顶尖弹簧压力至适度。

④ 调整行程挡块位置，防止砂轮撞击工件台肩或夹头。

⑤ 调整头架主轴转速，测量工件尺寸，确定磨削余量。

⑥ 开动磨床，使砂轮和工件转动，当砂轮接触到工件时，开始放切削液。

⑦ 调整背吃刀量后，进行试磨，边磨削边调整锥度，直至锥度误差被消除。

⑧ 进行粗磨，工件每往复一次，背吃刀量为 0.01 ~ 0.025 mm。

⑨ 进行精磨，每次背吃刀量为 0.005 ~ 0.015 mm，直至达到尺寸精度。

⑩ 进行光磨，精磨至最后尺寸时，砂轮无横向进给，工件再纵向往复几次，直至火花消失为止。停车检验工件尺寸及表面粗糙度。

2. 磨削外圆的操作要点

① 启动砂轮要点动，然后逐步进入高速旋转。

② 对接触点要细心，砂轮要慢慢靠近工件。

③ 精磨前一般要修整砂轮。

④ 磨削过程中，工件的温度会有所升高，测量时应考虑热膨胀对工件尺寸的影响。

第八章 3D打印

一、实训目的

（1）了解3D打印的特点；
（2）了解3D打印的应用；
（2）掌握3D打印的基本方法。

二、实训准备知识

（一）3D打印简介

3D打印也称为“增材制造”，它是新兴的一种快速成型技术。日常生活中使用的普通打印机可以打印计算机设计的平面物品，而3D打印机与普通打印机工作原理基本相同，只是打印材料有些不同，普通打印机的打印材料是墨水和纸张，而3D打印机内装有金属、陶瓷、塑料、砂等不同的“打印材料”，是实实在在的原材料，打印机与计算机连接后，通过计算机控制可以把“打印材料”一层层叠加起来，最终把计算机上的蓝图变成实物。通俗地说，3D打印机是可以“打印”出真实的3D物体的一种设备，如打印一个机器人、打印玩具车、打印各种模型，甚至是食物等。之所以通俗地称其为“打印机”，是因为参照了普通打印机的技术原理，因为分层加工的过程与喷墨打印十分相似。这项打印技术称为3D立体打印技术。

3D立体打印技术与互联网、新能源并称为“第三次工业革命”的三大核心技术，这被认为是人类继19世纪的蒸汽时代和20世纪的电气化时代之后的第三次历史性突破，它将在人类社会的各个领域引领一场设计、制造、材料甚至生命的变革，让人类跨越现实世界与虚拟世界的障碍，打破技术与艺术的界限，掀起全球范围的创新浪潮。3D打印则免去了复杂的过程，无须模具，一次成型。因此，3D打印可以克服一些传统制造上无法达成的设计，制作出更复杂的结构，可用于珠宝、鞋类、工业设计、建筑、工程和施工、汽车、航空航天、牙科和医疗产业、教育、地理信息系统、土木工程及其他领域。

（二）3D打印材料

3D打印所使用的材料有PLA与ABS两种。PLA是一种新型的生物降解材料，使用可再生的植物资源（如玉米）所提出的淀粉原料制成，机械性能及物理性能良好。ABS树脂是目前产量最大、应用最广泛的聚合物，兼具韧、硬、刚相均衡的优良力学性能。ABS 材料与 PLA 材料的区别如下：

（1）打印 PLA 时气味为棉花糖气味，不像 ABS 那样有刺鼻的不良气味。

（2）PLA 可以在没有加热床情况下打印大型零件模型而边角不会翘起。

（3）PLA 加工温度是 200 °C，ABS 在 220 °C 以上。

（4）PLA 具有较低的收缩率，即使打印较大尺寸的模型时也表现良好。

（5）PLA 具有较低的熔体强度，打印模型更容易塑形，表面光泽性优异，色彩艳丽。

（6）PLA 是晶体，ABS 是非晶体。当加热 ABS 时，会慢慢转换凝胶液体，不经过状态改变。PLA 像冰冻的水一样，直接从固体到液体。因为没有相变，ABS 不吸收喷嘴的热能。部分 PLA，使喷嘴堵塞的风险更大。

（三）3D 打印机结构

3D 打印机主要由基座、打印平台、喷嘴、喷头、丝管、材料挂轴、丝材、信号灯、初始化按钮组成，如图 8.1 所示，*X*、*Y*、*Z* 三个坐标轴定义方向如图 8.2 所示，电源开关按钮、电源接口、USB 接口如图 8.3 所示。

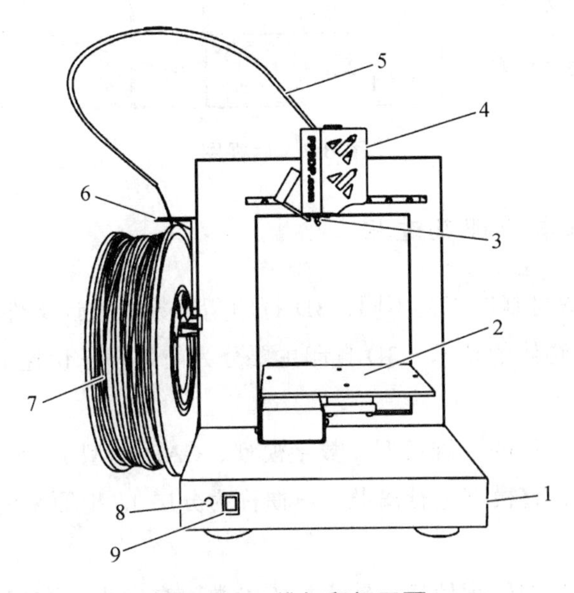

图 8.1　三维打印机正面

1—基座；2—打印平台；3—喷嘴；4—喷头；5—丝管；6—材料挂轴；
7—丝材；8—信号灯；9—初始化按钮

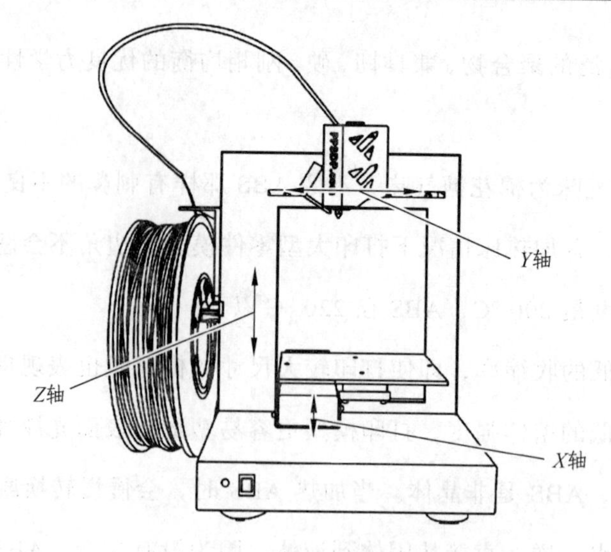

图 8.2 三维打印机坐标轴

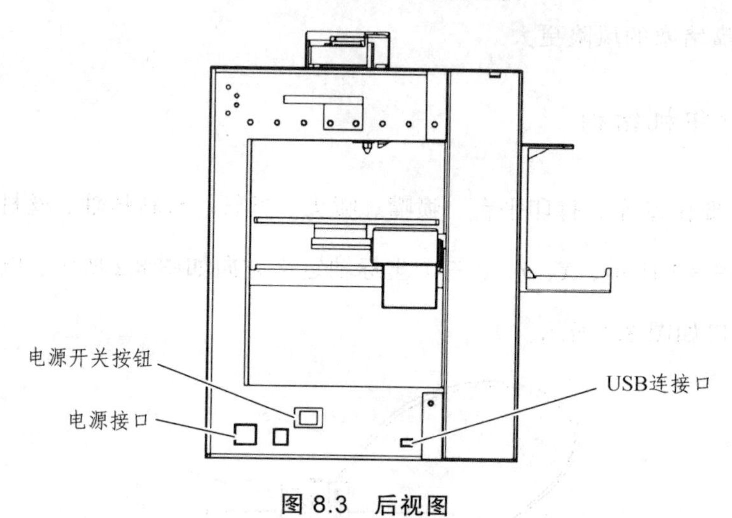

图 8.3 后视图

（四）3D 打印基本原理及过程

3D 打印与传统的减材制造工艺不同，3D 打印是以数据设计文件为基础，将材料逐层沉积或黏合以构造成三维物体的技术。3D 打印主要分为前处理、快速成型、后处理 3 个阶段，其基本过程如下：

（1）设计出所需要零件的三维模型（数字模型、CAD 模型）。

（2）根据工艺要求，将模型进行离散（习惯称为分层），把原来的三维 CAD 模型变成一系列的层片。

（3）再根据每个层片的轮廓信息，输入加工参数，自动生成数控代码。

（4）成型系统成型一系列层片并自动将它们连接起来，得到一个三维物理实体。其操作步骤如图 8.4 所示。

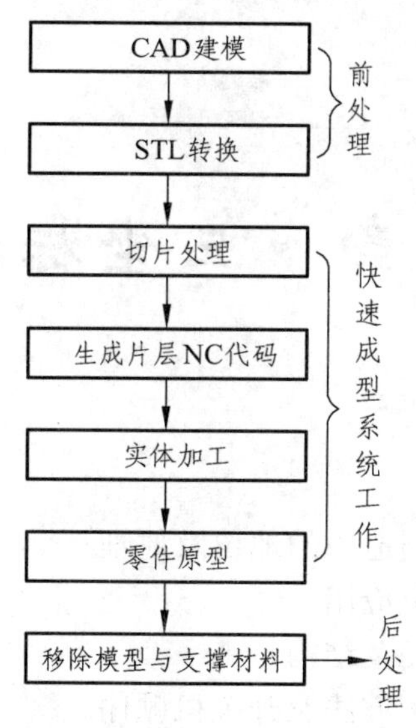

图 8.4　3D 打印操作步骤

（五）3D 打印注意事项

（1）室内保持良好的通风。
（2）打印过程中不允许用手去触摸作品。
（3）正确使用雕刻刀与锉刀对产品进行修整。

第九章 三坐标测量

一、实训目的

（1）了解三坐标测量在机械制造中的地位及原理；
（2）了解三坐标测量的特点及应用；
（3）了解三坐标测量机的分类及结构；
（4）了解三坐标测量机的维护方法及开关机顺序；
（5）掌握三坐标测量机测头的校准方法；
（6）掌握测量基本元素的操作方法。

二、实训准备知识

（一）三坐标测量在机械制造中的地位及原理

随着制造业、汽车、机床及模具行业的出现和大规模生产的需要，要求计量检测手段应当高效、通用化，而固定的、专用的或手动的工具限制着大批量制造和复杂零件加工业的发展，高度尺、卡尺的检验方式已完全不适用，从而促进和推动了近代坐标测量技术的发展及三坐标测量机的产生。

将被测零件放入它允许的测量空间，精密地测出被测零件表面的点在空间 3 个坐标位置的数值，将这些点的坐标数值经过计算机数据处理，拟合形成测量元素，如圆、球、圆柱、圆锥、曲面等，经过数学计算的方法得出其形状、位置公差及其他几何量数据。

在测量技术上，光栅尺及容栅、磁栅、激光干涉仪的出现，把长度信息数字化，不但可以进行数字显示，也为长度量的计算机处理、控制奠定了基础。

（二）三坐标测量机的特点及应用

由于三坐标具有高精度（达到 μm 级）、高效率（以数十、百倍超越传统测量手段）、万能性（代替多种长度计量仪器）的特点，因而多用于产品测绘、CNC 机床或柔性生产线在线测量等方面；只要测量机的测头能够瞄准（或感应）到的地方（接触法与非接触法均可），就可测出它们的几何尺寸和相互位置关系，并借助于计算机完成数据处理。这种三维测量方法具有极大的万能性，同时可方便地进行数据处理与过程控制。因而不仅在精密检测和产品质量控制上扮演着重要角色，同时在设计、生产过程控制、模具制造等方面发挥着越来越重要的作用，并在汽车工业、航空航天、机床工具、国防军工、电子和模具等领域得到了广泛应用。

（三）三坐标测量机的分类及结构

由于测量对象、测量环境等的不同，对于测量机也有一定的要求，如高精度、高稳定性、高效率、高的性价比，并且能适应不同的环境。如图 9.1 所示为三坐标测量机的不同分类。

（a）桥式坐标测量机

（b）大型龙门式坐标测量机

（c）影像测量仪

（d）便携式坐标测量机

（e）齿轮测量中心

（f）悬臂测量机

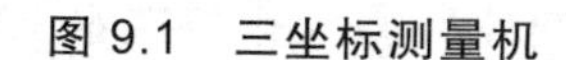

图 9.1　三坐标测量机

以桥式坐标测量机为例，说明三坐标测量机的结构，如图 9.2 所示。

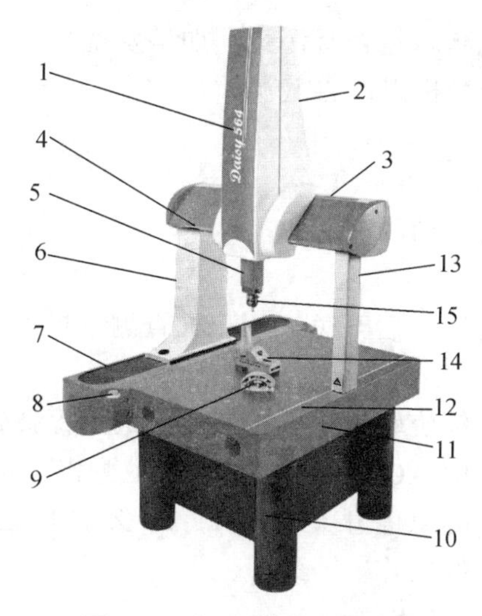

图 9.2　桥式坐标测量机

1—机型：Daisy564；2—机器罩壳；3—*X* 轴导轨；4—金属光栅尺；5—*Z* 轴导轨；6—*Y* 轴主立柱；7—防尘罩；8—急停按钮；9—工件；10—支撑架；11—花岗岩工作台；12—*Y* 轴导轨；13—*Y* 轴副立柱；14—夹具；15—测头型号：MH20i 测头 + TP20 标准模块

以上所示为三坐标测量机的结构，但在三坐标测量系统中，还需要其他组成部分，包括计算机主机、控制系统（控制柜、手柄）、空压机、传动系统、过滤系统（空气干燥机、空气过滤器）、测量软件等。

（四）三坐标测量机的维护方法及开关机顺序

由于三坐标测量机对环境要求很严格，尤其是对湿度和温度的要求。假如一台三坐标测量机在大气环境中工作，它的寿命最多只有半年。因此，空调是必需的，且南方需购买除湿机一台，电子温度计一个（上面是温度，下面是湿度）；北方则需购买加湿器一台，电子温度计一个，以确保湿度在管控范围内。一般来讲，室内温度为（20 ± 2）°C，室内湿度为 40% ~ 65%最为合适。

1. 维护方法

由于三坐标测量机是高精密仪器，因此在维护方面也需特别注意：

（1）每天开机前，给三坐标测量机做保养。擦拭设备的布：无尘布、无尘纸、医用脱脂棉（任意一种布）；擦拭设备的液体：无水酒精（高度乙醇 99.7% 以上）、120#航空汽油（任意一种）。

（2）先擦拭各轴的导轨面（擦拭时朝一个方向擦拭，不能来回擦拭），后擦拭工作台面。

（3）检查测量机的气压是否正常（大于 0.5 MPa）。

（4）检查各轴导轨是否有新产生的划痕。

（5）检查机器运行是否正常。

（6）检查空压机和除湿机是否排水（每天排一次水）。

（7）为了避免精密过滤器堵塞而影响测量机正常工作，每天检查各级过滤器的积水是否排放。

（8）检查三联件过滤器的滤芯是否有污染。如果发现严重污染需清洗或更换滤芯，必要时需加装空气过滤器和冷冻干燥机以改善气源质量。

2. 开机步骤

（1）检查是否有阻碍机器运动的障碍物。

（2）开总电源。

（3）开气压（先开工作气压，后开总气压；检查测量机的气压表指示，大于 0.5 MPa，一般在 0.5 ~ 0.7 MPa）。

（4）开控制柜电源（顺时针旋转，松开控制柜上的急停按钮）。

（5）开启计算机，双击桌面 AC-DMIS 测量软件，弹出“机器回零”的对话框。

（6）打开机器和手操器上的急停开关；给 X，Y，Z 加上使能，点击机器回零。

（7）回零成功后，即可开始操作。

3. 关机步骤

（1）把测头座 A 角转到 90°（如 A90B0 角度）。

（2）将测量机的三轴移到左上方（接近回零的位置）。

（3）退出 AC-DMIS 测量软件操作界面。

（4）按下操纵盒及控制柜上的急停按钮。

（5）关计算机。

（6）关控制柜。

（7）关气源（先关总气压，后关工作气压）。

（8）关总电源。

（五）三坐标测量机测头校准

1. 校正的目的

校正当前环境下的测针半径（确定各个测针的参数）；校正各测针位的位置关系（它们相互间的位置关系）。

2. 校正的意义

在多数测量任务中，需要在不同的坐标平面内进行不同性质的测量，如点、直线、平面、内/外圆柱、距离、夹角等。要完成这些任务，不但需要选用长度、直径、方位不同的测针以达到测量目的，还要求所选测针球心之间的相对位置关系是确定的和已知的。只有这样，才可能使不同测针测出的几何元素具有正确的坐标关系。

3. 校正过程

（1）自动测针校正（球形测针）。

① 点击菜单栏“测头”，选择“自动测针校正”，弹出界面，选择装配测针的文件名称。

② 分别在 A 角和 B 角中输入需要校正的角度，点击添加，角度自动添加到列表中，且得到每一组的理论角度。

③ 将所有的角度通过“文件保存”的功能将其保存，方便下次使用。

④ 点击“文件打开”，调出所保存的角度，进行校正。

⑤ 点击“自动测针校正”栏里的“开始”即可；机器将自动进行校正所添加的每一个角度。

⑥ 校正结束后弹出提示“校正完成”信息，点击确定，校正结果自动保存，如图 9.3 所示。需退出校正界面，方可进行测量。

注意：

① 添加角度时，自动旋转测头座角度增量为 7.5°，手动旋转测头座角度增量为 15°。即 A、B 角输入时必须是 7.5 或 15 的倍数。

② 角度 A0B0 是基准针，必须放在第一行。

③ 在进行校正前必须确认测点数为零。

④ 当标准球移动过，必须使用 DEFAULT 文件中的 A0B0 测针进行定球。

（2）手动测针校正。

手动测针校正适应于测头座上仅有一根球形测针、盘形测针或柱形测针的情况，它每次只能校正一个针位。

使用说明：提示怎样手动在标准球上采点完成校正。

操作方法：

① 点击菜单栏“测头”，选择“手动测针校正”，弹出界面，选择装配测针的文件名称。

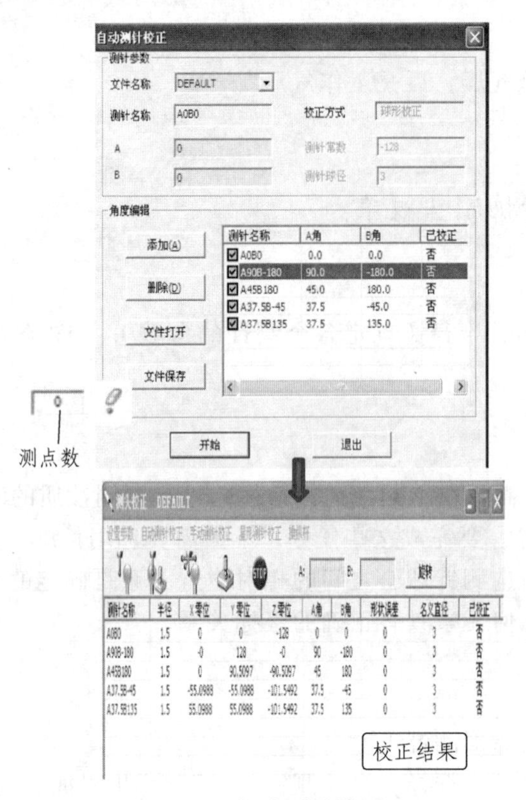

图 9.3　自动测针校正

② 分别在 A 角和 B 角中输入需要校正的角度，点击旋转，测针自动旋转到指定的角度。

③ 然后根据使用说明中的提示信息在标准球上采 5 点，最后点击“开始”，即可得到校正结果，如图 9.4 所示。

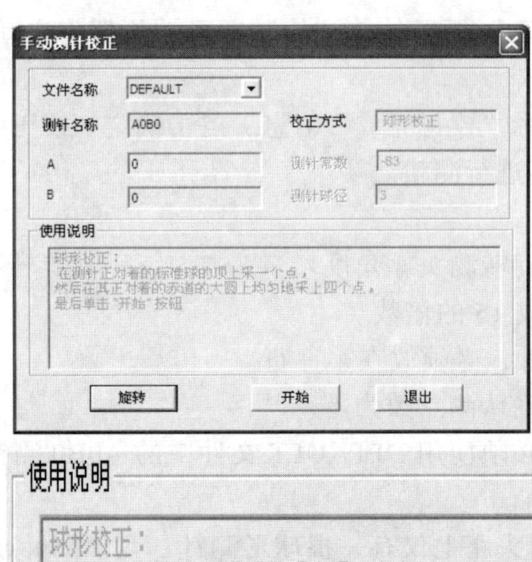

图 9.4　手动测针校正

④ 校正结束后，需退出校正界面，方可进行测量。

注意：

① 添加角度时，自动旋转测头座角度增量为 7.5°，手动旋转测头座角度增量为 15°。即 A、B 角输入时必须是 7.5 或 15 的倍数。

② 角度 A0B0 是基准针，必须放在第一行。

③ 在进行校正前必须确认测点数为零。

④ 必须是校正完一个角度后，再添加另一个角度进行手动校正。

（六）基本元素的测量

1. 元素的分类

元素可分为点元素和矢量元素两大类。

点元素又分为两大类。① 平面元素：可以用两个坐标来描述的元素（如点、直线、圆、椭圆、方槽和圆槽）。② 空间元素：必须用 3 个坐标来描述的元素（如平面、圆柱、圆锥和球）。

点元素共有 8 个，包括点、圆、圆弧、椭圆、球、方槽、圆槽、圆环。点元素只表达元素的尺寸和空间位置。

矢量元素（线元素）共有 4 个，包括直线、平面、圆柱、圆锥。矢量元素既要表达元素的空间方向，同时也可能表达元素的尺寸和空间位置。

组合元素：只针对点性元素进行组合其他元素。

图 9.5 为基本几何元素选项。

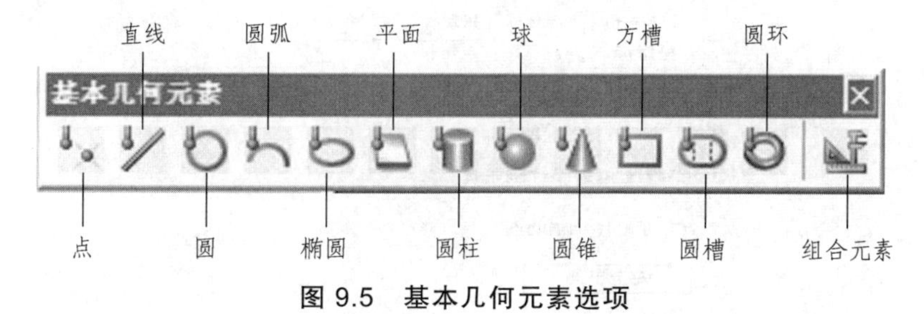

图 9.5　基本几何元素选项

2. 几何元素概述

名称：显示生成程序节点的名称和测量结果的名称。

内外：包括自动、内、外 3 种形式，它是针对圆、圆柱、圆锥、方槽、圆槽、球、圆环的实际内外存在的 3 种测量方式。

实测值：显示实际的测量结果值。

名义值：显示要测量元素的理论值。

上/下偏差（正/负公差）：显示元素的公差。

圆和圆柱计算方法：最小二乘法、最大内切法、最小外接法 3 种方式，如图 9.6 所示。

平面计算方法：最小二乘法、最高平面、最低平面，如图 9.6 所示。

其他元素：用最小二乘法方式进行计算。

矢量：若需要通过指定矢量来确定元素的测球补偿方向，则将指定矢量框选中，此时，可在矢量选择编辑框中选择矢量元素确定补偿方向，同时在 I、J、K 编辑框中自动将选中的矢量元素的矢量显示出来。

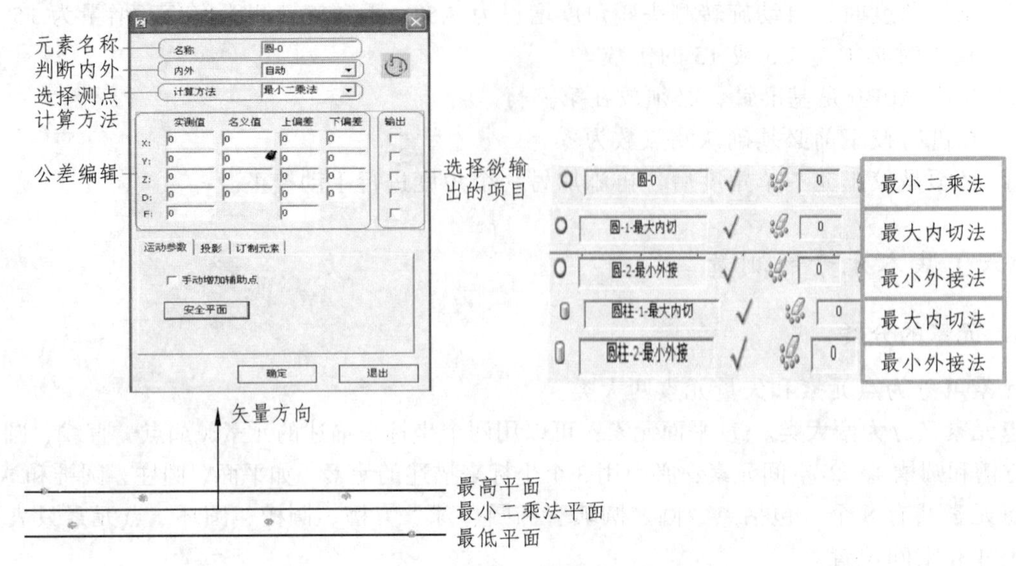

图 9.6 几何元素选项

投影：若需要通过指定矢量来确定元素的测球补偿方向，同时把元素投影到指定平面上，选择投影选项，如图 9.7 所示。

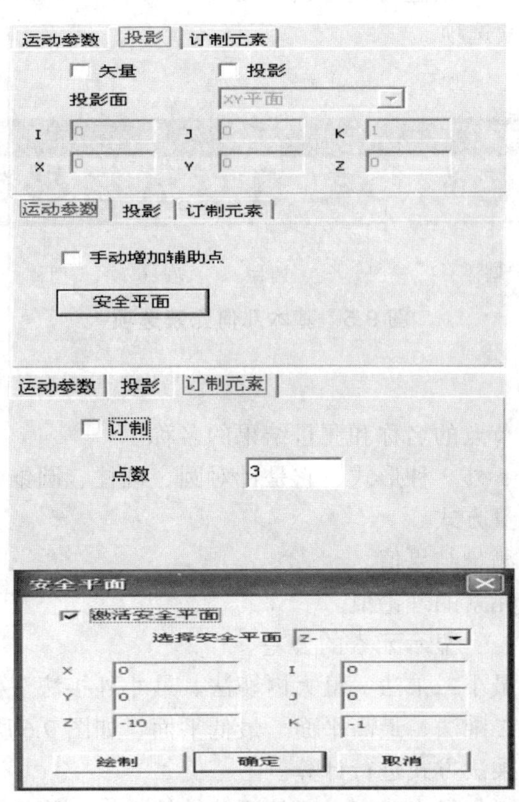

图 9.7 几何元素对话框

手动增加辅助点：不选择时生成的程序路径自动在探测点间增加辅助点（注意：使用该功能，需先打开元素界面并选择后，再开始测量）。

订制元素：需要订制元素时，若将此项打钩，则当测量点数达到订制中的点数时，软件自动将这些测点做成元素，如图 9.7 所示。

安全平面：若需要安全平面，选择安全平面选项，然后选择用户所定义的轴向或平面（必需打"√"激活），如图 9.7 所示。

矢量元素矢量方向的规定：向实体外的平面法线方向规定为该平面的矢量方向。除平面以外的矢量元素的矢量方向服从当前坐标系下与矢量元素最靠近的坐标轴的正方向，即矢量元素的矢量方向与最靠近的坐标轴的正方向接近，或从第一个测点（第一层截面圆）指向最后一个测点（最后一层截面圆）。

I J K 矢量：是一个对方向的数学描述方式，矢量用 I、J、K 来定义它的方向，I、J、K 分别代表了该矢量与 X、Y、Z 轴空间夹角的余弦值，取值范围是从 1 到 −1，且满足条件 $I\times I+J\times J+K\times K=1$。例如：

X 正向矢量的 I、J、K 为 1，0，0；

X 负向矢量的 I、J、K 为 −1，0，0；

Y 正向矢量的 I、J、K 为 0，1，0；

Y 负向矢量的 I、J、K 为 0，−1，0；

Z 正向矢量的 I、J、K 为 0，0，1；

Z 负向矢量的 I、J、K 为 0，0，−1。

X、Y、Z 表示安全平面设置的参数。

坐标值显示窗：用于查看测针当前位置和已测点数，如图 9.8 所示。点击"视窗"菜单栏下的"坐标值显示窗"即可调出。

测点数预览：双击测点数可弹出对话框，用于查看已测点数和删除测点数，如图 9.8 所示。

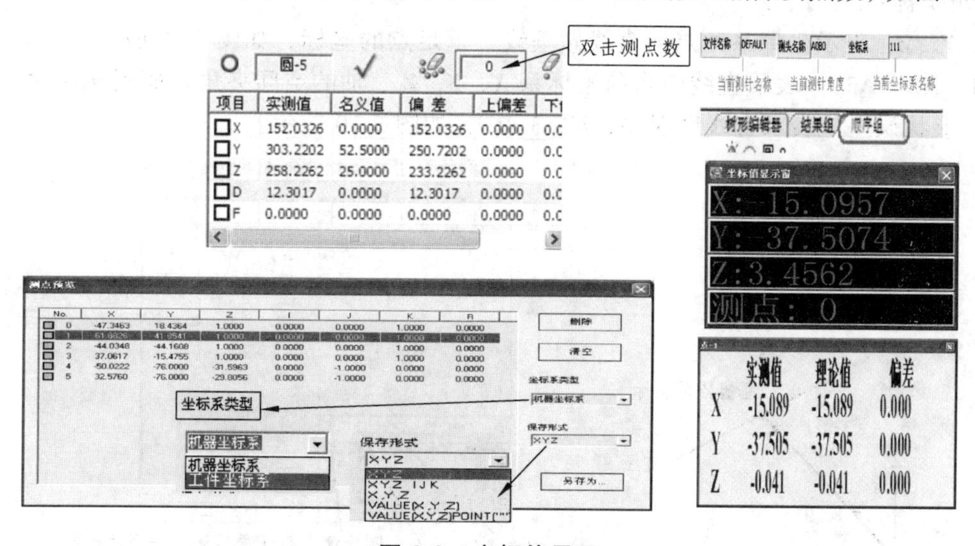

图 9.8　坐标值显示

另存为：可将测量球心坐标值在当前坐标系或机器坐标系下以选择的保存形式保存为文件"TXT"格式。

动态显示测点结果：测量的同时显示当前测量结果的实测值、理论值、偏差。点击“视窗”菜单下的“动态显示测量结果”即可显示。

3. 测量基本步骤

测量基本步骤如图 9.9 所示。

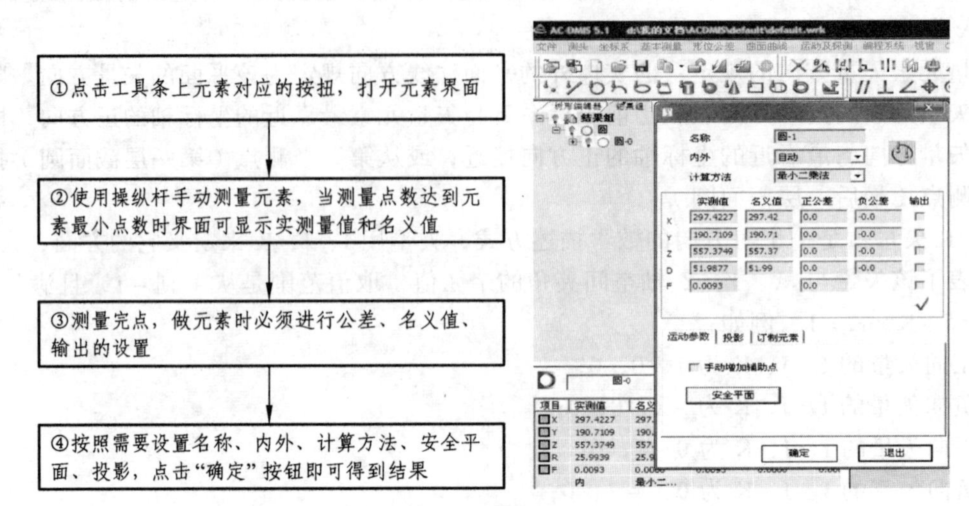

图 9.9 测量基本步骤

三、实训示例

1. 直线度（$N \geq 2$ 点）

直角坐标：X、Y、Z。

X、Y、Z：表示坐标系原点向直线做垂线，垂足点的坐标，如图 9.10 所示。

A1、A2、A3： 表示直线与当前坐标系 X、Y、Z 三轴的空间夹角，如图 9.10 所示。

F：形状误差（表示直线度误差，$N \geq 3$ 点），如图 9.10 所示。

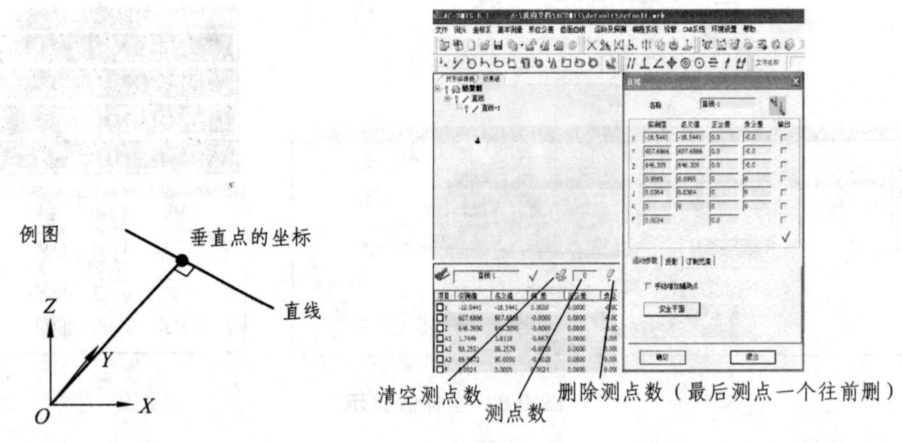

图 9.10 直线度

2. 圆（$N \geqslant 3$ 点）

直角坐标：X、Y、Z。

X、Y、Z：表示圆心坐标，如图 9.11 所示。

D/R：表示圆的直径或半径，如图 9.11 所示。

F：形状误差（表示圆度误差，$N \geqslant 4$ 点），如图 9.11 所示。

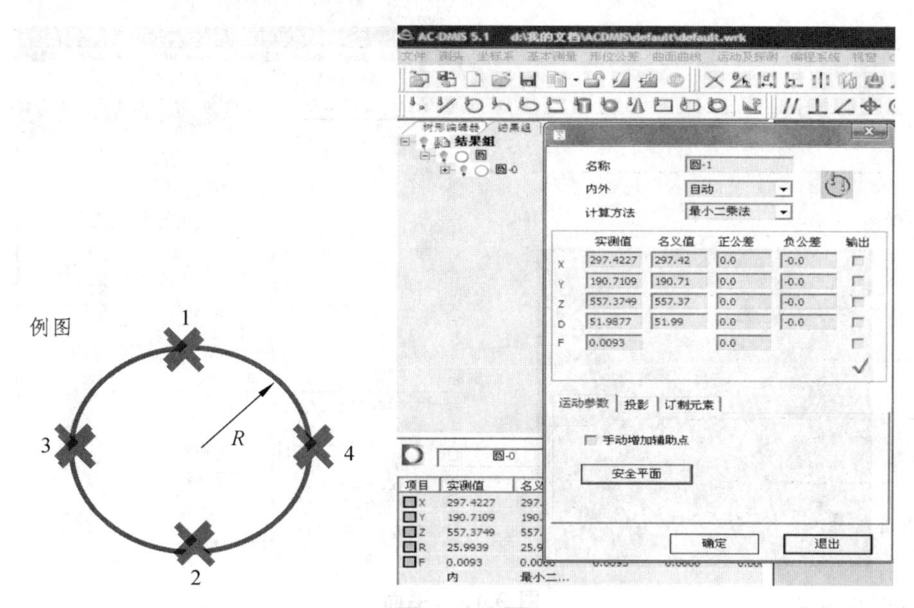

图 9.11　圆

3. 圆弧（$N \geqslant 3$ 点）

直角坐标：X、Y、Z。

X、Y、Z：表示圆弧中心点坐标，如图 9.12 所示。

R：表示圆弧的半径，如图 9.12 所示。

F：形状误差（表示圆度误差，$N \geqslant 4$ 点），如图 9.12 所示。

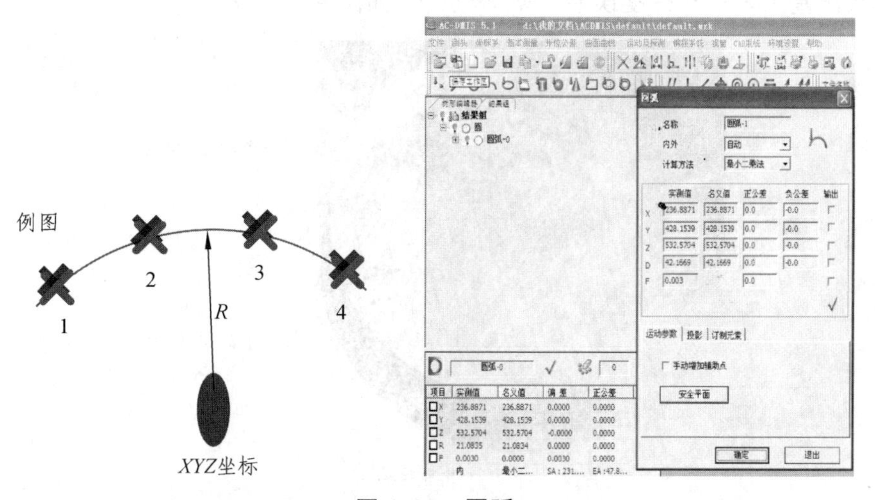

图 9.12　圆弧

4. 平面（$N \geq 3$ 点）

直角坐标：X、Y、Z。

X、Y、Z：表示所测点分布重心点的坐标，如图 9.13 所示。

A1、A2、A3：表示平面的法线与当前坐标系 X、Y、Z 三轴的夹角，如图 9.13 所示。

F：形状误差（表示平面度误差，$N \geq 4$ 点），如图 9.13 所示。

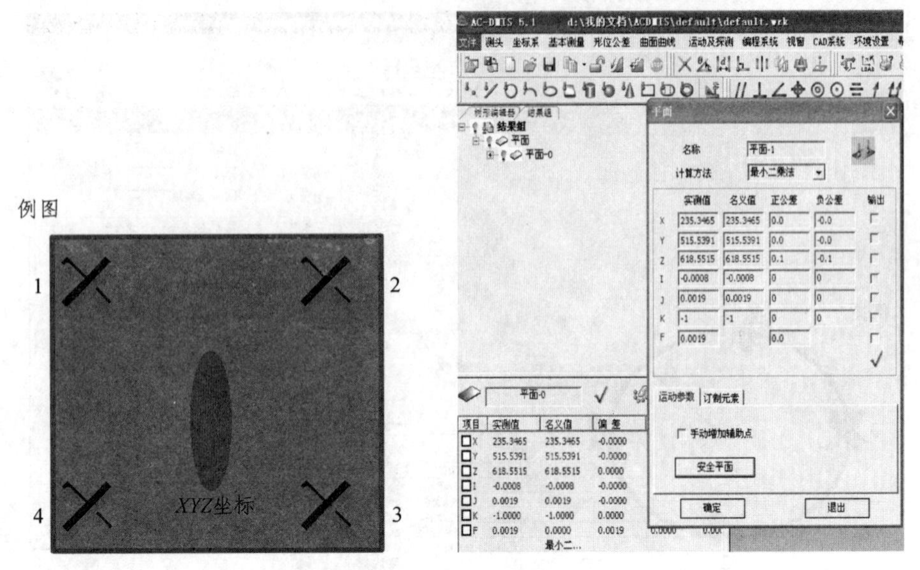

图 9.13 平面

5. 圆柱（$N \geq 6$ 点）

直角坐标：X、Y、Z。

X、Y、Z：表示第一个截面圆的圆心坐标，如图 9.14 所示。

A1、A2、A3：表示圆柱轴线与当前坐标系 X、Y、Z 三轴的夹角，如图 9.14 所示。

D：表示圆柱直径，如图 9.14 所示。

F：形状误差（表示圆柱度误差，$N \geq 8$ 点），如图 9.14 所示。

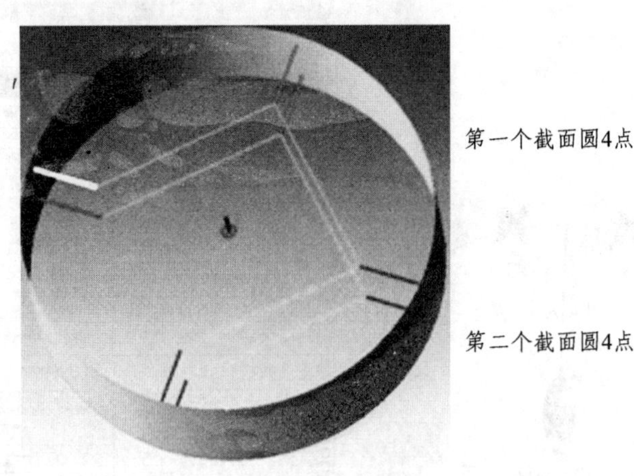

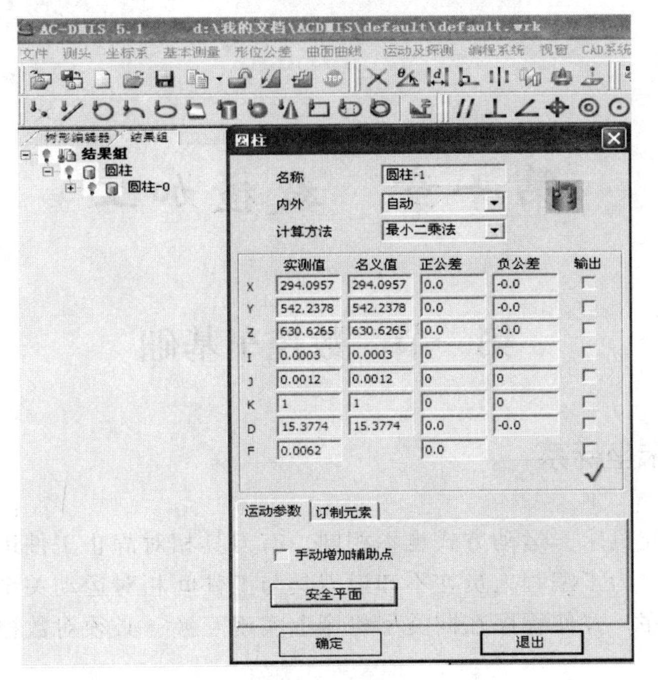
AC-DMIS 5.1　d:\我的文档\ACDMIS\default\default.wrk
文件　测头　坐标系　基本测量　形位公差　曲面曲线　运动及探测　编程系统　视窗　CAD系统
树形编辑器　结果组
结果组
圆柱
圆柱-0
圆柱
名称　圆柱-1
内外　自动
计算方法　最小二乘法
实测值　名义值　正公差　负公差　输出
X　294.0957　294.0957　0.0　-0.0
Y　542.2378　542.2378　0.0　-0.0
Z　630.6265　630.6265　0.0　-0.0
I　0.0003　0.0003　0　0
J　0.0012　0.0012　0　0
K　1　1　0　0
D　15.3774　15.3774　0.0　-0.0
F　0.0062　0.0
运动参数　订制元素
手动增加辅助点
安全平面
确定　退出

图 9.14　圆柱

第十章 数控加工

第一节 数控车基础

一、数控机床坐标系

不同类型的数控机床，运动方式也不相同，有刀具相对静止工件运动的，也有工件相对静止刀具运动的。为了编程人员在不知道刀具与工件间相对运动关系的情况下，能按零件图编制出加工程序，并使程序在同类型机床上实现互换，必须对数控加工坐标系做出统一的规定。

数控机床坐标系包括机床坐标系、工件坐标系、相对坐标系。

数控机床坐标系的作用：数控机床坐标系是为了确定工件在机床中的位置、机床运动部件特殊位置及运动范围，即描述机床运动，产生数据信息而建立的几何坐标系。通过机床坐标系的建立，可确定机床、工件、刀具的位置关系，获得所需的相关数据。

（一）机床坐标系

为了使机床上运动部件的成形运动和辅助运动有确定方向和位置，就必须建立一个坐标系，用来确定工件或者刀具在机床上所处的位置和运动的方向，这个坐标系就是机床坐标系。

1. 机床坐标系确定方法

（1）基本原则：刀具相对静止工件运动原则。

编程时，始终假定工件静止不动，而以刀具相对工件移动为原则。

（2）坐标轴规定：遵循右手笛卡尔直角坐标系标准。

X 正向为大拇指指向，*Y* 正向为食指指向，*Z* 正向为中指指向，*A*、*B*、*C* 旋向用右手螺旋法则确定，如图 10.1 所示。

（3）各轴运动方向的确定：规定远离工件的方向为正。

① *Z* 轴坐标运动。

Z 轴：与机床主轴轴线平行的标准坐标轴即为 *Z* 轴。

无主轴的：取垂直于装夹面的轴为 *Z* 轴；多个主轴的：取一个垂直于装夹面的主要主轴为 *Z* 轴（车床、铣床、刨床、多主轴机床）。

Z 轴正方向：远离工件的方向为正，加工进给方向即为负。

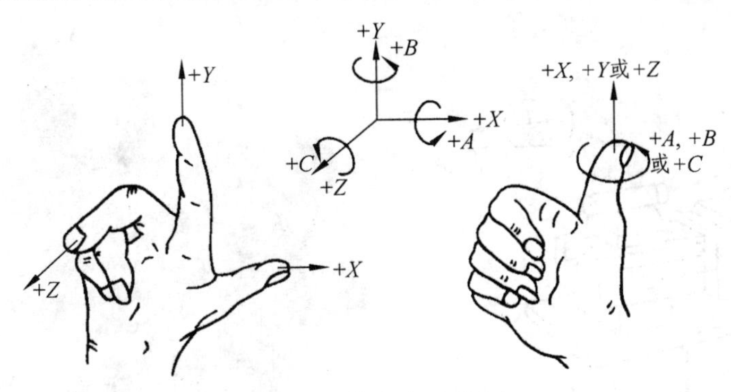

图 10.1 笛卡尔坐标系

② X 轴坐标运动。

X 轴：X 轴一般水平，且平行于工件装夹面（工作台）。

X 轴正方向：分四种情况。

工件旋转的机床：X 轴方向取工件径向且平行于横向滑座，正方向取远离工件旋转中心的方向（车床、磨床）。

刀具旋转的机床：X 轴有两种情况。

Z 轴水平时：从主轴向工件看，X 轴正方向指向右方。

Z 轴垂直时：从主轴向立柱看，X 轴正方向指向右方。

没有回转刀具和工件：X 轴平行于主要切削方向。

③ Y 轴坐标运动。

Z、X 轴方向确定后，按照右手笛卡尔坐标系即可确定 Y 轴及其方向。

④ 坐标原点：机床坐标原点（M）又称机床零点，是机床上的一个固定点，由机床生产厂在设计机床时确定，原则上是不可改变的。以机床原点为坐标原点的坐标系称为机床坐标系。机床原点是工件坐标系、编程坐标系、机床参考点的基准点。也就是说只有确定了机床坐标系，才能建立工件坐标系，才能进行其他操作。

车床原点位置在卡盘端面与主轴轴线的交点位置；铣床及加工中心原点位置在 X、Y、Z 轴正方向的极限位置。

⑤ 附加坐标轴：如果机床除有 X、Y、Z 主要坐标轴以外，还有平行于它们的坐标轴，可分别指定为 U、V、W。如果还有第三组运动，则分别指定为 P、Q、R。

图 10.2 分别为各种机床的坐标系。

2. 机床坐标系的确定

（1）先确定 Z 轴。

① 传递主要切削力的主轴为 Z 轴。

② 若没有主轴，则 Z 轴垂直于工件装夹面。

③ 若有多个主轴，选择一个垂直于工件装夹面的主轴为 Z 轴。

（2）再确定 X 轴（X 轴始终水平，且平行于工件装夹面）。

① 没有回转刀具和工件，X 轴平行于主要切削方向（牛头刨床）。

② 有回转工件，X 轴是径向的，且平行于横滑座（车、磨）。

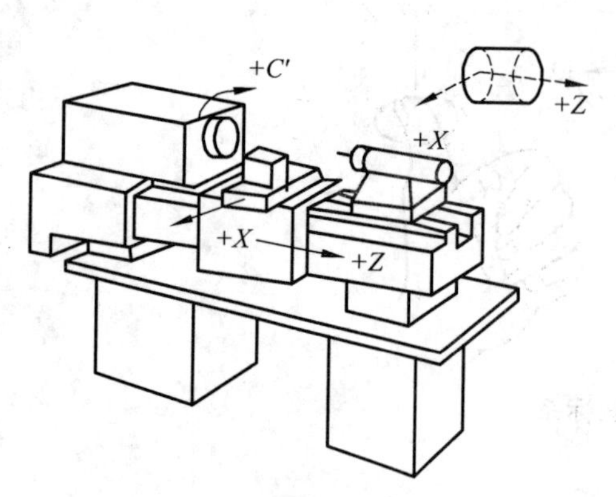

(a) 前置刀架卧式车床

(b) 后置刀架数控车床

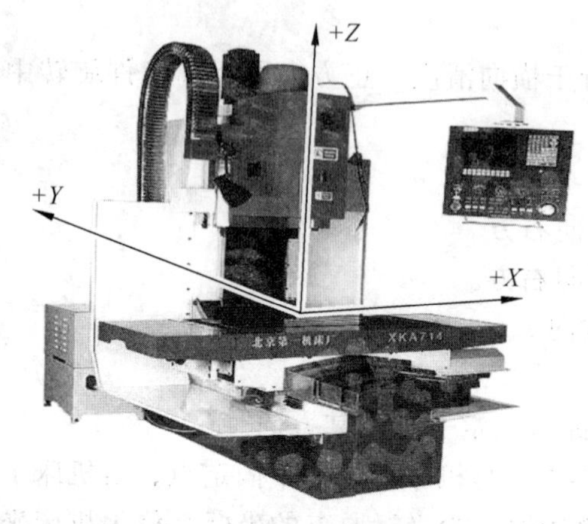

(c) 立式数控铣床

(d) 卧式数控镗床

图 10.2 机床坐标系

③ 有刀具回转的机床，分为以下三类：

Z 轴水平：由刀具主轴向工件看，X 轴水平向右。

Z 轴垂直：由刀具主轴向立柱看，X 轴水平向右。

龙门机床：由刀具主轴向左侧立柱看，X 轴水平向右。

(3) 最后确定 Y 轴。按右手笛卡尔直角坐标系确定。

(二) 工件坐标系

(1) 工件坐标系是固定于工件上的笛卡尔坐标系，是编程人员在编制程序时用来确定刀具和程序起点的，该坐标系的原点可由使用人员根据具体情况确定，但坐标轴的方向应与机床坐标系一致并且与之有确定的尺寸关系，如图 10.3 所示。

确定参考：

① 工件坐标系坐标轴方向与机床坐标系的坐标轴方向保持一致。

② 一般设定在工件的表面。

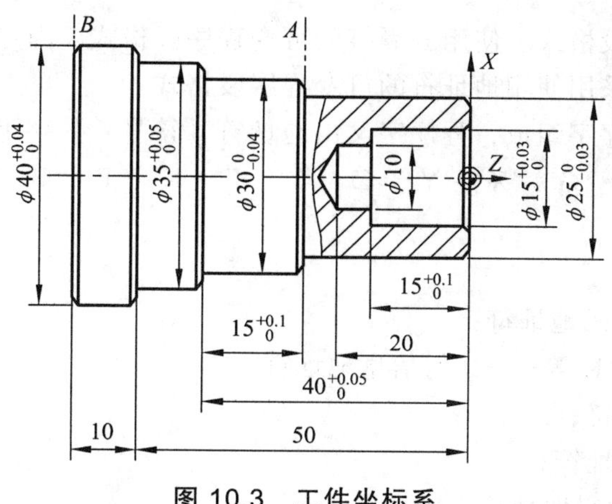

图 10.3　工件坐标系

③ 非对称工件：*X*，*Y* 轴原点在工件的左前角；对称工件；*X*，*Y* 轴原点一般设定在工件对称轴的交点上。

（2）工件坐标系原点的选择原则。

工件坐标系原点的选择非常重要。工件坐标系原点应根据零件的形状和加工工艺选择，一般应遵循以下原则：

① 工件坐标系原点选择时应尽量与零件图样的设计基准或工艺基准重合。

② 工件坐标系原点应尽量选在尺寸精度高、表面粗糙度值低的工件表面上。

③ 便于进行加工点坐标值的计算，并尽可能避免由此而产生的误差。

④ 在机床上容易确定工件坐标系在机床坐标系中的位置，并便于加工和测量检验。

（3）工件坐标系与机床坐标系的关系和建立：工件坐标系建立一般用试切法、对刀法和找正法，如图 10.4 所示。

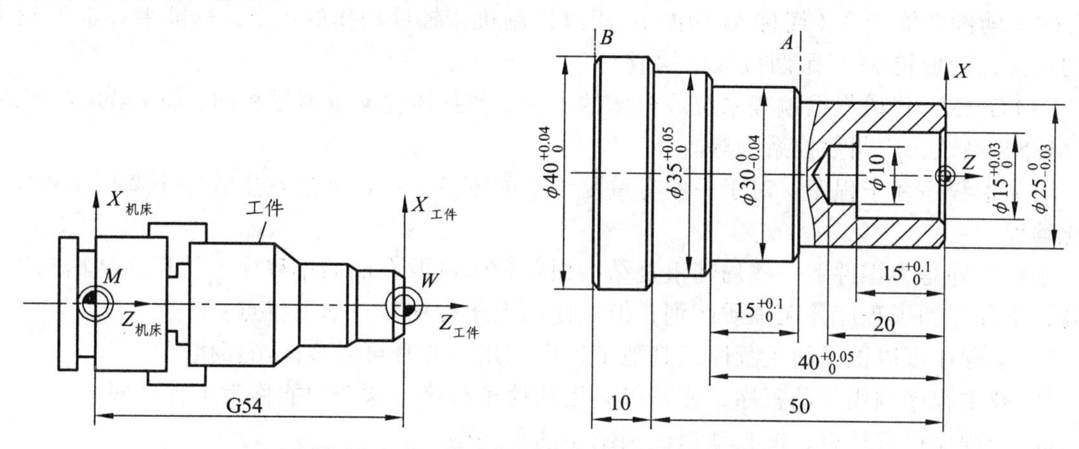

图 10.4　工件坐标系与机床坐标系的关系

二、程序及程序段格式

程序段是按照一定顺序格式，能够使数控机床完成某特定功能的一组指令。数控加工程序就是由若干个程序段组成。程序段格式就是程序段的书写规则，即格式。程序段格式分为使用地址符的可变程序段格式、使用分隔符的可变程序段格式、固定程序段格式。一般的切削加工类数控机床普遍采用使用地址符的可变程序段格式。

程序段由若干个程序字组成，程序字又由地址符、符号、数字组成。

基本格式： / N G X Y Z I J K F S M T H ;

其中：/——跳跃符；

N——程序段号；

G——准备功能代码地址符；

X、Y、Z、I、J、K 等——几何信息地址符；

F——进给率地址符；

S——主轴转速地址符；

M——辅助功能代码地址符；

T——刀具代码地址符；

H 或 D——刀具补偿号或补偿量地址符；

；或 LF 等——段结束符。

1. 准备功能与辅助功能指令

（1）准备功能指令（简称 G 功能）：是为机床建立某种加工运动方式而设的指令。准备功能指令分为模态代码（续效代码）和非模态代码（非续效代码）两类，地址符 G 后跟两位数字构成。

模态代码：程序中一经使用后就一直有效，直至同组的其他代码将它取代。另一意义是指，设置之后，紧随其后的程序段若使用相同的功能，可以不必再输入该字段。

非模态代码：只在编有该代码的程序段内有效。

（2）辅助功能指令（简称 M 功能）：用以控制机床辅助动作的指令。标准中规定了 M 代码的定义，地址符 M 后跟两位数字构成。

（3）G（M）代码根据编程系统或机床的不同，其具体含义也不尽相同，如 FANUC 系统、SIEMENS 系统、广州数控系统等。

（4）主程序和子程序：对于一些有重复结构的零件，可以通过在主程序中调用子程序来简化编程。

子程序即是为零件上一些局部重复结构而单独编制并存储的小程序。就程序结构和组成而言，主程序和子程序并无本质区别，但在使用上子程序具有如下特点：

① 子程序可以被任何主程序或其他子程序调用，并且可以多次循环执行。

② 被主程序调用的子程序，还可以调用其他子程序，这个功能称为子程序嵌套。

③ 子程序执行结束，能自动返回到调用的程序中。

④ 子程序一般都不可以作为独立的加工程序使用，只能通过调用来实现加工中的局部动作。

2. 关于一个完整数控程序的说明

（1）同一个零件，不同系统、不同机床、不同人员都会编制出不同的程序。

（2）程序的命名。

① FANUC 系统以字母 O 后跟 4 位数组成（O + 学号 + 序号，如 201318034002 机电一班刘艳第一次编程作业程序名为 O0201，以此类推）。

② SIEMENS 系统以符号 % 后跟 4 位数组成。

（3）程序结构的组成。

① 准备程序段：位于程序首部，用于建立工件坐标系、工艺参数设定、刀具、主轴、切削液准备动作等。

② 加工程序段：位于程序中间，刀具按轨迹运动，实现切削。

③ 结束程序段：位于程序末尾，用于退刀、刀具复位、主轴、切削液等动作及程序结束。

第二节　数控车编程基础

一、概　述

数控编程注意面向对象：系统、设备种类。

本质地理解各指令功能的意义：指令代号、功能含义、参数含义、走刀路线等。

二、数控车常用指令

表 10.1 为 G 功能指令代码，表 10.2 为 M 功能指令代码。

表 10.1　G 功能指令代码

G 代码	组	功　能	G 代码	组	功　能
*G00	01	定位（快快移动）	G29	00	从参考点返回
G01		直线切削	G30		回到第二参考点
G02		圆弧插补（CW，顺时针）	G32	01	切螺纹
G03		圆弧插补（CCW，逆时针）	*G40	07	取消刀尖半径偏置
G04	00	暂停	G41		刀尖半径偏置（左侧）
G09		停于精确的位置	G42		刀尖半径偏置（右侧）
G20	06	英制输入	G50	00	主轴最高转速位置（坐标系设定）
G21		公制输入	G52		设置局部坐标系
G22	04	内部行程限位有效	G53		选择机床坐标系
G23		内部行程限位无效	*G54	14	选择工件坐标系 1
G27	00	检查参考点返回	G55		选择工件坐标系 2
G28		参考点返回	G56		选择工件坐标系 3

续表

G代码	组	功能	G代码	组	功能
G57	14	选择工件坐标系4	G84	10	攻丝循环
G58		选择工件坐标系5	G85		正面镗循环
G59		选择工件坐标系6	G87		侧钻循环
G70	00	精加工循环	G88		侧攻丝循环
G71		内外径粗切循环	G89		侧镗循环
G72		台阶粗切循环	G90	01	（内外直径）切削循环
G73		成形重复循环	G92		切螺纹循环
G74		*Z*向进给钻削	G94		（台阶）切削循环
G75		*X*向切槽	G96	12	恒线速度控制
G76		切螺纹循环	*G97		恒线速度控制取消
*G80	10	固定循环取消	G98	05	指定每分钟移动量
G83		钻孔循环	*G99		指定每转移动量

表10.2 M功能指令代码

M代码	功能
M00	程序停止
M01	条件程序停止
M02	程序结束
M03	主轴正转
M04	主轴反转
M05	主轴停止
M06	刀具交换
M08	冷却开
M09	冷却关
M30	程序结束并返回程序头
M98	调用子程序
M99	子程序结束返回/重复执行

三、系统基本设置

1. 公制/英制尺寸输入制式G21/G20

G21为公制（mm），G20为英制（inch）。

切换方法：在程序的开始坐标系设定之前，在一个单独的程序单中指定输入单位制式，

G20 或 G21，通常系统默认设置为 G21，不需单独设置。

以下数据有效（跟长度有关的指令）：F 进给率、坐标位置数据、工件零点偏移量、刀具补偿值、脉冲手轮刻度单位、增量进给移动距离。

2. 直径/半径尺寸输入制式（*X* 轴）

为了编程方便，对于 *X* 方向的尺寸，可以根据实际情况通过 1006 号参数第三位设定成直径或半径数据方式进行编程。通常情况下将其设定成直径编程，如图 10.5 所示。

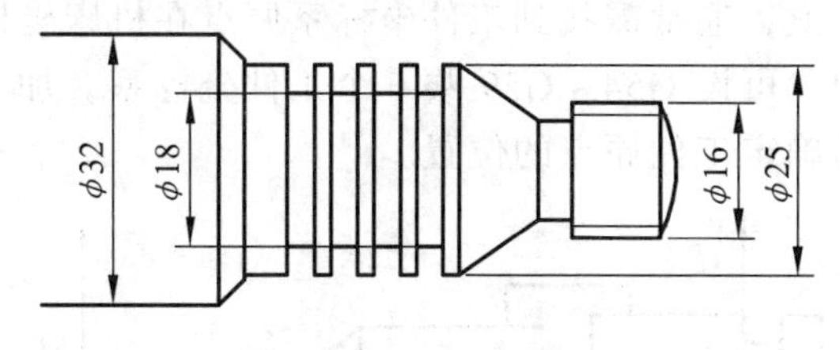

图 10.5　直径编程

直径编程对各数据的影响如下：

直径值指定：X 绝对指令、U 相对指令、轴位置显示、坐标系设定（G50）。

半径值指定：固定循环参数（如沿 *X* 轴切深 *R*）、圆弧插补中的半径（*R*、*I* 等）、沿轴进给速度。

由系统参数设定的：刀偏值分量。

3. 绝对/增量尺寸输入制式：地址 X、Z/U、W

绝对坐标：刀具运动过程中，刀具的位置坐标以程序（坐标）原点为基准标注或计量，这种坐标值称为绝对坐标。

相对坐标：刀具运动的位置坐标是指刀具从当前位置到下一个位置之间的增量。相对坐标又称为增量坐标。

X 轴移动指令：X（绝对坐标）、U（相对坐标）。

Z 轴移动指令：Z（绝对坐标）、W（相对坐标）。

示例（见图 10.6）：

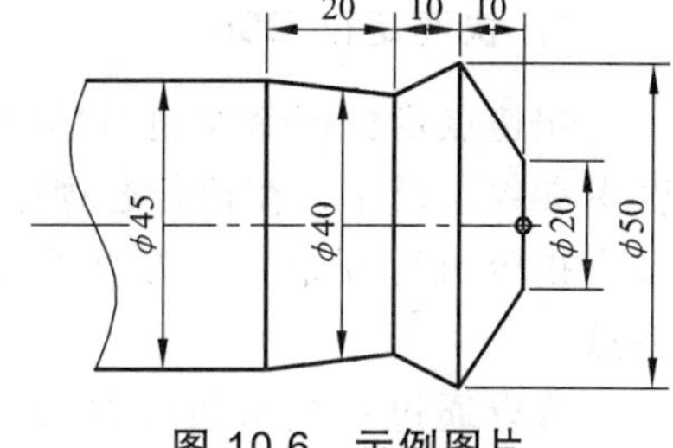

图 10.6　示例图片

N10 X20 Z0;　　绝对尺寸输入

N20 U30 W-10;　　增量尺寸输入

N30 X40 W-10;　　X 为绝对尺寸输入，Z 轴增量尺寸输入

N40 U5 Z-40;　　X 为增量尺寸输入，Z 轴绝对尺寸输入

四、坐标系设定或选择

1. 机床坐标系选择 G53

机床坐标系：以机床原点为零点，机床回零、设置各轴软限位坐标或运行机床检查程序时使用较多。

（1）采用 G53 指令调用机床坐标系；

（2）非模态指令，只在其指定的程序段内有效；

（3）采用绝对坐标数据指定，采用增量坐标数据时，该指令无效；

（4）在 G53 指令下，刀具半径补偿和刀具偏置无效。

2. 工件坐标系选择 G54 ~ G59

工件坐标系：即编程坐标系，其原点一般在工件最右端与轴线的交点，如图 10.7 所示。加工前，工件装夹至机床上，通常需找到工件坐标系原点在机床坐标系中的位置，并输入至工件坐标系偏置寄存器中。可设 G54 ~ G59 共 6 个工件坐标系。加工时，用 G54 ~ G59 调出对应的工件坐标系，从而确定工件原点的位置。

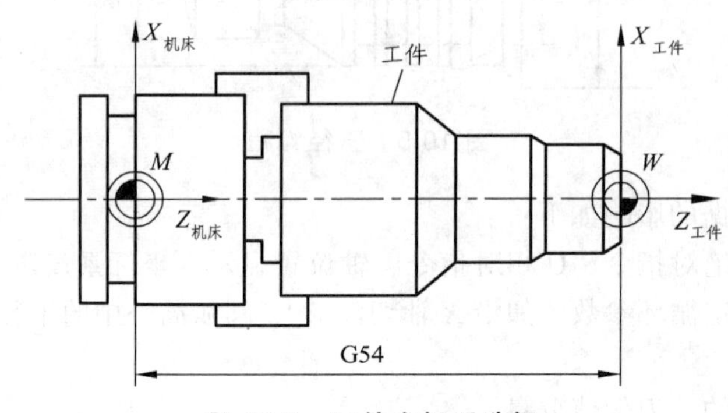

图 10.7 工件坐标系选择

五、坐标运动与进给设定指令

1. 快速定位 G00

快速点定位指令控制刀具以点位控制的方式从当前位置快速移动到目标位置，其移动速度由参数来设定，在执行过程中可以通过倍率修调。

指令执行开始后，刀具沿着各个坐标方向同时按参数设定的速度移动，最后减速到达终点。

可以通过系统参数设置为非线性插补和线性插补两种轨迹方式，如图 10.8 所示。

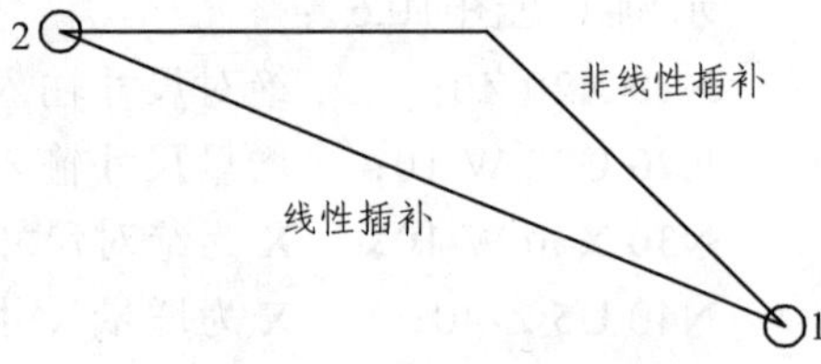

图 10.8 线性插补和非线性插补

非线性插补在各坐标方向上有可能不是同时到达终点。刀具移动轨迹是几条线段的组合，不是一条直线。

例如，在 FANUC 系统中，运动总是先沿 45° 角的直线移动，最后再在某一轴单向移动至目标点位置。

编程人员应了解所使用的数控系统的刀具移动轨迹情况，以避免加工中可能出现的碰撞。

编程格式：

G00 X42 Z1；绝对尺寸输入

G00 U2 W5；增量尺寸输入

其中：X、Z（U、W）用以指令终点绝对（相对）坐标，单位符号为 mm；模态指令；G00 移动速度由参数来设定，在执行过程中可以通过倍率修调。

2. 直线插补 G01

G01 指令控制刀具按直线轨迹从当前位置移动到目标位置。其移动速度由给定的进给速度 F 值来设定，在执行过程中可以通过倍率修调。

编程格式：

G01 X24.97 Z-25 F0.3；　绝对尺寸输入

G01 U5 W5 F0.15；　增量尺寸输入

G01 X-1；　车削端面

G01 Z-50；　车削长度为 50 mm 的外圆

其中：X、Z（U、W）用以指令终点绝对（相对）坐标，单位符号为 mm；F 为刀具移动的速度，即切削进给速度；模态指令。

3. 圆弧插补 G02/G03

圆弧插补指令使刀具指定平面内从当前位置沿圆弧轨迹移动至圆弧终点。移动的速度由进给速度 F 指令指定。图 10.9 为圆弧插补示例。

G02：顺时针圆弧插补；G03：逆时针圆弧插补。

编程格式 1：终点 + 圆心。

G02 X26 Z-31 I20 K-3 F0.4

G02 U　W　I　K　F

G03 X　Z　I　K　F

G03 U　W　I　K　F

其中：X、Y、U、W 为圆弧的终点位置的绝对坐标值或增量坐标值；I 表示圆心点相对起点在 X 轴上的增量坐标；J 表示圆心点相对起点在 Y 轴上的增量坐标；K 表示圆心点相对起点在 Z 轴上的增量坐标；F 为刀具移动的速度，即切削进给速度；模态指令。

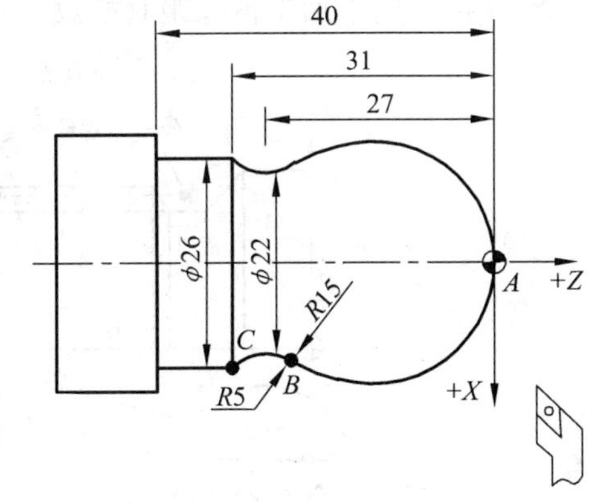

图 10.9　圆弧插补示例

编程格式 2：终点 + 半径。

G02 X　Z　R　F

G02 U　W　R　F

G03 X　Z　R　F

G03 U　W　R　F

其中：X、Y（U、W）为圆弧的终点位置的绝对坐标值或增量坐标值；R 为圆弧的半径；F 为刀具移动的速度，即切削进给速度。

注意：采用终点 + 圆心编程 I、J 表示圆心点相对起点在 X、Z 轴上的增量坐标，如果 X、Z 省略（起点和终点重合），表示整圆；采用终点 + 半径编程不能指定等于或大于 180° 的圆弧，如果 X、Z 省略（起点和终点重合），且用半径 R 编程时，表示 0° 的圆弧。

G02、G03 顺、逆时针方向的确定：从与 ZX 平面垂直的 Y 轴反方向观察定义，也就是说从假想第三轴的正方向往负方向看，刀尖走过的圆弧是顺时针的，就是 G02，逆时针的就为 G03。

对于经济型数控车床来讲，其实是从 *Y* 轴的负方向往正方向看，与规定相反，所以在这样的坐标系中，看到的顺时针则为 G03，逆时针则为 G02。

4. 暂停 G04

G04 为进给暂停指令，该指令的功能是使刀具作短暂的无进给加工（主轴仍然在转动），经过指令的暂停时间后再继续执行下一程序段，以获得平整而光滑的表面。

编程格式：

G04 P1500

G04 X1.5

G04 U1.5

地址 P、X、U 用以指令暂停时间，其中 P 的单位为毫秒（ms），X、U 的单位为秒（s）；非模态指令。

5. 恒螺距螺纹加工 G32（单行程螺纹切削）

该指令用于加工恒螺距直螺纹、锥螺纹、端面螺纹和多头螺纹，如图 10.10 所示。

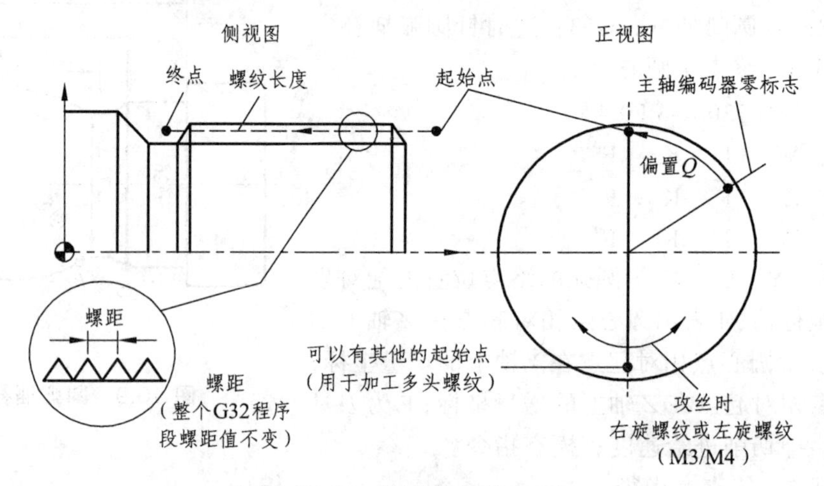

图 10.10 恒螺距螺纹加工

编程格式：

G32 X Z F Q；绝对尺寸输入

G32 U W F Q；增量尺寸输入

其中：X、Z、U、W 为螺纹终点绝对或增量坐标值，每一刀需指定；X 省略时为圆柱螺纹切削；Z 省略时为端面螺纹切削；X、Z 均不省略时为锥螺纹切削；F 为螺纹导程（螺距），单位符号为 mm/r；Q 为起始点偏移量，用于多头螺纹加工，单线为 Q0，可省略。

Q 表示各个螺纹在轴上的偏移角度，增量为 0.001°，不能带小数点。如相位角为 180°，指定 Q180000，为非模态指令。

实例：单线螺纹加工实例如图 10.11 所示，螺距 $L=3.5$ mm，螺纹高度 $h=2$ mm，主轴

转速 $N = 500\ \text{r/min}$ ，$\delta_1 = 2\ \text{mm}$、$\delta_2 = 1\ \text{mm}$ ，分两次车削，每次车削深度为 1 mm。

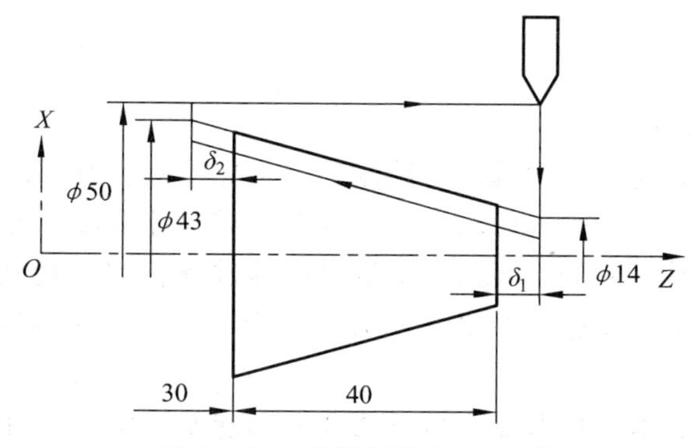

图 10.11　单线螺纹加工实例

加工程序如下：

G50 X50 Z70;　　　　设置原点在左端面
S500 T0202 M08 M03;　指定主轴转速为 500 r/min，调螺纹车刀
G00 X12 Z72;　　　　快速走到螺纹车削始点（X12，Z72）
G32 X41 Z29 F3.5;　　螺纹车削
G00 X50;　　　　　　沿 X 轴方向快速退回
Z72;　　　　　　　　沿 Z 轴方向快速退回
X10;　　　　　　　　快速走到第二次螺纹车削起始点
G32 X39 Z29;　　　　第二次螺纹车削
G00 X50;　　　　　　沿 X 轴方向快速退回
G30 U0 W0 M09;　　　回参考点
M30;　　　　　　　　程序结束

车多头螺纹简述如下：

有一条螺旋线的螺纹，称为单头螺纹。有两条以上螺旋线的螺纹，称为多头螺纹。

加工方法：加工第二条螺旋线时，保证其起点与第一条螺旋线的起点在 Z 方向相差一个螺距就行。

周向起始点偏移法：编程时，几条螺纹线起始点在同一 Z 值坐标开始切削，利用 Q 设定周向错位 $360°/n$ 进行车削，此时 Q 增量为 0.001°，不能带小数点。如相位角为 180°，指定 Q180000。

轴向起始点偏移法：编程时，几条螺纹线起始点 Z 值错开一个螺距进行加工，几条螺纹线采用相同的 Q 值。

加工双头螺纹示例（起始角度为 0° 和 180°）：

G00 X40.0 Z1;
G32 W-38.0 F4.0 Q0;　车第一条螺纹
G00 X72.0;
　　W38.0;
　　X40.0;

G32 W-38.0 F4 Q180000； 车第二条螺纹

G00 X72.0；

W38；

关于 G32 的几个说明：

（1）G32 加工螺纹，每切一刀都需要给定终点坐标，然后退刀，再重新切削第二刀、第三刀……，车刀的切入、切出、返回均需编入程序，需要计算每一次切削的背吃刀量、起点和终点坐标及退刀路，编程麻烦；每刀切削量可以通过查表 10.3 得到。

（2）右旋螺纹和左旋螺纹通过 G32 进给方向确定，自左向右车削为右旋螺纹，自右向左车削为左旋螺纹。

（3）车多头螺纹时，有周向起始点偏移法和轴向起始点偏移法两种方法。

（4）Q：起始点偏移量。Q 为非模态指令，用于多头螺纹加工，单线为 Q0，可省略，增量为 0.001°，不能带小数点。如相位角为 180°，指定 Q180000。

（5）为避免伺服系统在螺纹切削起点和终点产生螺距误差，螺纹切削需增加导入和导出量。

（6）加工锥度和端面螺纹时，必须取消恒线速度切削，圆周螺纹车削可采用恒线速度切削。

表 10.3 常用螺纹切削的进给次数与背吃刀量 mm

螺距		1.0	1.5	2.0	2.5	3.0	3.5	4.0
牙深		0.649	0.974	1.299	1.624	1.949	2.273	2.598
背吃刀量及切削次数	1 次	0.7	0.8	0.9	1.0	1.2	1.5	1.5
	2 次	0.4	0.6	0.6	0.7	0.7	0.7	0.8
	3 次	0.2	0.4	0.6	0.6	0.6	0.6	0.6
	4 次		0.16	0.4	0.4	0.4	0.6	0.6
	5 次			0.1	0.4	0.4	0.4	0.4
	6 次				0.15	0.4	0.4	0.4
	7 次					0.2	0.2	0.4
	8 次						0.15	0.3
	9 次							0.2

6. 进给运动与进给速度单位 G99/G98

G99：每转进给模式，F 的单位符号为 mm/r；G98：每分钟进给模式，F 的单位符号为 mm/min。系统缺省模式为 G99。

G01 X Z F ；F 的单位符号为 mm/r（缺省）

G98 ；设定每分钟进给模式

G01 X Z F ；F 的单位符号为 mm/min

G99 ；设定每转进给模式

G01 X Z F ；F 的单位符号为 mm/r

7. 主轴运动指令

主轴转速 S 及旋转方向如下：

S：主轴转速，单位符号为 r/min。

M3：主轴正转。

M4：主轴反转。

M5：主轴停。

示例：

N10 S280 M3；主轴以 280 r/min 正转

…

N80 S450…；　改变转速

…

N180 M5；　　主轴停止

8. 恒线速度加工

G96：恒线速度加工（与 G50 结合使用）；G97：恒转速加工。

编程格式：

G96 S

G50 S

G96 中 S 后的数字表示恒定切削线速度，单位符号为 m/min；G50 中 S 后的数字表示主轴最高转速限值（为防止主轴转速过高而发生危险）。

取消恒线速度加工：

G97 S

S 后的数字表示主轴转速，单位符号为 r/min。

注意：G96 恒切削线速度设置时应该在加工表面附近设置。

六、刀具与刀具补偿

1. 刀具补偿基本原理

刀具补偿（又称偏置），在编制加工程序时，可以按零件实际轮廓编程，加工前测量实际的刀具半径、长度等，作为刀具补偿参数输入数控系统，可以加工出合乎尺寸要求的零件轮廓，如图 10.12 所示。

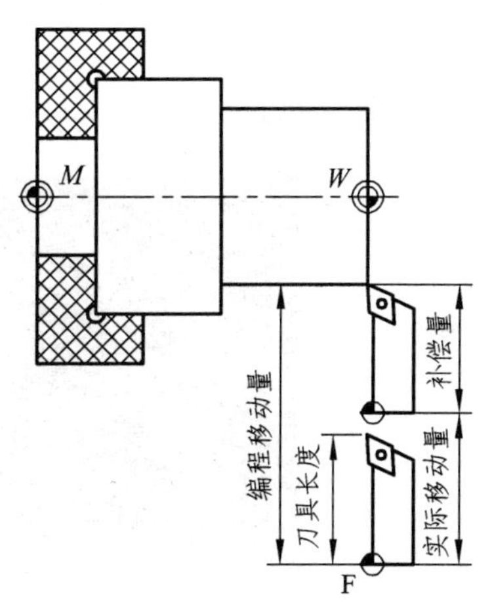

图 10.12　刀具补偿

刀具长度补偿：通过选择带刀具补偿号的刀具实现，即长度补偿自动建立。如执行指令 T0202 时，2 号刀的长度补偿自动建立。

刀具半径补偿：在补偿寄存器中填入刀尖圆弧半径进行刀具半径补偿，如图 10.13 所示。

原因：消除理论轨迹和实际加工轨迹的误差。

原理：变刀尖轨迹为刀尖圆弧中心轨迹。

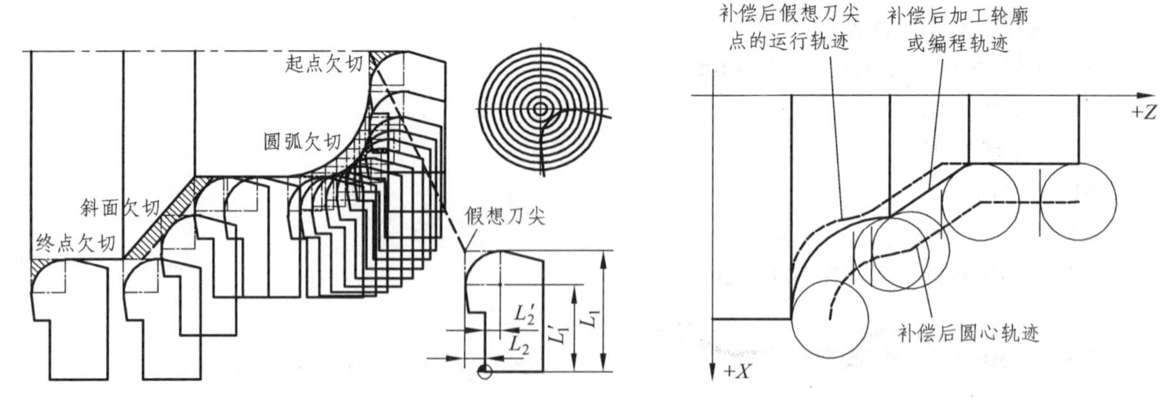

图 10.13 刀具半径补偿

2. 刀具选择与刀偏号

刀具选择：T□□××

如：T0101

其中：□□表示刀具号；××表示刀偏号。

T 后面用四位数字，前两位是刀具号，后两位是刀具补偿寄存器地址号，即长度补偿号和磨损补偿号，又是刀尖圆弧半径补偿号。

例：T0303 表示选用 3 号刀及 3 号刀具长度补偿值和刀尖圆弧半径补偿值；T0300 表示取消 3 号刀具补偿。

3. 刀具补偿寄存器

补偿寄存器类型：包括基本形状和磨损两个分量，最终补偿按照两者之和进行。

补偿寄存器内容：刀具长度基本尺寸和磨损量；刀尖圆角半径基本尺寸和磨损量。

刀具磨损补偿寄存器的作用：

（1）刀具磨损后加入磨损量，进行刀具磨损误差补偿；

（2）首件加工时，填入对刀误差，进行对刀误差补偿。

注意事项：

（1）对刀时的刀具长度补偿（偏置）值输入至形状补偿寄存器，如图 10.14 所示。

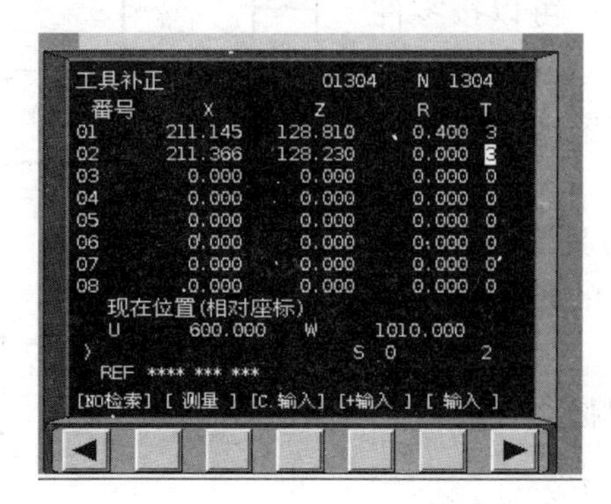

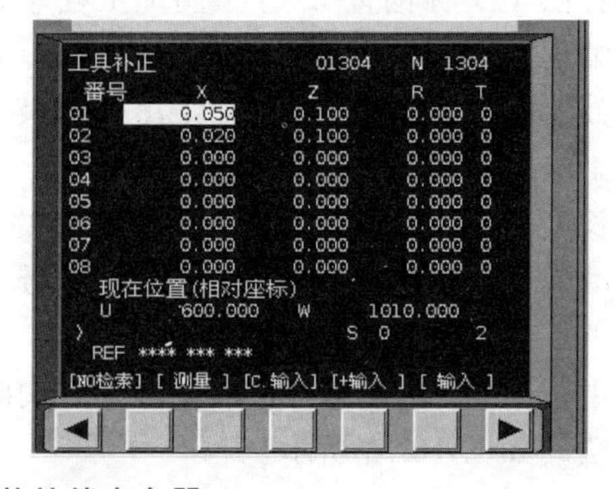

图 10.14 形状补偿寄存器

（2）进行刀具半径补偿时需填入刀尖位置参数，如图 10.15 所示。

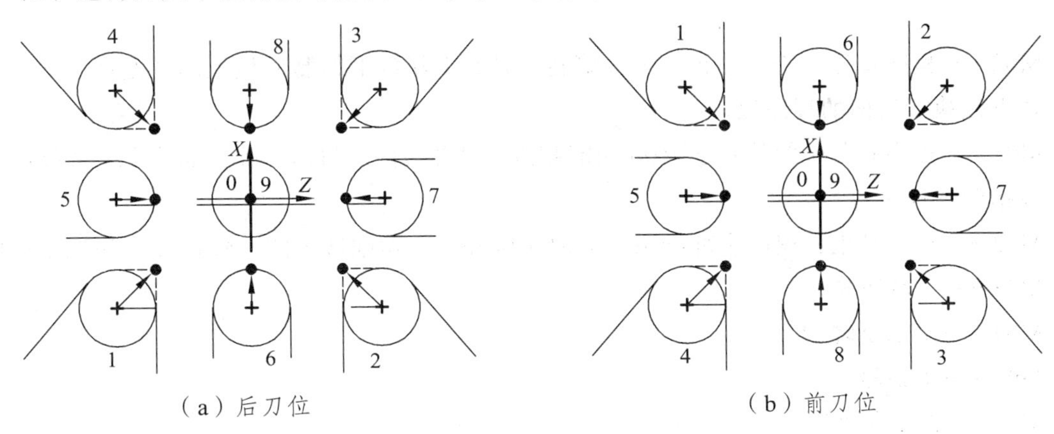

（a）后刀位　　　　（b）前刀位

图 10.15　刀尖位置参数

4. 刀具半径补偿 G41/G42/G40

G41/G42：建立刀具半径补偿，如图 10.16 所示。G41 为左刀补，即沿进给前进方向观察，刀具处于工件轮廓的左边；G42 为右刀补，即沿进给前进方向观察，刀具处于工件轮廓的右边。G40：取消刀具半径补偿。

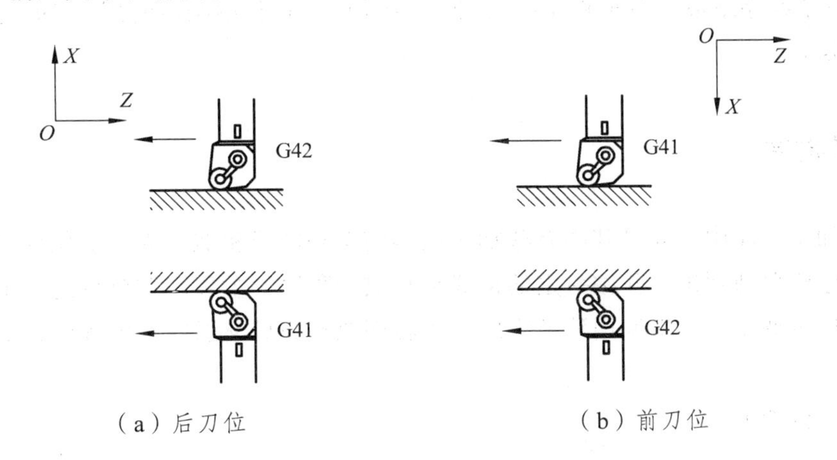

（a）后刀位　　　　（b）前刀位

图 10.16　刀具半径补偿 G41/G42

注意：

（1）进给方向一致时，外圆和内孔切削左、右刀补指令相反；进给方向相反时，左、右刀补指令相反。

（2）执行 G41/G42/G40 指令时，刀具会在 X、Z 向移动一个半径值，所以编程时注意刀具与工件不能发生碰撞，即避免在连续轨迹切削过程中建立或取消刀补。

（3）G41/G42 为模态指令，一经建立就一直有效，直到被 G40 取消。

（4）只有在线性插补（G0，G1）时才可以进行 G41/G42 和 G40 的选择，圆弧插补 G02/G03 或其他插补指令时不能进行 G41/G42 和 G40 的选择。

七、辅助功能指令

M00——程序暂停：进给停止，主轴停转，只有重新按下控制面板上的“循环启动按钮”后，才继续执行后面的程序段。

M01——程序有条件暂停：与 M00 功能相近，但必须按下机床操作面板上的“选择停止”按钮该指令才被执行。

M02——程序结束：程序全部结束。此时主轴停转，切削液关闭，数控装置和机床复位。

M03——主轴正转。

M04——主轴反转。

M05——主轴停。

M07——2 号冷却开。

M08——1 号冷却开。

M09——冷却关。

M30——主程序结束：M30 程序结束，并关闭主轴、冷却液等，程序回到开头，为加工下一个工件做好准备。

M98——子程序调用（在主程序中）。

M99——子程序结束（在子程序中）；另一个功能：在程序结束时用 M99 代替 M30，则该程序循环执行。

八、子程序

在一个加工程序中，如果其中有些加工内容完全相同或相似，为了简化程序，可以把这些重复的程序段单独列出，并按一定的格式编写成子程序。主程序在执行过程中如果需要某一子程序，通过调用指令来调用该子程序，子程序执行完后又返回到主程序，继续执行后面的程序段。

子程序结构如下：

O1001;

G0 W-5;

G1 U-8 F0.1;

G4 P5;

G0 U8;

M99;

M98 P OOO OOOO;

子程序重复调用次数　子程序号

当不指定重复次数时，子程序只调用一次。

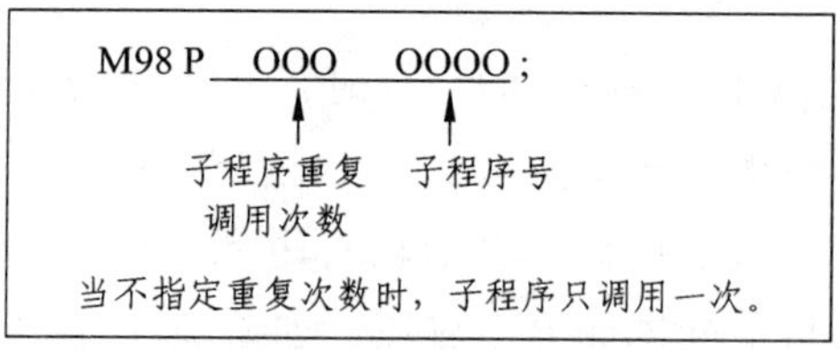

图 10.17　子程序调用 M98

子程序调用 M98，如图 10.17 所示。

M98 P41001;　　调用 O1001 子程序 4 次

子程序嵌套：让子程序调用另一个子程序，这种程序的结构称为子程序嵌套，最多嵌套 4 级，如图 10.18 所示。

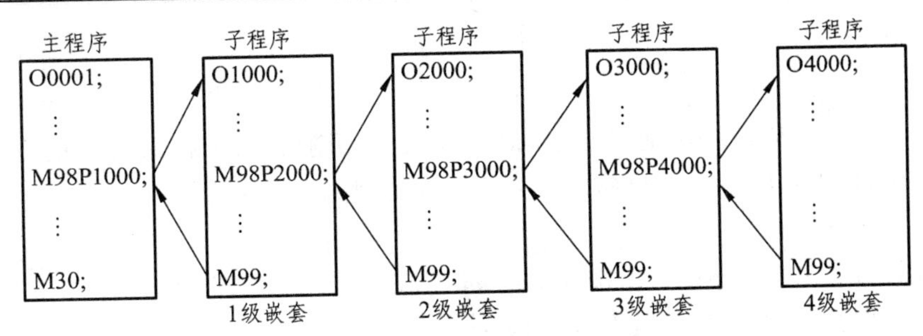

图 10.18　子程序嵌套

九、固定循环

固定循环，预先设定的一些操作命令，根据这些操作命令使机床坐标轴运动，主轴工作，从而完成固定的加工动作。固定循环分单一固定循环和复合固定循环。

1. 单一固定循环

单一固定循环，是指一系列连续加工动作，如“切入→切削→退刀→返回”，用一个循环指令完成，以简化程序。每调用一次循环，只执行一次“切入→切削→退刀→返回”动作，如图 10.19 所示。

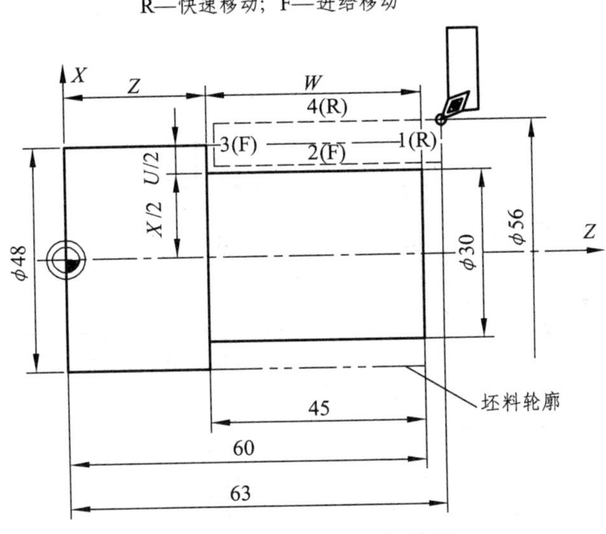

图 10.19　单一固定循环

单一固定循环包括纵向单一切削循环（外径/内径切削固定循环，G90）、螺纹单一切削循环（G92）、横向单一切削循环（端面切削固定循环，G94）。

（1）纵向单一切削循环 G90。

指令功能：纵向单一切削循环又称外圆单一车削循环，轴向进行内、外圆柱面和锥面切削循环。

编程格式：

G90 X　Z　R　F

G90 U　W　R　F

其中：X、Z、U、W 表示切削终点坐标值；R 值为切削起点半径减去切削终点半径之差，有正负之分，圆柱切削 R 为零，可省略；F 表示进给速度。

指令特点：

① 每调用一次 G90，进行一次车削，自动完成“切入→切削→退刀→返回”，刀尖返回引刀点（即不需单独编制进刀、退刀程序段）。

② R 值为切削起点半径减去切削终点半径之差，有正负之分，圆柱切削 R 为零，可省略。

③ 循环指令中各参数均为模态值，再次循环时只需按车削深度改变径向 *X* 坐标值。

编程示例：锥面车削，背吃刀量 2 mm，精车余量 0.2 mm，如图 10.20 所示。

G00　X60　Z63；

G90 X58 Z15.2 R-7.436 F0.2；

X54；

X50；

X46；

X42；

X38；

X34；

X30.4；

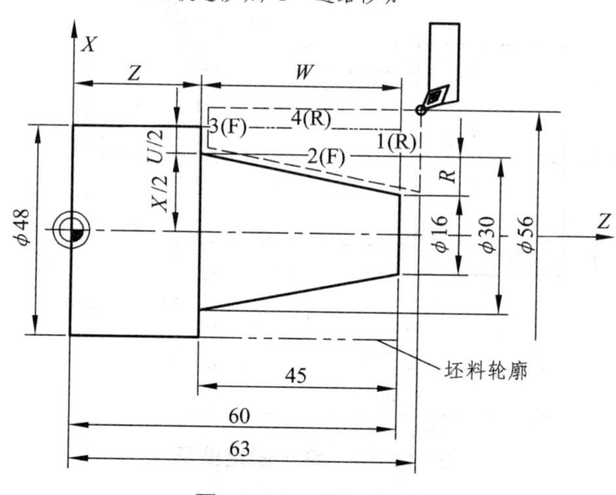

图 10.20　锥面车削

注意：

① 先建立引刀点，尽量设置在毛坯外部附近，以减少空行程；

② 须根据毛坯尺寸和精车余量计算第一刀终点坐标（*X*、*Z* 值）；

③ 指令运行结束后，刀具返回至引导点；

④ 参数均为模态值，再次循环时只需按车削深度改变径向 *X* 坐标值；

⑤ 不同的循环起点需要仔细计算 R 值以获得精确的锥度，对于圆锥面内（外）径切削循环，切削循环的循环起点的位置和锥面的终点决定着切削后的锥度大小。因此，对于不同的循环起点，需要仔细计算 R 值以获得精确的锥度，如图 10.21 所示。

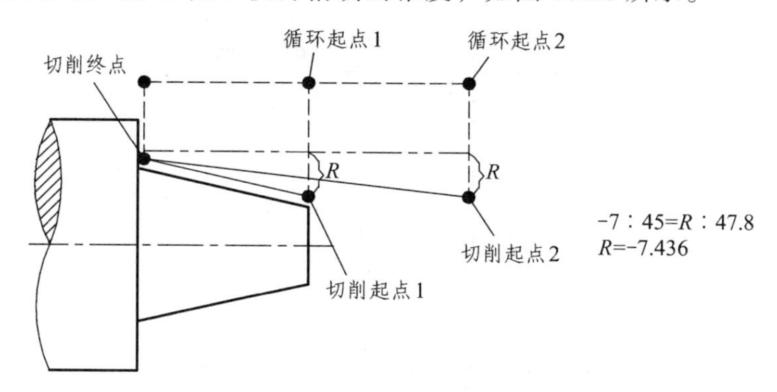

图 10.21　R 值

（2）螺纹单一切削循环 G92。

指令功能：进行恒螺距圆柱和圆锥螺纹切削，可以理解为 G32 和 G90 的结合，如图 10.22 所示。

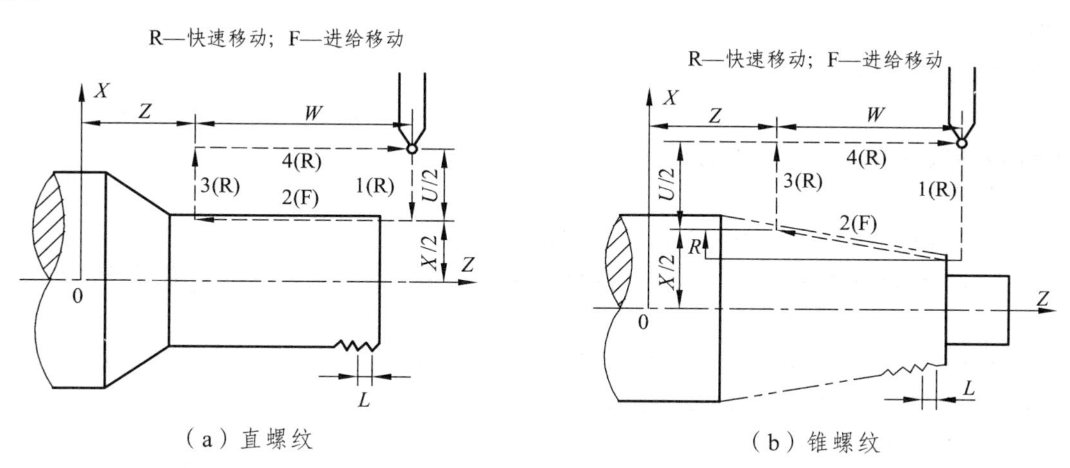

图 10.22　螺纹单一切削循环

编程格式：

G92 X　Z　R　F

G92 U　W　R　F

指令参数含义和走刀路线与 G90 一致，仅 F 变为螺距。

注意：

① R 有正负之分。

② R 值与螺纹起刀点和终止点有关，需仔细计算，否则锥度不符。

③ 螺纹收尾处有接近 45° 的螺纹收尾。

（3）横向单一切削循环 G94。

指令功能：横向单一切削循环又称端面切削固定循环，从切削点开始，轴向（Z 轴）进刀、径向（*X* 轴或 *X*、*Z* 轴同时）切削，实现端面或锥面切削循环，指令的起点和终点相同，如图 10.23 所示。

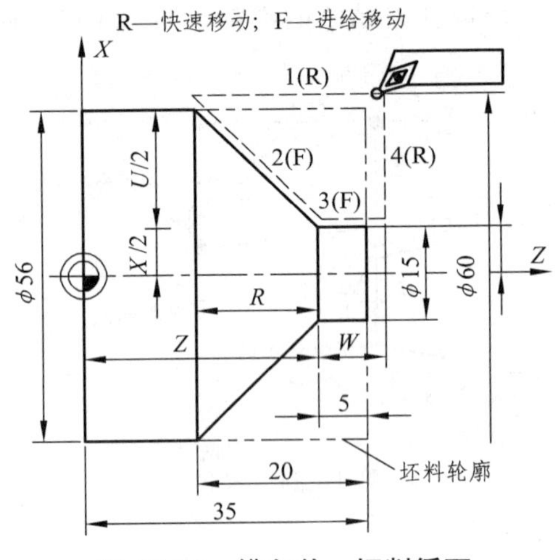

图 10.23 横向单一切削循环

编程格式：

G94 X　Z　R　F

G94 U　W　R　F

其中：X、Z、U、W 为切削终点绝对坐标或增量坐标；R 为切削起点与切削终点 *Z* 轴绝对坐标的差值，有正负之分；F 为进给速度。

指令特点：

① G94 为端面车削，走刀路线从外向内；

② *R* 值为切削起点 *Z* 坐标值减去切削终点 *Z* 坐标值，有正负之分，平端面切削 *R* 为零，可省略；

③ 循环指令中各参数均为模态值，再次循环时只需按车削深度改变 *Z* 坐标值。

编程示例：锥面车削，背吃刀量 2 mm，精车余量 0.2 mm。

```
G00  X60  Z50;
G94  X15.4  Z48  R-15  F0.2;
Z46;
Z44;
Z42;
…
Z30.2;
```

注意：

① 先建立引刀点，尽量设置在毛坯外部附近，以减少空行程；

② 须根据毛坯尺寸和精车余量计算第一刀终点坐标（*X*、*Z* 值）；

③ 指令运行结束后，刀具返回至引刀点；

④ 参数均为模态值，再次循环时只需按车削深度改变径向 *Z* 坐标值；

⑤ 不同的循环起点需要仔细计算 R 值以获得精确的锥度。

2. 复合固定循环

利用复合固定循环功能，编程时只需按照图纸尺寸给出最终精加工路线、精加工余量、循环次数等信息，系统会自动计算出粗加工路线和加工次数，重复加工直至完毕，因此编程效率更高，可以加工形状较复杂的零件。

复合固定循环包括精车循环 G70、纵向粗车复合循环 G71、横向粗车复合循环 G72、仿形粗车复合循环 G73、端面复合切槽或钻孔循环 G74、内外径复合切槽或钻孔循环 G75、螺纹车削复合循环 G76。

（1）纵向粗车复合循环 G71（见图 10.24）。

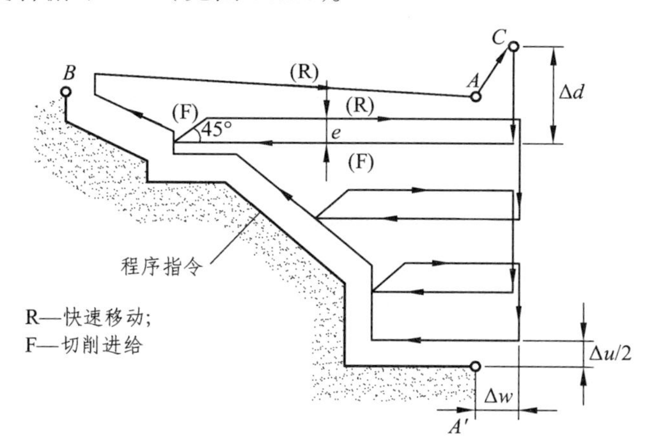

图 10.24　纵向粗车复合循环

编程格式：

G71 U（Δd）R（e）

G71 P（ns）Q（nf）U（Δu）W（Δw）F（f）S（s）T（t）

N（ns）…

…

N（nf）…

其中：Δd 为背吃刀量；e 为退刀量；ns 为精加工轮廓程序段中开始段的段号；nf 为精加工轮廓程序段中结束段的段号；Δu 为留给 *X* 轴方向的精加工余量（直径值，外圆为正，内孔为负）；Δw 为留给 *Z* 轴方向的精加工余量（向左为负，向右为正）；f、s、t 为粗车时的进给量、主轴转速及所用刀具，而精加工时处于 ns 到 nf 程序段之内的 F、S、T 有效。

指令特点：

① 采用复合固定循环需设置一个循环起点，刀具根据数控系统安排的路径一层一层按照直线插补形式分刀车削成阶梯形状，最后沿着粗车轮廓车削一刀，然后返回到循环起点完成粗车循环。

② 零件轮廓必须符合 *X*、*Z* 轴方向同时单调增大或单调减少，即不可有内凹的轮廓外形；精加工程序段中的第一指令只能用 G00 或 G01，且不可有 *Z* 轴方向移动指令（FANUC 和广数 980 不允许有内凹，华中数控允许有内凹）。

③ G71 指令后的第一行指令只能用 G00 或 G01，采用 G01 时，在当段中不能进行 *Z* 向进给。

④ G71 指令只是完成粗车程序，虽然程序中编制了精加工程序，目的只是为了定义零件轮廓，但并不执行精加工程序，只有执行 G70 时才完成精车程序。

编程示例（见图 10.25）：

```
o7101;
G54 M03 S1000 F0.3 T0101;
G0 X84 Z3;
G71 U6 R1;
G71 P90 Q170 U0.4 W0.2 F0.3;
N90 G0 X20;
G1 W-23 F0.15;
X40 W-20;
G3 X60 W-10 R10;
G1 W-20;
X80;
Z-90;
X84;
G0 X100 Z150;
T0202;
G0 X84 Z3;
G70 P90 Q170 F0.1;
X150 Z150;
M30;
```

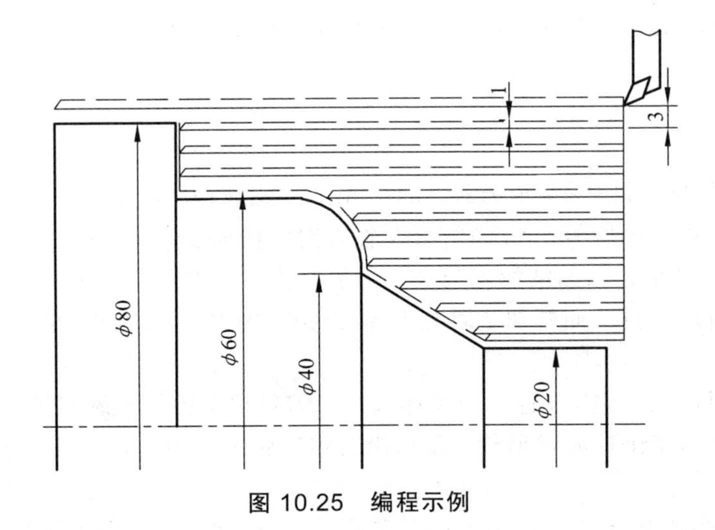

图 10.25 编程示例

编程示例（见图 10.26）：

```
O1304;
G54 S800 M03 M08 T0101;
G0 X23 Z1;
```

```
G71 U1 R1;
G71 P80 Q140 U1 W0.2 F0.2;
N80 G0 X9.8;
G1 Z0;
X9.8;
Z-18;
X11;
Z-52;
N140 X15 Z-70;
G70 P80 Q140;
G0 X150 Z300;
M30;
```

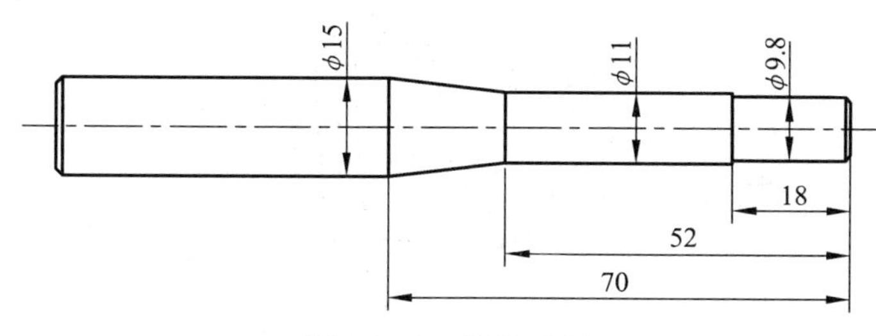

图 10.26　编程示例

指令特点：

① G71 后用零件最终尺寸编程，坐标计算简单，应用极广；

② FANUC 系统下 G71 指令中 X、Z 坐标只能递增或递减，不能加工凹结构；

③ G71 后需用 G70 指令进行精加工。

（2）横向粗车复合循环 G72（见图 10.27）。

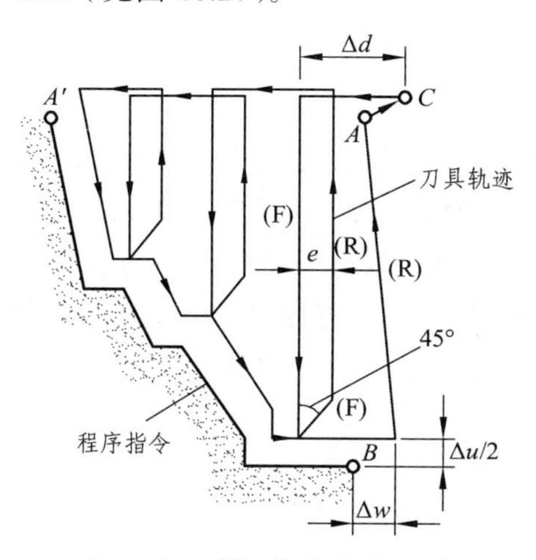

图 10.27　横向粗车复合循环

编程格式：

G72 W（Δd）R（e）

G72 P（ns）Q（nf）U（Δu）W（Δw）F（f）S（s）T（t）

N（ns）…

…

N（nf）…

其中：Δd 为背吃刀量；e 为退刀量；ns 为精加工轮廓程序段中开始段的段号；nf 为精加工轮廓程序段中结束段的段号；Δu 为留给 *X* 轴方向的精加工余量；Δw 为留给 *Z* 轴方向的精加工余量；f、s、t 为粗车时的进给量、主轴转速及所用刀具，而精加工时处于 ns 到 nf 程序段之内的 F、S、T 有效。

（3）仿形粗车复合循环 G73（见图 10.28）。

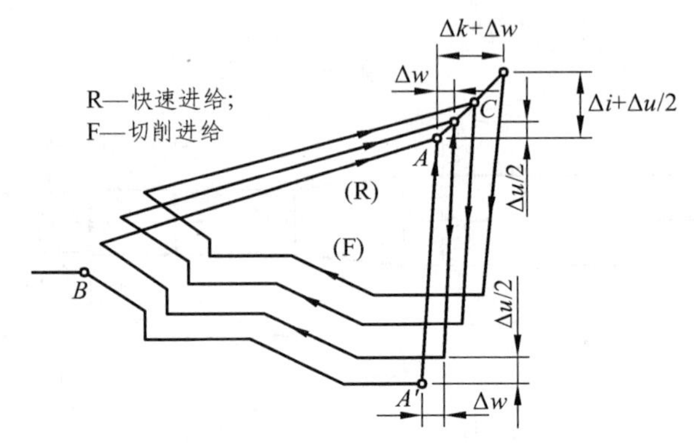

图 10.28 仿形粗车复合循环

编程格式：

G73 U（Δi）W（Δk）R（d）

G73 P（ns）Q（nf）U（Δu）W（Δw）F（f）S（s）T（t）

N（ns）…

…

N（nf）…

其中：Δi 为 *X* 轴粗车总切削量，即总退刀量，单位符号为 mm，半径值；Δk 为 *Z* 轴粗车总退刀量，单位符号为 mm；d 为重复加工的次数，如 R5 表示 5 次切削完成封闭切削循环；ns 为精车轨迹的第一个程序段的程序段号；nf 为精车轨迹的最后一个程序段的程序段号；Δu 为 *X* 轴的精加工余量，单位符号为 mm，直径值；Δw 为 *Z* 轴的精加工余量，单位符号为 mm；f、s、t 为粗车时的进给量、主轴转速及所用刀具。

（4）精车循环 G70。

编程格式：

G70 P（ns）Q（nf）

（5）内外径复合切槽或钻孔循环 G75。

指令功能：内外宽槽的复合加工、内外窄槽的断屑加工、内外深孔的断屑加工，如图 10.29 所示。

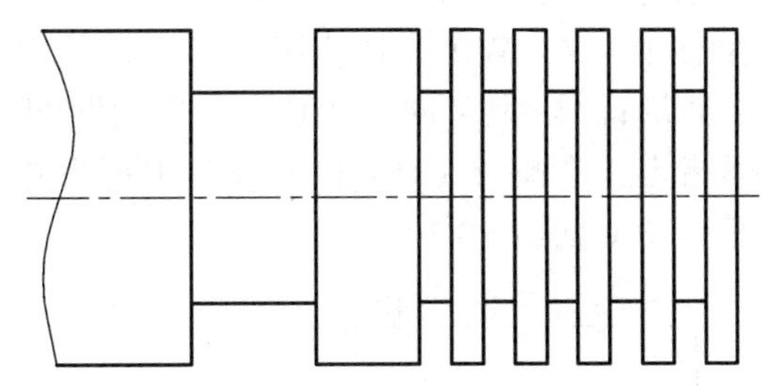

图 10.29　内外径复合切槽

编程格式：

G75 R（e）

G75 X（U）Z（W）P（Δi）Q（Δk）R（Δd）F（f）

其中：e 为每次沿 *X* 方向切削后的退刀量（模态值，该参数为半径值）；X（U）为切槽终点的 *X* 向绝对（增量）坐标值；Z（W）为切槽终点的 *Z* 向绝对（增量）坐标值；Δi 为 *X* 向每次切深，即间断切削长度（无正负，单位为微米，半径值，如 P2500 表示径向每次切入量为 2.5 mm）；Δk 为 *Z* 向间断切削长度，即切削移动量（无正负，单位为微米，偏移方向由系统根据刀具起点与终点坐标自动判断）；Δd 为切削到终点时 *Z* 方向的退刀量，通常不指定，省略 *X*（U）和Δi 时，则视为 0；f 为进给速度。

编程示例：

```
T0101;
G0 X34 Z-6;
G75 R0.2;
G75 X20 Z-30 P2000 Q6000 R0 F0.15;
G0 Z-52;
G75 R0.2;
G75 X20 Z-43 P2000 Q2500 R0 F0.15;
G0 X150 Z300;
M30;
```

指令特点：

① 程序段中的Δi、Δk 值，在 FANUC 系统中，不能输入小数点，而直接输入最小编程单位，如 P2500 表示径向每次切入量为 2.5 mm；

② 退刀量 e 值要小于每次切入量Δi；

③ 切宽槽时，*Z* 向每次的移动量应略小于切槽刀刀宽值，否则会出现切削不完全现象；

④ 循环起点 *X* 坐标应略大于毛坯外径，*Z* 坐标应与槽平齐（加上切槽刀的刀宽）。

（6）端面复合切槽或钻孔循环 G74。

指令功能：端面宽槽的复合加工、端面窄槽的断屑加工、端面深孔的断屑加工。

编程格式：

G74 R（e）

G75 X（U）Z（W）P（Δi）Q（Δk）R（Δd）F（f）

其中：e 为每次沿 *X* 方向切削后的退刀量（模态值，该参数为半径值）；X（U）为切槽

终点的 X 向绝对（增量）坐标值；Z（W）为切槽终点的 Z 向绝对（增量）坐标值；Δi 为 X 向间断切削长度，即切削移动量；Δk 为 Z 向每次切深，即间断切削长度；Δd 为切削到终点时 Z 方向的退刀量，通常不指定，省略 X（U）和Δi 时，则视为 0；f 为进给速度。

（7）螺纹车削复合循环 G76（见图 10.30）。

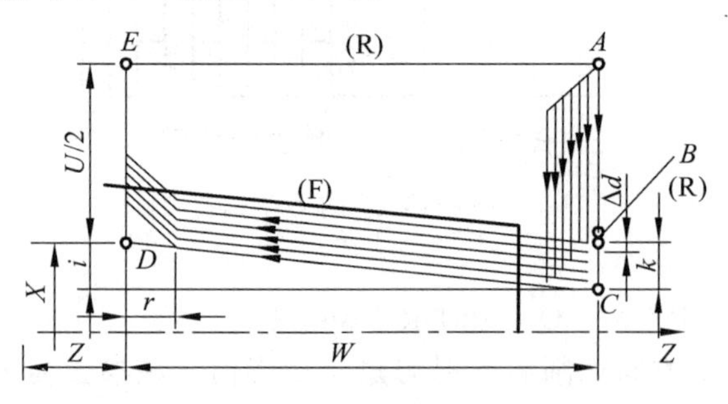

图 10.30 螺纹车削复合循环

编程格式：

G76 P（m）（r）（a）Q（Δdmin）R（d）

G76 X（U）Z（W）R（i）P（k）Q（Δd）F（L）

其中：m 表示精车重复次数，从 1 ~ 99；r 表示斜向退刀量单位数，或螺纹尾端倒角值，在 0.0f ~ 9.9L 内，以 0.1L 为一单位（即为 0.1 的整数倍），用 00 ~ 99 两位数字指定（其中 L 为螺距）；a 表示刀尖角度；从 80°、60°、55°、30°、29°、0° 六个角度选择；Δdmin 表示最小切削深度，当计算深度小于Δdmin，则取Δdmin 作为切削深度；d 表示精加工余量，用半径编程指定；X、Z、U、W 表示螺纹终点的坐标值；i 表示锥螺纹的半径差，若 i = 0，则为直螺纹；k 表示螺纹高度（X 方向半径值）；Δd 表示第一次粗切深（半径值）；L 为螺距。

编程示例（见图 10.31）：

```
T0101;
G0 X100 Z130;
G76 P021060 Q100 R0.05;
G76 X60.64 Z25 R0 P3680 Q300 F6;
G0 X100 Z150;
```

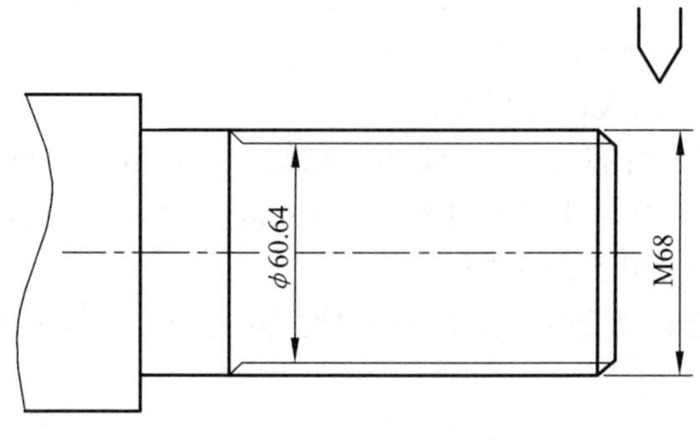

图 10.31 编程示例

指令特点：

① 不需要计算每一次切削量，由系统自动计算；

② 螺纹高度 k 等于螺纹大径减螺纹小径，可微调；

③ Δdmin 表示最小切削深度，当计算深度小于Δdmin，则取Δdmin 作为切削深度。

第三节　FANUC 数控车仿真系统操作

本书采用的是上海宇龙数控仿真系统，如图 10.32 所示。

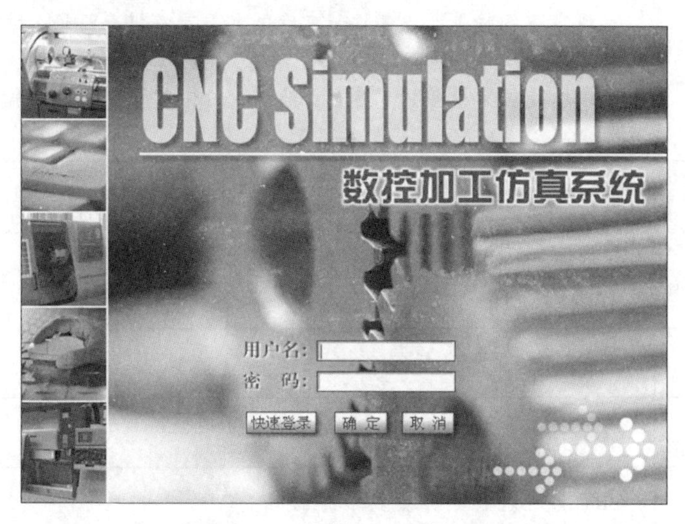

图 10.32　数控加工仿真系统

一、FANUC 0i MDI 键盘操作说明

1. MDI 键盘说明

图 10.33 所示为 FANUC 0i 系统的 MDI 键盘（右半部分）和 CRT 界面（左半部分）。MDI 键盘用于程序编辑、参数输入等功能。MDI 键盘上各个键的功能列于表 10.4 中。

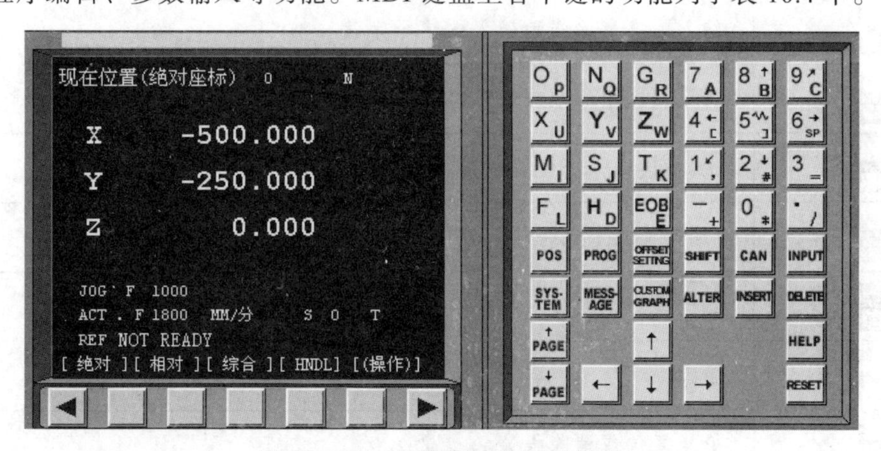

图 10.33　CRT 界面和 MDI 键盘

表 10.4 MDI 键盘上各个键的功能

MDI 软键	功 能
↑PAGE ↓PAGE	软键↑PAGE实现左侧 CRT 中显示内容的向上翻页；软键↓PAGE实现左侧 CRT 显示内容的向下翻页
↑ ← ↓ →	移动 CRT 中的光标位置。软键↑实现光标的向上移动；软键↓实现光标的向下移动；软键←实现光标的向左移动；软键→实现光标的向右移动
O P N Q G R X U Y V Z W M I S J T K F L H D EOB E	实现字符的输入，点击SHIFT键后再点击字符键，将输入右下角的字符。例如，点击O P将在 CRT 的光标所处位置输入“O”字符，点击软键SHIFT后再点击O P将在光标所处位置处输入“P”字符；软键中的“EOB”将输入“;”号表示换行结束
7 A 8 B 9 C 4 [5] 6 SP 1 , 2 # 3 = - + 0 * . /	实现字符的输入，例如，点击软键5将在光标所在位置输入“5”字符，点击软键SHIFT后再点击5将在光标所在位置处输入“]”
POS	在 CRT 中显示坐标值
PROG	CRT 将进入程序编辑和显示界面
OFFSET SETTING	CRT 将进入参数补偿显示界面
SYS-TEM	进入系统设置
MESS-AGE	显示报警信息
CUSTOM GRAPH	在自动运行状态下将数控显示切换至轨迹模式
SHIFT	输入字符切换键
CAN	输入状态删除当前输入的单个字符
INPUT	将数据域中的数据输入到光标区域
ALTER	（编辑模式下）字符替换
INSERT	（编辑模式下）将输入域中的内容输入到指定区域
DELETE	编辑模式下删除一段字符
HELP	帮助
RESET	机床复位或消除报警

2. FANUC 0i MATE 大连机床厂 CKA6136i 车床面板操作

图 10.34 所示为 FANUC 0i MATE 大连机床厂 CKA6136i 车床面板，表 10.5 为面板按钮说明。

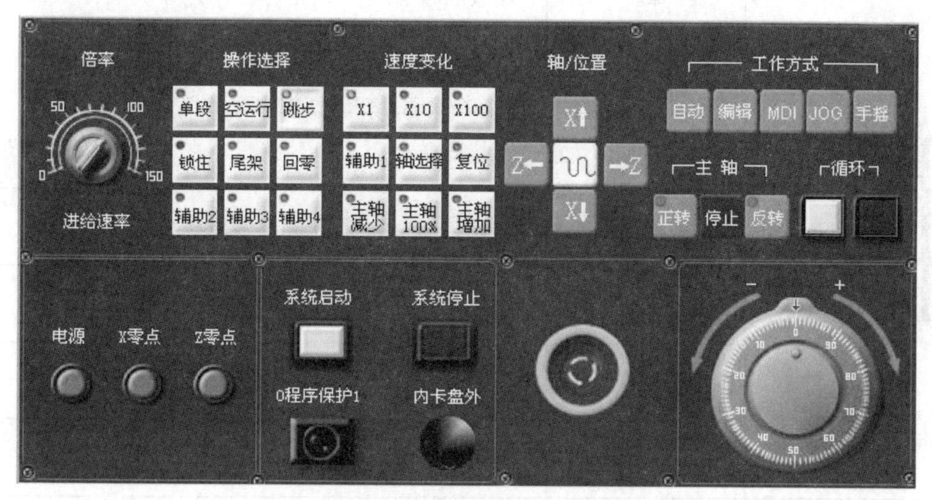

图 10.34　FANUC 0i MATE 大连机床厂 CKA6136i 车床面板

表 10.5　面板按钮说明

按　钮	名　称	功能说明
工作方式	自　动	模式选择旋钮指向该位置，系统进入自动加工模式
	编　辑	模式选择旋钮指向该位置，则系统进入程序编辑状态，用于直接通过操作面板输入数控程序和编辑程序
	MDI	模式选择旋钮指向该位置，系统进入 MDI 模式，手动输入并执行指令
	JOG	模式选择旋钮指向该位置，则系统进入手动模式，手动连续移动机床
	手　摇	模式选择旋钮指向该位置，则系统处于手轮/手动点动模式
	系统启动	按此按钮，系统总电源开
	系统停止	按此按钮，系统总电源关
	程序保护	暂不支持
	内卡盘外	暂不支持

续表

按　钮	名　称	功能说明
单段 空运行 跳步 锁住 尾架 回零 辅助2 辅助3 辅助4	单段	此按钮被按下后，运行程序时每次执行一条数控指令
	空运行	系统进入空运行模式
	跳步	此按钮被按下后，数控程序中的注释符号“/”有效
	锁住	按此按钮后，机床锁住无法移动
	尾架	暂不支持
	回零	按此按钮，系统进入回零模式
	辅助2 辅助3 辅助4	暂不支持
X1 X10 X100	点动/手摇倍率	按此按钮，可以选择点动/手摇步进倍率
辅助1		暂不支持
轴选择	轴选择	在手轮模式下，按此按钮可以选择进给的轴向
复位	复　位	按此按钮，可进行机床复位
主轴减少 主轴100% 主轴增加	主轴减少	主轴减速
	主轴 100%	按下此按钮后主轴转速恢复至 100%
	主轴增加	主轴升速
正转 停止 反转	正转	控制主轴正转
	停止	控制主轴停止转动
	反转	控制主轴反转
	系统启动	程序运行开始；系统处于“自动运行”或“MDI”位置时按下有效，其余模式下使用无效
	系统停止	程序运行暂停，在程序运行过程中，按下此按钮运行暂停。按“循环启动”恢复运行

续表

按 钮	名 称	功能说明
X↑	X 负方向按钮	手动方式下，点击该按钮主轴向 X 轴负方向移动
X↓	X 正方向按钮	手动方式下，点击该按钮主轴将向 X 正方向移动
Z←	Z 负方向按钮	手动方式下，点击该按钮主轴向 Z 轴负方向移动
→Z	Z 正方向按钮	手动方式下，点击该按钮主轴将向 Z 正方向移动
	快速按钮	点击按钮，系统进入手动快速模式
	手轮	将光标移至此旋钮上后，通过点击鼠标的左键或右键来转动手轮
进给速率	进给倍率	调节主轴运行时的进给速度倍率
	急停按钮	按下急停按钮，使机床移动立即停止，并且所有的输出如主轴的转动等都会关闭

二、实验一操作指导

实验步骤、对刀练习：选择机床→启动机床→机床回零→手动和手轮模式控制刀架的移动→MDI 启动主轴→手动控制（JOG、手轮）→装夹工件→装夹刀具→手动切削和工件测量→对刀练习（G54 对刀、刀具偏移对刀）。

（一）选择机床类型

打开菜单“机床/选择机床...”，在选择机床对话框中选择控制系统类型和相应的机床，并按确定按钮，此时界面如图 10.35 所示。

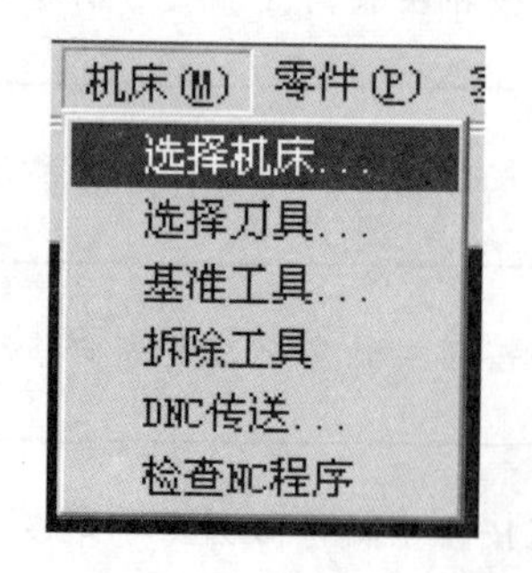

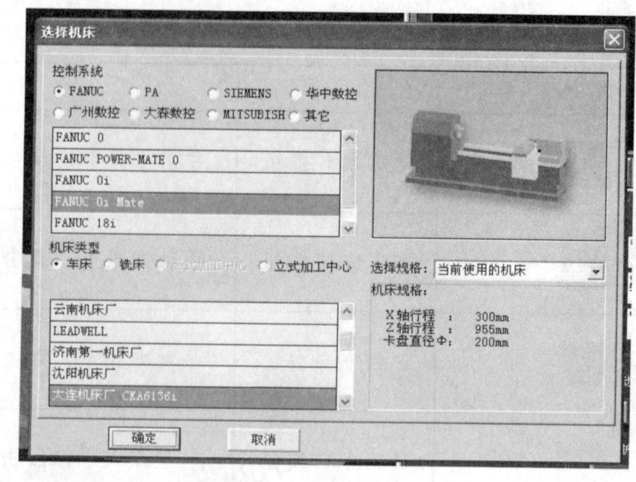

图 10.35 选择机床

如图 10.35 所示，选择大连机床厂 CKA6136i 数控车床。

（二）激活车床（开机）

点击“系统启动”按钮，系统总电源开。

检查“急停”按钮是否为松开状态，若未松开，点击“急停”按钮，将其松开。

（三）车床回参考点（回零）

（1）检查操作面板上的回零按钮回零指示灯是否点亮，若指示灯已亮，则已进入回零模式；否则点击按钮使系统进入回零模式。

（2）在回零模式下，先将 X 轴回原点，点击操作面板上的“X 正方向”按钮 X↓，此时 X 轴将回原点，CRT 上的 X 坐标变为“600.00”。同样，再点击“Z 正方向”按钮 →Z，Z 轴将回原点，CRT 上的 Z 坐标变为“1010.00”。

本仿真软件必须进行前述（1）、（2）、（3）步骤操作后，才能开始实现对机床的运动控制。

（四）手动和手轮模式控制刀架的移动

（1）点击 自动 编辑 MDI JOG 手摇 中的 JOG 按钮，机床进入手动操作模式，此时，分别点击中的对应按钮，控制机床的移动方向和坐标轴。点击按钮系统进入手动快速移动。此时应确认回零指示灯是否点亮，如亮则应该使其关闭，否则机床不能运动。

（2）点击 自动 编辑 MDI JOG 手摇 中的 手摇 按钮，切换至手轮控制模式，此时，鼠标对准手轮，点击左按钮或右按钮，精确控制机床的移动。分别点击 X1 X10 X100 中的对应按钮，可以实现对运动速度的快慢控制。点击按钮可实现 X、Z 轴控制的切换，该按钮上指示灯亮状态为控制 Z 轴移动，灯暗状态为控制 X 轴移动。

（五）MDI 启动主轴并切换至手动控制

点击 PROG 按钮，再点击 自动 编辑 MDI JOG 手摇 中的 MDI 按钮，输入“；M03S1000;”，再点击 INSERT，CRT 如图 10.36 所示。

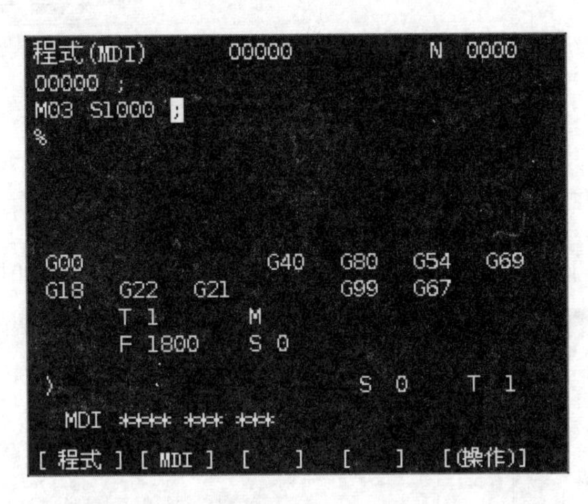

图 10.36　CRT 界面

再点击循环中的按钮，启动主轴（主轴正转，转速为 1 000 r/min）。

点击 自动 编辑 MDI JOG 手摇 中的 JOG 按钮，切换至主轴手动控制模式，此时，点击 正转 停止 反转 中的对应按钮，可以实现手动控制主轴的正、反转和停止。

（六）定义毛坯并装夹工件

打开菜单“零件/定义毛坯”或在工具条上选择“ ”，系统打开如图 10.37（a）所示的对话框。

打开菜单“零件/放置零件” 命令或者在工具条上选择图标，系统弹出如图 10.37（b）所示的操作对话框。

零件可以在卡盘上移动。毛坯放上工作台后，系统将自动弹出一个小按钮盘，如图 10.37（b）所示，通过按动小按钮盘上的方向按钮，可实现零件的平移和旋转或车床零件调头。小按钮盘上的“退出”按钮用于关闭小按钮盘。选择菜单“零件/移动零件”也可以打开小按钮盘。请在执行其他操作前关闭小按钮盘。

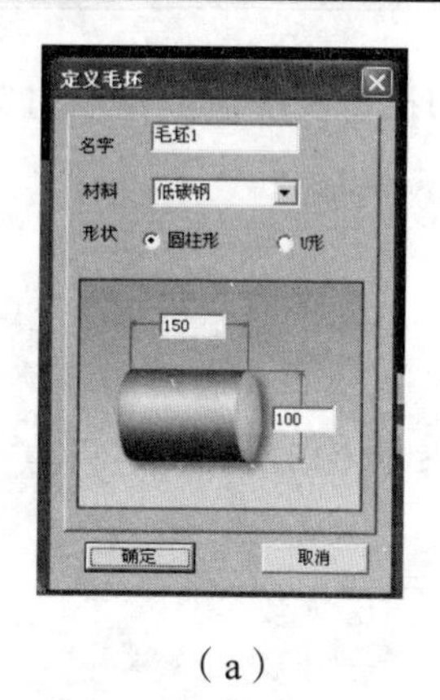

(a)

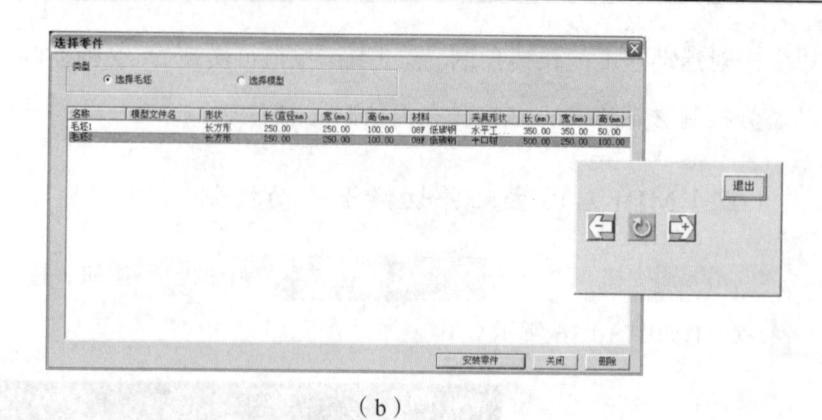

(b)

图 10.37 定义毛坯和选择零件

（七）定义刀具并装夹刀具

系统中数控车床允许同时安装 4 把刀具（前置刀架）。对话框如图 10.38 所示。

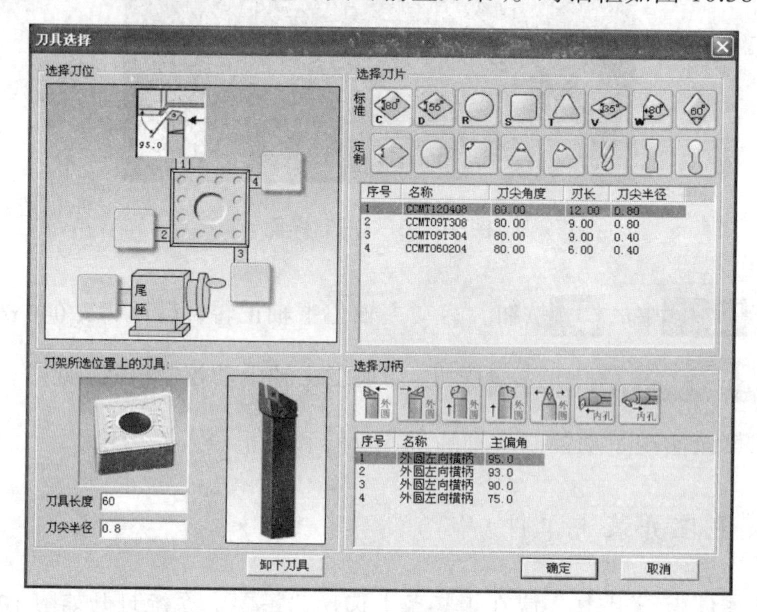

图 10.38 刀具选择

（1）在刀架图中点击所需的刀位。

（2）选择刀片类型。

（3）在刀片列表框中选择刀片。

（4）选择刀柄类型。

（5）确定，完成装刀。

（八）手动切削和工件尺寸测量

（1）点击 自动 编辑 MDI JOG 手摇 中的 JOG 按钮，机床进入手动操作模式，先后点击 和 Z←

快速移动刀具 Z 向逼近工件，再点击和快速移动刀具 X 向逼近工件，如图 10.39 所示。注意刀尖和工件应保证合适的安全距离。

图 10.39　逼近工件

（2）点击操作面板上的“主轴正转”按钮，启动主轴正转。再点击中的按钮，切换至手轮控制模式，点击按钮，使其指示灯处于亮起状态，再将鼠标对准手轮，点击左按钮或右按钮，控制刀架 X、Z 向移动，用按钮实现 X、Z 轴控制的切换（该按钮上指示灯亮状态为控制 Z 轴移动，灯暗状态为控制 X 轴移动）。对端面、外圆进行手动切削加工。

（3）点击操作面板上的“主轴停止”按钮，使主轴停止转动。点击软件下拉菜单测量——剖面图测量，弹出如图 10.40 所示的对话框，确定后弹出如图 10.41 所示的对话框，然后对已加工面进行尺寸测量。

图 10.40　剖面图测量

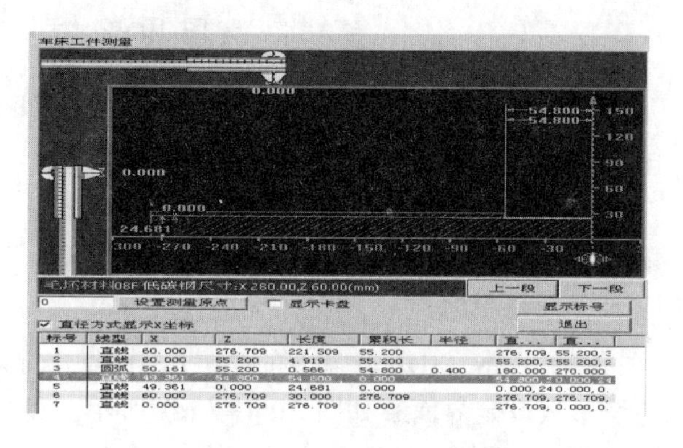

图 10.41　车床工件测量

（九）对刀练习

数控程序一般按工件坐标系编程，对刀的过程就是建立工件坐标系与机床坐标系之间关系的过程。下面具体说明车床对刀的方法。其中将工件右端面中心点设为工件坐标系原点。

原理：工件和刀具装夹完毕，驱动主轴旋转，移动刀架至工件试切一段外圆。然后保持

X坐标不变移动 Z 轴刀具离开工件，测量出该段外圆的直径。将其输入到相应的刀具参数中的刀长中，系统会自动用刀具当前 X 坐标减去试切出的那段外圆直径，即得到工件坐标系 X 原点的位置。再移动刀具试切工件一端端面，在相应刀具参数中的刀宽中输入 Z0，系统会自动将此时刀具的 Z 坐标减去刚才输入的数值，即得工件坐标系 Z 原点的位置。事实上，找工件原点在机械坐标系中的位置并不是求该点的实际位置，而是找刀尖点到达（0，0）时刀架的位置。在加工之前需要将所要用到的刀具全部都对好。

1. 方法 1：刀具偏移量法对刀

使用这种方法对刀，在程序中直接使用机床坐标系原点作为工件坐标系原点。

（1）切削外径：点击机床面板上的“JOG”按钮JOG，系统进入手动操作模式，点击控制面板上的X↓或X↑，使机床在 X 轴方向移动；同样点击控制面板上的→Z或Z←，使机床在 Z 轴方向移动。通过手动方式将机床移到如图 10.42 所示的大致位置。

图 10.42 手动方式移动机床

点击操作面板上的正转按钮，使其指示灯变亮，主轴转动。再点击“Z 负轴方向”按钮Z←，用所选刀具来试切工件外圆。然后按→Z按钮，X 方向保持不动，刀具退出。

（2）测量切削位置的直径：点击操作面板上的停止按钮，使主轴停止转动，点击菜单“测量/剖面图测量”，点击试切外圆时所切线段，选中的线段由红色变为黄色。记下测量之中对应的 X 的直径值 α 。

（3）点击 MDI 键盘上的OFFSET SETTING键，再点击显示屏下方的对应的菜单软键[形状]，进入形状补偿参数设定界面，如图 10.43（a）所示。将光标移到相应的 X 位置，输入 Xα，按菜单软键[测量]，系统自动按公式计算出 X 方向刀具偏移量并填入，如图 10.43（b）所示。注意：也可在对应位置处直接输入经计算或从显示屏得到的数值，按“输入”键设置。

注意图 10.43（a）所示的界面为形状界面，而非磨损界面。设置的是 1#刀偏置量。

（4）试切工件端面，保持 Z 轴方向不动，刀具退出。进入形状补偿参数设定界面，将光标移到相应的 Z 位置，输入 Z0（或当前端面在工件坐标系上的位置，如当前端面上有 1 mm 余量时，则输入 Z1），按[测量]软键，系统自动按公式计算出 Z 方向刀具偏移量并填入，如图 10.43（c）所示。

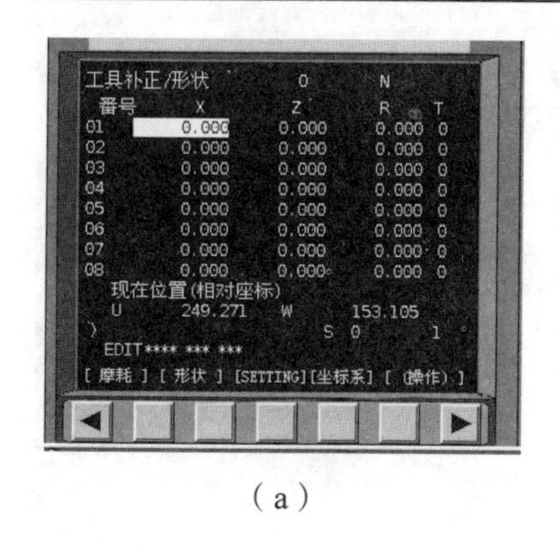

(a)

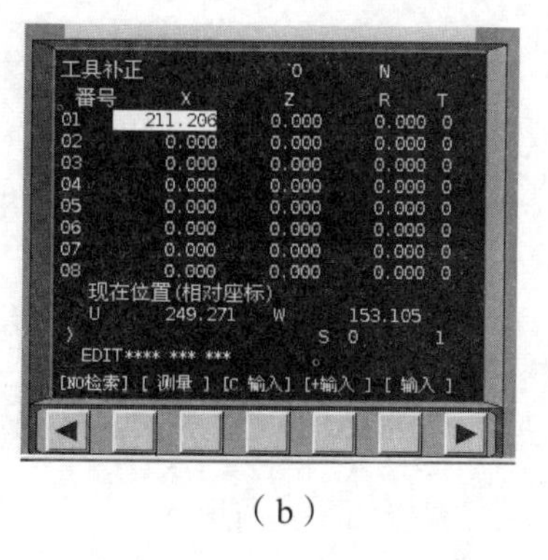

(b)

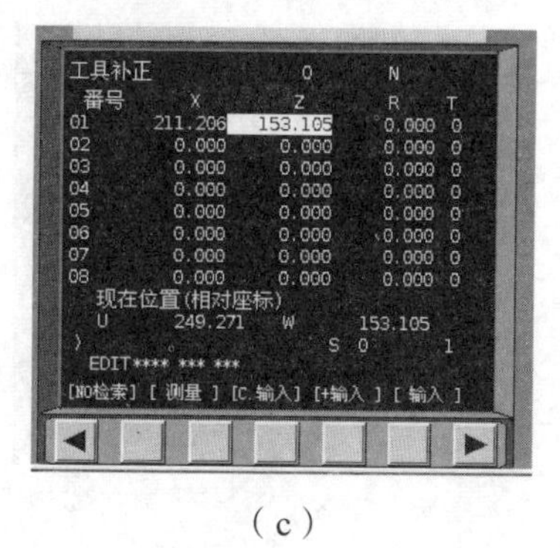

(c)

图 10.43　CRT 界面

注意：

① 上述 *X*、*Z* 对刀也可在对应位置处直接输入经计算或从显示屏得到的数值，按“输入”键设置。

② 上述方法设置的刀具偏移量在数控程序中用 T 代码调用，如 T0101。

③ 这种方式具有易懂、操作简单、编程与对刀可以完全分开进行等优点。同时，在各种组合设置方式中都会用到刀偏设置，因此在对刀中应用最为普遍。

2. 方法 2：G54 ~ G59 法对刀

测量工件原点，直接输入工件坐标系 G54 ~ G59。此对刀方法在程序中用对应的坐标系 G54 ~ G59 调用该工件坐标系。

（1）切削外径：点击机床面板上的“JOG”按钮 JOG，系统进入手动操作模式，点击操作面板上的 正转 按钮，使其指示灯变亮，主轴转动。再用所选刀具来试切工件外圆。然后按 →Z 按钮，加工一段后，*X* 方向保持不动，刀具 *Z* 向右退出。

（2）测量切削位置的直径：点击操作面板上的 停止 按钮，使主轴停止转动，点击菜单“测量/剖面图测量”，点击试切外圆时所切线段。记下对话框中对应的 *X* 的值 α。

（3）连续点击控制箱键盘上的 OFFSET SETTING 键，得到工件坐标系设定界面，如图 10.44（a）所示。

（4）把光标定位在需要设定的坐标系 G54 上，输入直径值 Xα，按菜单软键[测量]，系统自动计算出坐标值填入，结果如图 10.44（b）所示。

（5）切削端面：点击操作面板上的 正转 或 反转 按钮，使其指示灯变亮，主轴转动。调整刀尖位置，点击控制面板上的“*X* 轴负方向” X↑ 按钮，切削工件端面。然后按“*X* 轴正方向” X↓ 按钮，注意 *Z* 方向保持不动，刀具退出。

（6）点击操作面板上的“主轴停止”按钮 停止，使主轴停止转动。

（7）调出工件坐标系设定界面，把光标定位在需要设定的 G54 工件坐标系 Z 上。

（8）输入工件坐标系原点的距离（注意距离有正负号），一般为 Z0 或 Z1（同方法 1），按菜单软键[测量]，系统自动计算出坐标值填入，结果如图 10.44（c）所示。

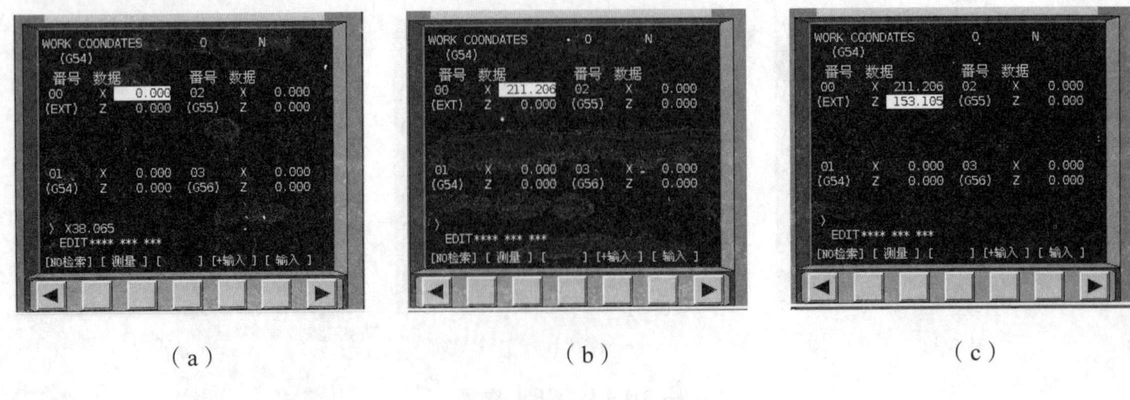

（a） （b） （c）

图 10.44 CRT 界面

注意：

① 运用 G54～G59 可以设定 6 个坐标系，这种坐标系是相对于参考点不变的，与刀具无关。这种方法适用于批量生产且工件在卡盘上有固定装夹位置的加工。

② 本方法把当前的 X 和 Z 轴坐标直接输入到 G54～G59 里，程序直接调用，如：G54 X50 Z50…

③ 可用 G53 指令清除 G54～G59 工件坐标系。

3. 设置偏置值完成多把刀具对刀

方法 1：选择一把刀为标准刀具，采用试切法或自动设置坐标系法完成对刀，把工件坐标系原点放入 G54～G59，然后通过设置偏置值完成其他刀具的对刀，下面介绍刀具偏置值的获取办法。

点击 MDI 键盘上 POS 键和[相对]软键，进入相对坐标显示界面，如图 10.45 所示。

选定的标准刀试切工件端面，将刀具当前的 Z 轴位置设为相对零点（设零前不得有 Z 轴位移）。

依次点击 MDI 键盘上的 W V、0 * 输入“W0”，按软键[预定]，则将 Z 轴当前坐标值设为相对坐标原点。

标准刀试切零件外圆，将刀具当前 X 轴的位置设为相对零点（设零前不得有 X 轴的位移）。

依次点击 MDI 键盘上的 U H、0 * 输入“U0”，按软键[预定]，则将 X 轴当前坐标值设为相对坐标原点。此时 CRT 界面如图 10.45（a）所示。

换刀后，移动刀具使刀尖分别与标准刀切削过的表面接触。接触时显示的相对值，即为该刀相对于标准刀的偏置值 ΔX、ΔZ（为保证刀准确移到工件的基准点上，可采用手动脉冲进给方式）。此时 CRT 界面如图 10.45（b）所示，所显示的值即为偏置值。

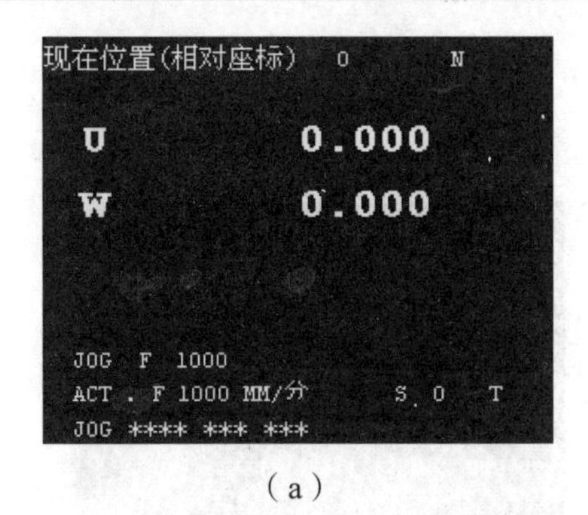

（a）

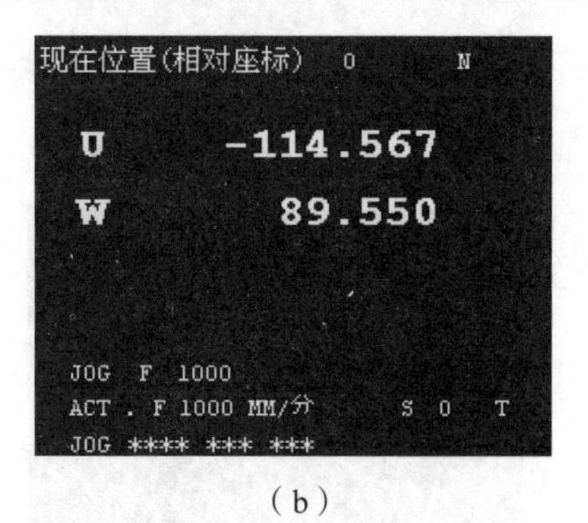

（b）

图 10.45　CRT 界面

将偏置值输入到磨耗参数补偿表或形状参数补偿表内。

注意：MDI 键盘上的SHIFT键用来切换字母键，如W/V键，直接按下输入的为“W”，按SHIFT键，再按W/V键，输入的为“V”。

方法 2：用方法 1 刀具偏移量法分别对每一把刀对刀，输入刀具偏移量。

三、实验二操作指导

实验步骤、程序编辑：进入编辑模式→新建程序→录入程序（手工录入、程序传输）→编辑程序→调用程序。

（一）机床位置界面介绍

点击POS进入坐标位置界面。点击菜单软键[绝对]、菜单软键[相对]、菜单软键[综合]，CRT 界面将对应相对坐标、绝对坐标和综合坐标，如图 10.46 所示。

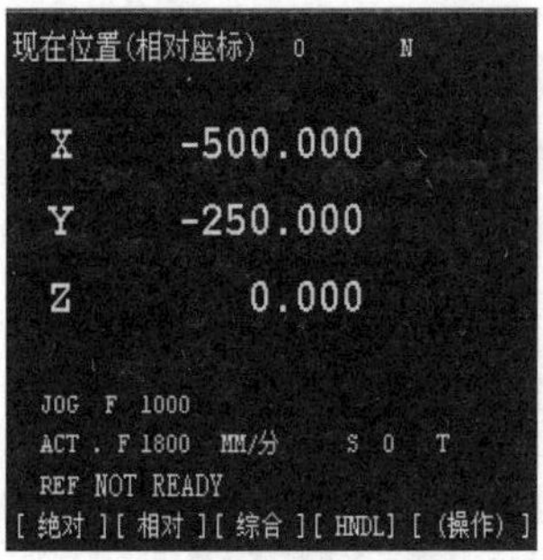

（a）相对坐标界面 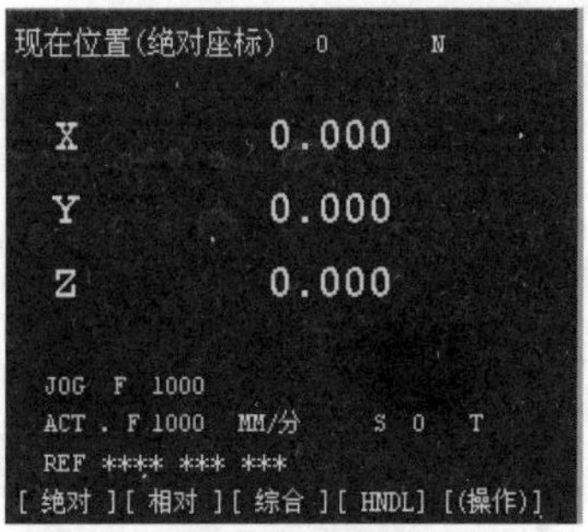　（b）绝对坐标界面 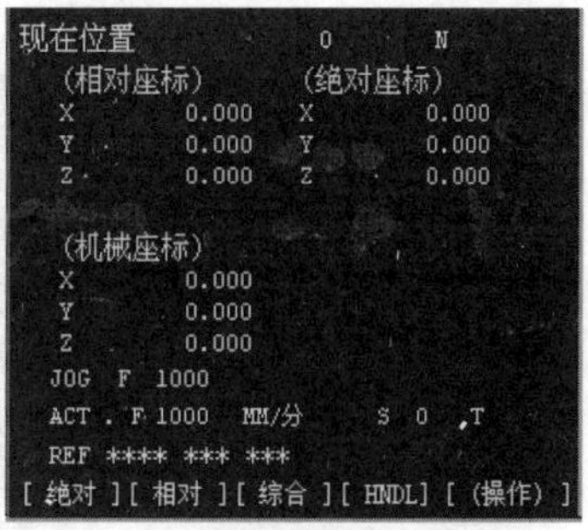　（c）综合坐标界面

图 10.46　CRT 界面

（二）程序管理界面

点击PROG进入程序管理界面，点击菜单软键[LIB]，将列出系统中所有的程序，如图 10.47

(a)所示，在所列出的程序列表中选择某一程序名，点击PROG将显示该程序，如图 10.47（b）所示。

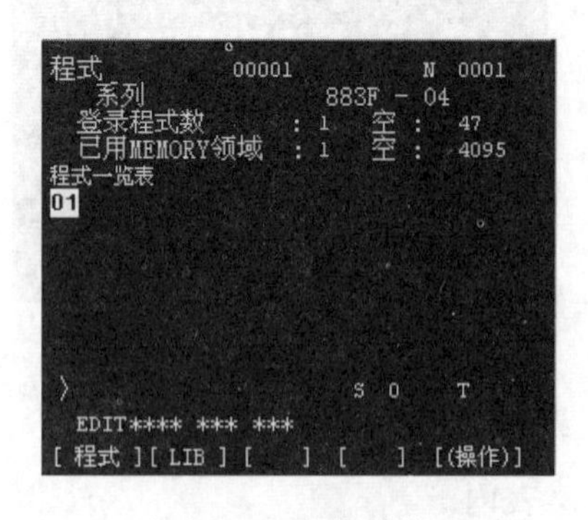

(a) 显示程序列表

(b) 显示当前程序

图 10.47 程序管理界面

（三）数控程序处理

1. 导入数控程序

数控程序可以通过记事本或写字板等编辑软件输入并保存为文本格式（*.txt 格式）文件，也可直接用 FANUC 0i 系统的 MDI 键盘输入。

点击操作面板上的编辑键编辑，系统已进入编辑状态。点击 MDI 键盘上的PROG，CRT 界面转入编辑页面。再按菜单软键[操作]，在出现的下级子菜单中按软键▶，按菜单软键[READ]，转入如图 10.48 所示的界面，点击 MDI 键盘上的数字/字母键，输入“Ox”（x 为任意不超过四位的数字），按软键[EXEC]；点击菜单“机床/DNC 传送”，在弹出的对话框（见图 10.49）中选择所需的 NC 程序，按“打开”确认，则数控程序被导入并显示在 CRT 界面上。

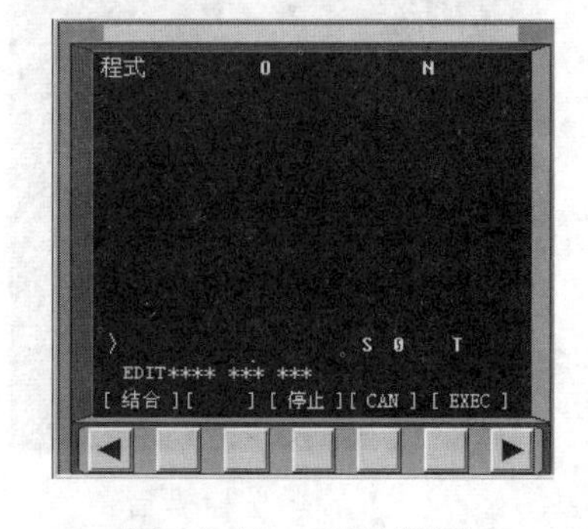

图 10.48 CRT 界面

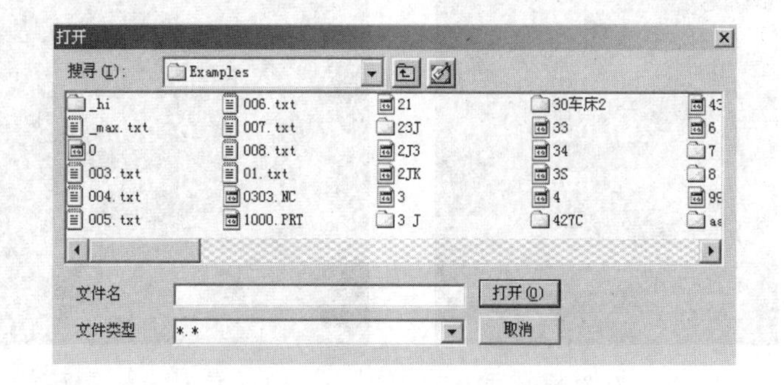

图 10.49 “打开”对话框

2. 数控程序管理

（1）显示数控程序目录。

经过导入数控程序操作后，点击操作面板上的编辑键编辑，系统已进入编辑状态。点击

MDI 键盘上的PROG，CRT 界面转入编辑页面。按菜单软键[LIB]，经过 DNC 传送的数控程序名列表显示在 CRT 界面上，如图 10.50 所示。

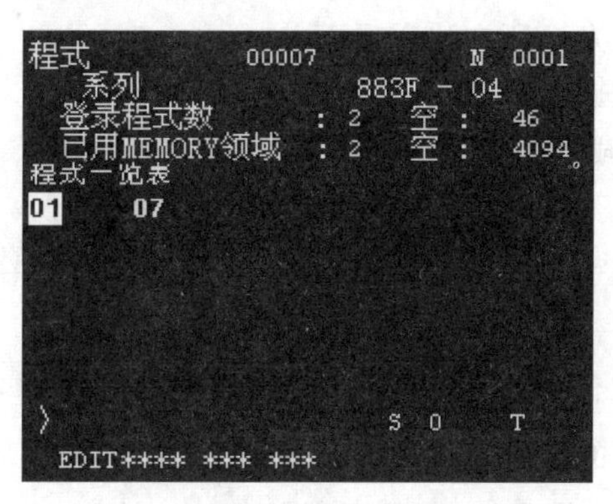

图 10.50　CRT 界面

（2）选择一个数控程序。

经过导入数控程序操作后，点击 MDI 键盘上的PROG，CRT 界面转入编辑页面。利用 MDI 键盘输入“Ox”（x 为数控程序目录中显示的程序号），按↓键开始搜索，搜索到后“Ox”显示在屏幕首行程序号位置，再点击PROG，NC 程序将显示在屏幕上。

（3）删除一个数控程序。

点击操作面板上的编辑键编辑，系统已进入编辑状态。利用 MDI 键盘输入“Ox”（x 为要删除的数控程序在目录中显示的程序号），按DELETE键，程序即被删除。

（4）新建一个 NC 程序。

点击操作面板上的编辑键编辑，系统已进入编辑状态。点击 MDI 键盘上的PROG，CRT 界面转入编辑页面。利用 MDI 键盘输入“Ox”（x 为程序号，但不能与已有程序号重复），按INSERT键，CRT 界面上将显示一个空程序，可以通过 MDI 键盘开始程序输入。输入一段代码后，按INSERT键，则数据输入域中的内容将显示在 CRT 界面上，用回车换行键EOB结束一行的输入后换行。

（5）删除全部数控程序。

点击操作面板上的编辑键编辑，系统已进入编辑状态。点击 MDI 键盘上的PROG，CRT 界面转入编辑页面。利用 MDI 键盘输入“O-9999”，按DELETE键，全部数控程序即被删除。

（四）数控程序处理

点击操作面板上的编辑键编辑，系统已进入编辑状态。点击 MDI 键盘上的PROG，CRT 界面转入编辑页面。选定了一个数控程序后，此程序显示在 CRT 界面上，可对数控程序进行编辑操作。

（1）移动光标。

按↑PAGE和↓PAGE键用于翻页，按方位键↑↓←→移动光标。

（2）插入字符。

先将光标移到所需位置，点击 MDI 键盘上的数字/字母键，将代码输入到输入域中，按INSERT键，把输入域的内容插入到光标所在代码后面。

（3）删除输入域中的数据。

按CAN键用于删除输入域中的数据。

（4）删除字符。

先将光标移到所需删除字符的位置，按DELETE键，删除光标所在的代码。

（5）查找。

输入需要搜索的字母或代码；按↓开始在当前数控程序中光标所在位置后搜索（代码可以是一个字母或一个完整的代码。例如，“N0010”“M”等）。如果此数控程序中有所搜索的代码，则光标停留在找到的代码处；如果此数控程序中光标所在位置后没有所搜索的代码，则光标停留在原处。

（6）替换。

先将光标移到所需替换字符的位置，将替换成的字符通过 MDI 键盘输入到输入域中，按ALTER键，把输入域的内容替代光标所在处的代码。

（五）保存程序

编辑好程序后需要进行保存操作。

点击操作面板上的编辑键编辑，系统已进入编辑状态。按菜单软键[操作]，在下级子菜单中按菜单软键[Punch]，在弹出的对话框中输入文件名，选择文件类型和保存路径，按“保存”按钮，如图 10.51 所示。

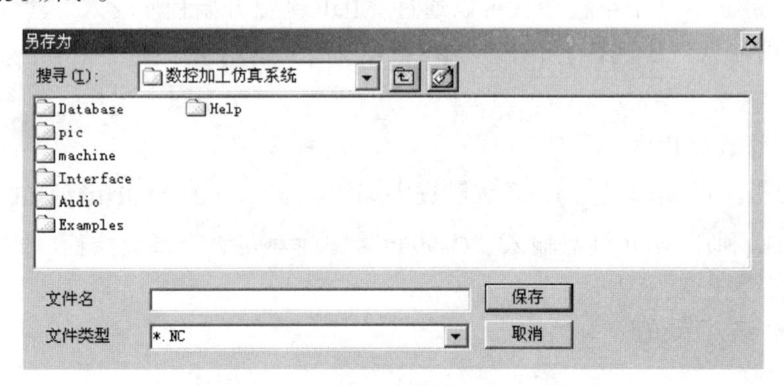

图 10.51 保存程序

（六）MDI 模式

点击操作面板上的 MDI 键MDI，系统已进入 MDI 状态。在 MDI 键盘上按PROG键，进入编辑页面。

输入数据指令：在输入键盘上点击数字/字母键，可以作取消、插入、删除等修改操作。

按数字/字母键键入字母“O”，再键入程序号，但不可以与已有程序号重复。输入程序后，用回车换行键EOB E结束一行的输入后换行。移动光标按↑PAGE ↓PAGE上下方向键翻页。按方位键↑↓←→移动光标。按CAN键，删除输入域中的数据；按DELETE键，删除光标所在的代码。按INSERT键，输入所编写的数据指令。输入完整数据指令后，再点击循环中的按钮运行程序。用RESET清除输入的数据。

四、实验三操作指导

实验步骤：启动机床→机床回零→程序录入、检查→装夹工件→装夹刀具→对刀→调试程序（空运行、单步运行）→自动运行→检测、调整。

（一）选择机床类型

打开菜单“机床/选择机床...”，在选择机床对话框中选择控制系统类型和相应的机床，并按确定按钮，此时界面如图 10.35 所示。选择大连机床厂 CKA6136i 数控车床。

（二）激活车床（开机）

点击“系统启动”按钮，系统总电源开。

检查“急停”按钮是否松为开状态，若未松开，点击“急停”按钮，将其松开。

（三）车床回参考点（回零）

（1）检查操作面板上的回零按钮回零指示灯是否点亮，若指示灯已亮，则已进入回零模式；否则点击按钮使系统进入回零模式。

（2）在回零模式下，先将 X 轴回原点，点击操作面板上的“X 正方向”按钮X↓，此时 X 轴将回原点，CRT 上的 X 坐标变为“600.00”。同样，再点击“Z 正方向”按钮→Z，Z 轴将回原点，CRT 上的 Z 坐标变为“1010.00”。

（3）新建一个 NC 程序。

点击操作面板上的编辑键编辑，系统进入编辑状态。点击 MDI 键盘上的PROG，CRT 界面转入编辑页面。利用 MDI 键盘输入“Oxxx”（x 为程序号，但不能与已有程序号重复），按INSERT键，CRT 界面上将显示一个空程序，可以通过 MDI 键盘开始程序输入。输入一段代码后，按INSERT键，则数据输入域中的内容将显示在 CRT 界面上，用回车换行键EOB E结束一行的输入后换行。

点击操作面板上的编辑键编辑，系统已进入编辑状态。点击 MDI 键盘上的PROG，CRT 界面转入编辑页面。再按菜单软键[操作]，在出现的下级子菜单中按软键▶，按菜单软键[READ]，转入如图 10.48 所示的界面，点击 MDI 键盘上的数字/字母键，输入“Ox”（x 为任意不超过四位的数字），按软键[EXEC]；点击菜单“机床/DNC 传送”，在弹出的对话框（见图 10.49）中选择所需的 NC 程序，按“打开”确认，则数控程序被导入并显示在 CRT 界面上。

输入或导入以下程序进行练习。

```
O1301;
G54 F0.3 M03 S800;
G0 X200 Z200;
T0101;
G50 S2000;
G96 S50;
G0 X40 Z0.2;
G1 X-2;
G0 X40 Z2;
G96 S80;
Z0;
G1 X-2 F0.15;
G30 G0 X100 Z100;
T0202;
G0 X36 Z2;
G96 S50;
G71 U2R1;
G71 P160 Q250 U0.4 W0.2 F0.3;
N160 G0 X0;
G1 Z0 F0.2;
G3 X15.8 Z-2 R17;
G1 Z-16;
X24.97 Z-25;
Z-50;
X26;
X32.065 Z-53;
Z-70;
N250 X35;
G96 S80;
G70 P160 Q250;
G0 X100 Z100;
T0303;
G96 S60;
G0 X26 Z-25;
M98 P41001;
G0 Z-16;
G0 X18;
G1 X12;
G0 X18;
W1;
G1 X12;
G0 X18;
G0 X100 Z100;
T0404;
G0 X20 Z0 S500;
G76 P020060 Q100 R0.05;
G76 X13.2 Z-14 R0 P1300 Q300 F2;
G30 U0 W0;
T0303;
G96 S20;
G0 X33;
Z-65;
G1 X28 F0.1;
G0 X33;
Z-62.5;
G1 X28 Z-65;
X20;
G0 X100;
Z100;
M30;
```

第十一章　特种加工

第一节　电火花成型加工

一、实训目的

（1）了解电火花成型加工的机理；
（2）熟悉电火花成型加工的基本工艺；
（3）了解电火花成型加工的参数及极性；
（4）了解影响电火花成型加工精度和表面质量的因素；
（5）掌握电火花成型加工机床的操作方法。

二、实训准备知识

（一）电火花成型加工原理

电火花成型加工的原理如图 11.1 所示，它是把工件和工具电极作为两个电极浸没在工作液中，并在两极间施加符合一定条件的脉冲电压，当两极间的距离小到一定程度时，极间的工作液介质会被击穿，产生火花放电。火花放电的瞬间高温使工件表层材料局部熔化或汽化，使材料得以蚀除，达到加工的目的。

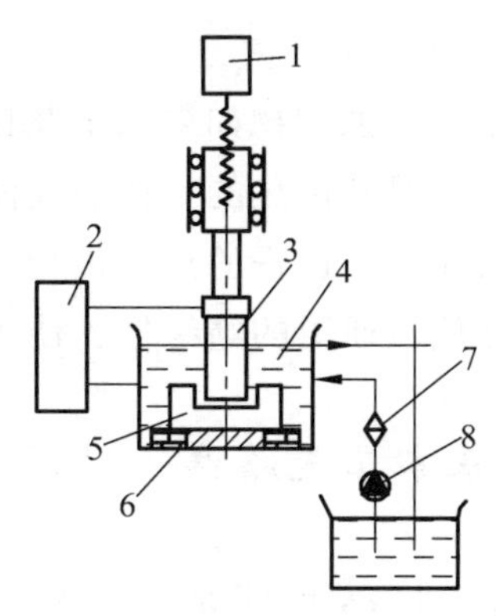

图 11.1　电火花加工原理图

1—自动进给调节装置；2—脉冲电源；3—工具电极；4—工作液；5—工件；
6—工作台；7—过滤器；8—工作液泵

（二）电火花成型加工蚀除材料的过程

电火花成型加工蚀除材料的过程大致可以分为以下4个阶段：极间介质的电离、击穿，形成放电通道；介质热分解、电极材料熔化、汽化热膨胀；电极材料的抛出；极间介质的消电离。

1. 极间介质的电离、击穿，形成放电通道

放电通道是由大量带正电和负电的粒子以及中性粒子组成，带电粒子高速运动，相互碰撞，产生大量热能，使通道温度升高，通道中心温度可达到10 000 °C以上。由于放电开始阶段通道截面很小，而通道内有高温热膨胀形成的压力高达几万帕，高温高压的放电通道急速扩展，产生一个强烈的冲击波向四周传播。在放电的同时还伴随着光效应和声效应，这就形成了肉眼所能看到的电火花。

2. 介质热分解、电极材料熔化、汽化热膨胀

液体介质被电离、击穿，形成放电通道后，通道间带负电的粒子奔向正极，带正电的粒子奔向负极，粒子间相互撞击，产生大量的热能，使通道瞬间达到很高的温度。通道高温处使工作液汽化、热分解外，也使两电极表面的金属材料熔化甚至沸腾汽化，这些汽化的工作液和金属蒸气瞬间体积猛增，形成了爆炸的特性。所以在观察电火花加工时，可以看到工件与工具电极间有冒烟现象并听到轻微的爆炸声。

3. 电极材料的抛出

正负电极间产生的电火花现象，使放电通道产生高温高压。通道中心的压力最高，工作液和金属汽化后不断向外膨胀，形成内外瞬间压力差，高压力处的熔融金属液体和蒸气被排挤，抛出放电通道，大部分被抛入到工作液中。加工中看到的橘红色火花就是被抛出的高温金属熔滴和碎屑。

4. 极间介质的消电离

在电火花放电加工过程中产生的电蚀产物如果来不及排除和扩散，那么产生的热量将不能及时传出，使该处介质局部过热，局部过热的工作液高温分解、结炭，使加工无法进行，并烧坏电极。因此，为了保证电火花加工过程的正常进行，在两次放电之间必须有足够的时间间隔让电蚀产物充分排除，恢复放电通道的绝缘性，使工作液介质消电离。

（三）电火花成型加工的基本工艺路线（见图11.2）

（四）DM7145电火花成型机结构组成

电火花成型加工机床由床身、工作液循环箱、主轴头、立柱、工作液槽和电源箱等部分组成，如图11.3所示，各组成部件说明见表11.1。

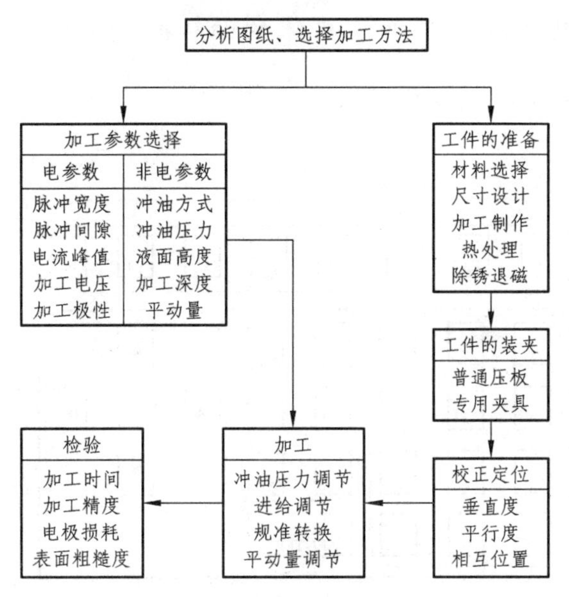

图 11.2　电火花成型加工的基本工艺路线

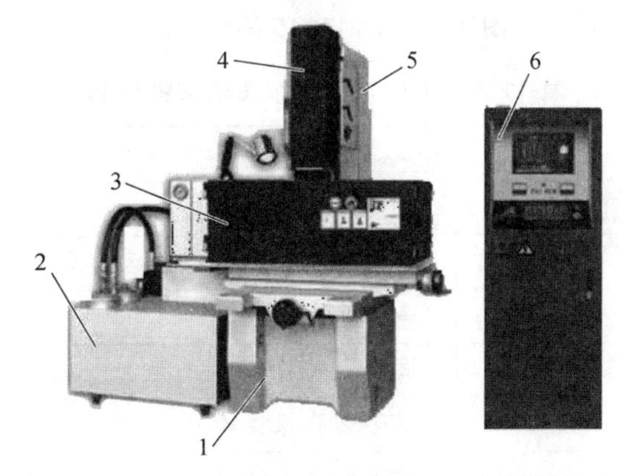

图 11.3　DM7145 电火花成型加工机床的组成

1—床身；2—液压油箱；3—工作液槽；4—主轴头；5—立柱；6—电源箱

表 11.1　电火花成型加工机床组成部件说明

图中标号	名　称	功　能
1	床　身	机床各部件的支撑
2	工作液循环箱	由工作液泵、容器、过滤器及管道等组成。过滤的清洁工作液经油泵加压，强迫冲入电极与工件之间的放电间隙里，将放电腐蚀产生的电蚀产物随同清洁液一起经放电间隙排除
3	工作液槽	保证油液浸过工件，在加工中起保护作用
4	主轴头	在结构上由伺服进给机构、导向和防扭机构、辅助机构三部分组成，用以控制工件与工具电极之间的放电间隙
5	立　柱	承受主轴负重和运动部件突然加速运动的惯性力
6	电源箱	为电火花成型加工机床提供电源

（五）DM7145电火花成型加工机床的面板介绍

操作面板及按键说明见图11.4和表11.2。

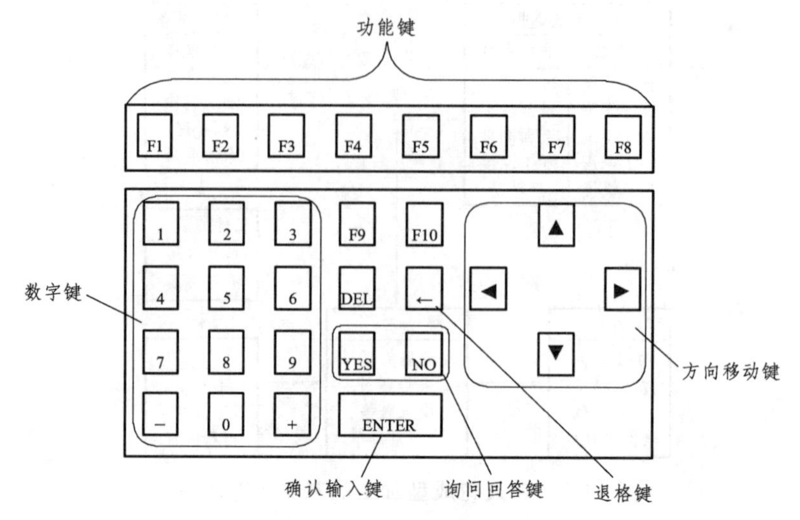

图 11.4　DM7145 操作面板

表 11.2　DM7145 操作面板按键说明

按　键	功　能
功能键 F1～F8	设定或执行使用功能
数字键：0～9	输入数字用，包括坐标位置及 EDM 参数
ENTER 键	确认输入键
YES/NO 键	询问回答键（是/不是）
退格键	用于删除错误输入
移动键	用于程式编辑及轴向选择

操作画面及说明见表11.3及图11.5。

表 11.3　DM7145 操作画面说明

图中标号	名　称	功能（含义）
1	状态显示窗	显示执行状态，包含计时器、总节数执行单节及 Z 轴设定值
2	位置显示窗	显示各轴位置，包含绝对坐标及增量坐标 X、Y、Z 三轴
3	程式编辑视窗	程式编辑操作（自动加工专用）
4	信息视窗	显示加工状态及信息
5	功能键显示视窗	F1～F8 操作按键
6	输入视窗	显示输入视窗
7	EDM 参数显示视窗	EDM 参数操作更改
8	加工深度视窗	以图示显示加工深度

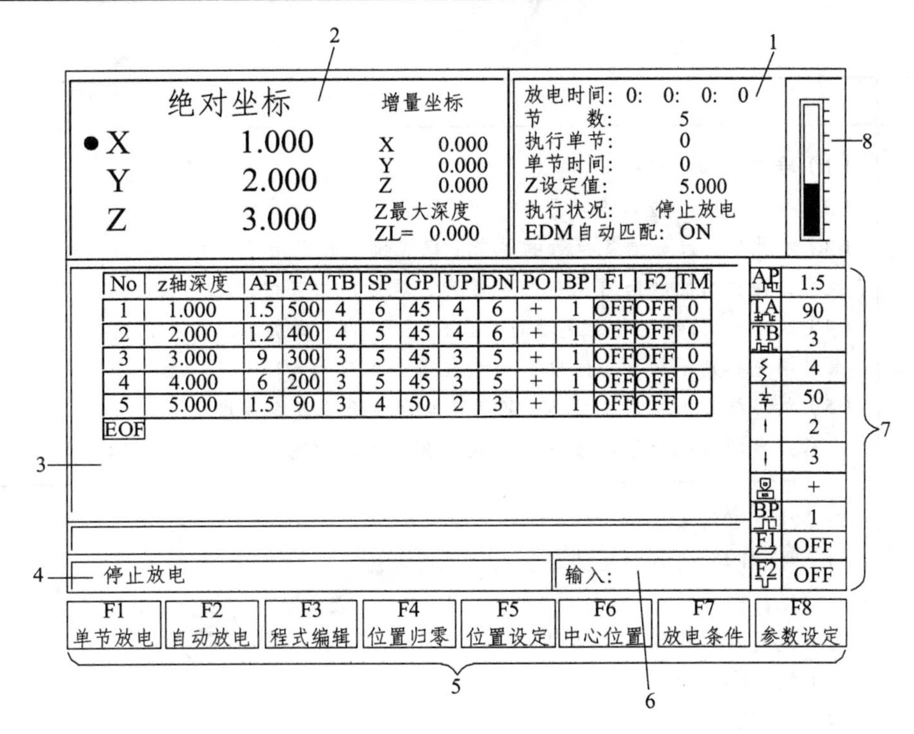

图 11.5　DM7145 操作画面

（六）DM7145 电火花成型加工机床的基本操作（见表 11.4）

表 11.4　DM7145 基本操作

操作项目	操 作 方 法
手动放电	（1）键入加工深度尺寸，按 ENTER 输入； （2）调整放电参数（按“F7”键）； （3）查看液面安全开关是否开启，灯亮时液面安全开关取消，灯灭时，如油槽内油面在指示高度上，按放电即可开始加工，并且打开液面安全开关。若不浸油，须灯亮才可加工； （4）按放电 ON 开始加工； （5）当尺寸到达时，*Z* 轴会自动上升至安全预设高度，同时蜂鸣器报警； （6）欲再修改 *Z* 轴深度值时，在停止放电下，按“F1”即可修改
程式编辑	（1）按“F3”进入程式编辑器，使用上下、左右游标键移动游标至编辑栏位； （2）在 *Z* 轴输入栏输入数字； （3）使用“F3”与“F4”更改 EDM 参数； （4）编辑程式（使用“F1”插入所需单节，此时系统会将光标所在单节拷贝到下一单节；使用“F2”删除不要的单节）； （5）编辑完成后使用“F8”跳出编辑

续表

操作项目	操作方法
自动放电	（1）准备好加工程序； （2）按下“F2”进入本功能； （3）通过光标选择预备执行的单节（程式执行时是由单节号码少的节数向节数大的单节执行，而执行的状态可从状态栏看到，在放电中可按“F7”修改放电条件）； （4）放电执行[碰到有设定时间（TM）加工的，如加工深度先到则往下一单节执行，如果时间先到则不管加工深度而继续往下一单节执行]； （5）加工结束（当尺寸到达，Z 轴会自动上升至安全高度）。 注意：自动放电与手动放电不同之处在于自动放电是按照程式编辑来执行的
位置归零	若需建立工作零点： （1）按“F4”进入位置归零状态，此时电流自动改为 0，Z 轴不抬刀，跳出后自动恢复原设定值； （2）使用游标移到归零轴向； （3）按“F4”位置归零； （4）按“Y”归零确认
位置设定	（1）将光标移动到归零轴； （2）按“F5”（位置设定）； （3）输入需设定的数字； （4）按“ENTER”确定
中心位置	（1）将光标移动到欲找中心位置的轴向（只限 X、Y 轴）； （2）按“F6”（中心位置）； （3）寻找轴向两边位置； （4）按“ENTER”确定
放电条件	（1）使用上下光标移动到需要修改的条件； （2）使用左右光标增加或减少； （3）所修改的条件会随时被送到放电系统中； （4）如果自动匹配功能打开，则调整 AP 时系统会自动匹配其他参数； （5）按“F10”可关闭自动匹配功能； （6）自动、单节放电时，在加工中均可随时修改其放电条件。 注意：改变 AP（电流）时，TA（放电时间）、TB（放电休止时间）等也会随之改变
参数设定	（1）按“F8”进入参数设定； （2）选择参数设定项目（机械参数、工作参数、颜色、EDM 表）； （3）移动光标到所需设定的参数的位置； （4）进行设定

（七）DM7145 电火花成型加工机床放电条件中各参数的意义（见表 11.5）

表 11.5　DM7145 放电条件中各参数的意义

参数	含　义	功　能
Ap	峰值电流	电流设定值为 0～60 A。设定值大，加工电流大，火花大，速度较快，表面粗糙，间隙较大；设定值小，加工电流小，火花较小，速度较慢，表面较细，间隙也小。加工电流设定须与放电弧、休止幅配合，方能达到最佳放电效果
TA	放电时间 脉冲宽度	以相同加工电流加工时，设定值大，表面粗糙，间隙大，电极消耗小；设定值小，表面细，间隙小，电极消耗大。一般粗加工时选 150～600，精加工时逐渐减少
TB	放电休止时间 脉冲间隙	以相同加工电流加工时，设定值小，效率高，速度快，排渣不易；设定值大，效率低，速度慢，易排渣。一般情况下 EDM 自动匹配，在积炭严重时，可以加大脉冲间隙（如加大一档）来解决
ξ	伺服敏感度	设定范围为 1～9。设定值大，第二段速度快；设定值小，第二段速度慢，适用于精加工。一般情况下 EDM 自动匹配，在积炭严重时，可以用减少放电时间或加大抬头时间来解决
[illegible]	间隙电压	加工间隙电压设定范围为 30～120 V。设定值小，放电间隙电压低，效率较高，速度快，排渣不易；设定值大，放电间隙电压高，效率较低，速度慢，易排渣。中粗加工适合电压为 45～50 V，精加工适合电压为 60 V 以上。一般情况下 EDM 自动匹配
↑	伺服脉动	机头上升时间调整：设定范围为 1～15。设定值小，上升排渣距离小，加工不浪费时间；设定值大，上升排渣距离大，加工费时较长。设定为 0 表示不跳跃
↓	伺服脉动	机头下降时间调整：设定值小，加工时间少，易排渣；设定值大，加工时间长，不易排渣
BP	高压电流	高压电流加工电流设定值为 0～5 A。设定值大，电流大，火花大，速度快，表面粗糙，间隙大；设定值小，电流小，火花小，速度慢，表面细，间隙小。使用时配合低压电流使用，以增加加工稳定度，设定值大时电极损耗相对提高，正常设为 1

（八）手控盒操作

手控盒需打开紧急开关才有作用。手控盒面板及操作说明见图 11.6 及表 11.6。

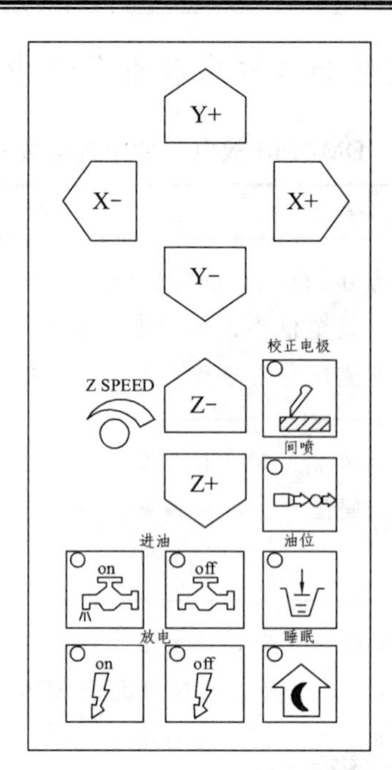

图 11.6 DM7145 手控盒面板

表 11.6 DM7145 手控盒面板操作说明

按 键	功 能
X+、X－ Y+、Y－	X、Y 轴伺服（移动）
Z+、Z－	Z 轴上下移动
Z SPEED	Z 轴手动速度调节
校正电极	ON：用于校正电极，此时电极保护功能取消。电极与工作物接触时，蜂鸣器不报警，Z 轴还是会往下移动。注意：校正电极后须将此键 OFF。 OFF：电极保护开启，当电极与工作物接触时，蜂鸣器报警，Z 轴不能往下移动
间 喷	未使用
油 位	ON：关闭液面及温度安全开关。 OFF：打开液面及温度安全开关，待油面下降或温度超过 50 °C 时，停止放电
进 油	进油供给状态切换
放 电	加工状态切换
睡 眠	ON：当深度到达，Z 轴上升至上极限，关闭报警声及受控盒功能 OFF：使用受控盒功能

三、实训示例

制作如图 11.7 所示的校徽纪念章。

图 11.7　校徽纪念章

【示例分析】

（1）工件：铣、磨好型面直径ϕ32 mm、厚 3 mm 的 45 钢工件。

（2）工具：在圆周为ϕ30 mm 的紫铜面上雕刻出校徽花纹（用激光雕刻机）并在背面焊装电极柄。

（3）工艺：单电极直接成型法，采用正极性加工。

（4）设备：DM7145 电火花成型加工机。

（5）规准：见表 11.7。

表 11.7　DM7145 加工参数设定

项　目	AP/A	TA/μs	TB/μs	≀	⏚/V	↑	↓
粗加工	4.5	120	3	5	45	4	3
精加工	1.5	30	3	4	60	2	2

（6）步骤：

① 采用单节放电；

② 按“F1”选择单节放电，输入加工深度 1 mm，按“ENTER”确认；

③ 按“F7”调整放电参数，各参数设置规准见表 11.7 中的粗加工栏；

④ 由于本实例不必采用浸油加工，故按油位开关确保灯一直亮；

⑤ 打开进油开关；

⑥ 按放电“ON”开始加工；

⑦ 当尺寸到达时，Z 轴会自动上升到安全高度，同时蜂鸣器报警；

⑧ 同样采用单节放电，将加工深度改为 0.08 mm；

⑨ 按“F7”调整放电参数，各参数设置规准见表 11.7 中的精加工栏；

⑩ 重复④、⑤、⑥；

⑪ 加工结束。

第二节 电火花数控线切割加工

一、实训目的

（1）了解电火花数控线切割加工的原理、特点和应用；
（2）了解电火花数控线切割机床的结构、组成、开关机过程；
（3）熟悉电火花数控线切割机床的操作方法；
（4）了解电火花数控线切割机床的各电加工参数的含义、输入及修改方法。

二、实训准备知识

（一）电火花数控线切割加工原理

电火花数控线切割加工原理如图 11.8 所示。电火花线切割加工与点火花成型加工一样，都是基于电极间脉冲放电时的电腐蚀现象。所不同的是，电火花成型加工必须事先将工具电极做成所需要的形状和尺寸精度，在电火花加工过程中将它逐步复制在工件上，以获得所需要的零件。电火花线切割加工则不需要成型工具电极，而是用一根细长的金属丝作电极，并以一定的速度沿电极丝轴线方向移动，不断进入和离开切缝内的放电加工区。加工时脉冲电源的正极接工件，负极接电极丝，并在电极丝和工件之间喷注液体介质；同时安装工件的工作台由控制装置根据预定的线切割轨迹控制伺服电机驱动，从而加工出所需要的零件。

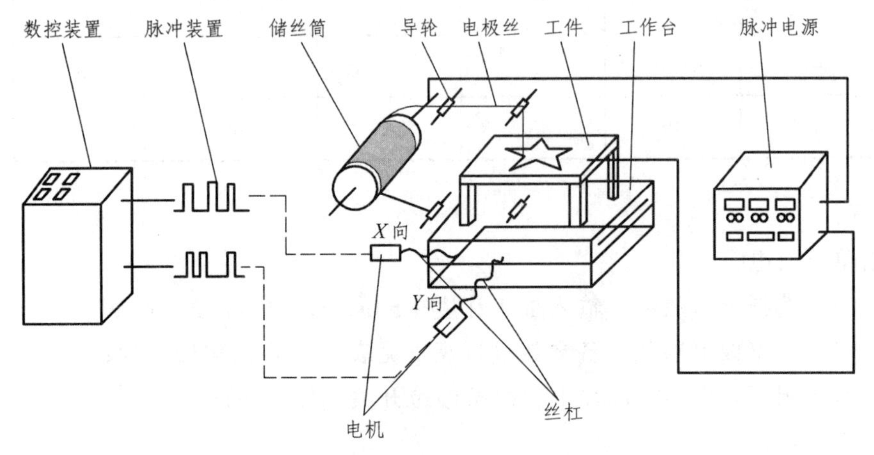

图 11.8 电火花数控线切割加工原理

电火花数控切割加工主要包含下列三部分内容：

1. 电极丝与工件之间的脉冲放电

电火花线切割时电极丝接脉冲电源的负极，工件接脉冲电源的正极。在正负极之间加上脉冲电源，当来一个电脉冲时，在电极丝和工件之间产生一次火花放电，在放电通道的中心温度瞬时可高达 10 000 °C 以上，高温使工件金属熔化，甚至有少量汽化，高温也使电极丝和工件之间的工作液部分产生汽化，这些汽化后的工作液和金属蒸气瞬间迅速热膨胀，并具有爆炸的特性。这种热膨胀和局部微爆炸，将熔化和汽化了的金属材料抛出而实现对工件材料进行电蚀切割加工。通常认为电极丝与工件之间的放电间隙在 0.01 mm 左右，若电脉冲的电压高，放电间隙会大一些。

2. 电极丝沿其轴向（垂直或 *Z* 方向）做走丝运动

为了电火花加工的顺利进行，必须创造条件保证每来一个电脉冲时在电极丝和工件之间产生的是火花放电而不是电弧放电。首先必须使两个电脉冲之间有足够的间隔时间，使放电间隙中的介质消电离，即使放电通道中的带电粒子复合为中性粒子，恢复本次放电通道处间隙中介质的绝缘强度，以免总在同一处发生放电而导致电弧放电。一般脉冲间隔应为脉冲宽度的 4 倍以上。

3. 工件相对于电极丝在 *X*、*Y* 平面内做数控运动

工件安装在上下两层的 *X*、*Y* 坐标工作台上，分别由步进电动机驱动做数控运动。工件相对于电极丝的运动轨迹，是由线切割编程所决定的。

为了保证火花放电时电极丝不被烧断，必须向放电间隙注入大量工作液，以便电极丝得到充分冷却。同时，电极丝必须做高速轴向运动，以避免火花放电总在电极丝的局部位置而被烧断，电极丝速度在 7 ~ 10 m/s。高速运动的电极丝，还有利于不断往放电间隙中带入新的工作液，同时也有利于把电蚀产物从间隙中带出去。

电火花线切割加工时，为了获得比较好的表面粗糙度和高的尺寸精度，并保证电极丝不被烧断，应选择好相应的脉冲参数，并使工件和电极丝之间的放电必须是火花放电，而不是电弧放电。

（二）电火花线切割机的组成

电火花线切割机主要由机床、脉冲电源、控制系统三大部分组成，其中机床由床身、工作台、运丝机构、丝架和工作液循环及过滤系统组成。DK7732Z 型电火花线切割加工机床外形及正面图如图 11.9 和图 11.10 所示。

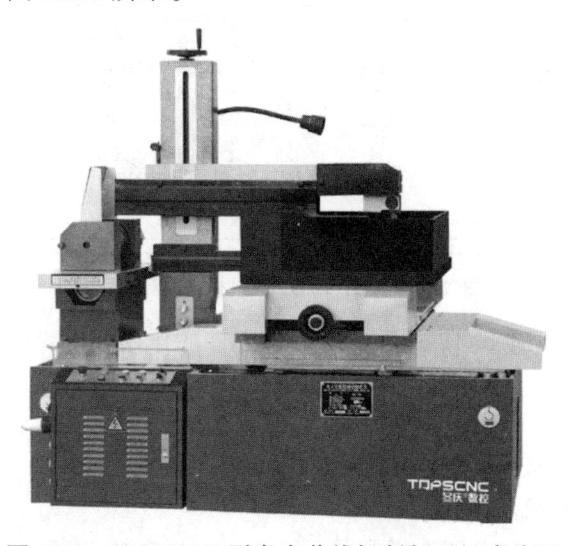

图 11.9　DK7732Z 型电火花线切割加工机床外形

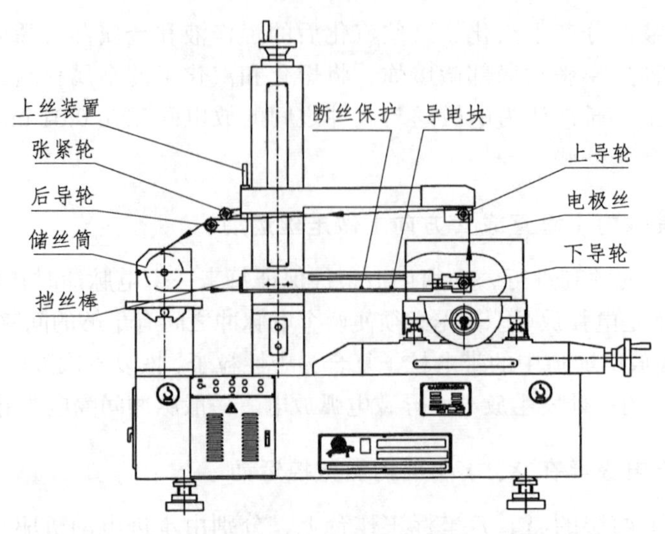

图 11.10 DK7732Z 型电火花线切割加工机床正面图

(三) DK7732Z 型电火花线切割加工机床的面板介绍

机床控制面板如图 11.11 所示，面板上各按钮的作用如下：

SB1——自锁急停按钮；

SB2——总控启动按钮；

SB3——运丝停止按钮；

SB4——运丝启动按钮；

SB5——水泵停止按钮；

SB6——水泵启动按钮；

SB7——断丝保护按钮；

SB8——自动值班按钮。

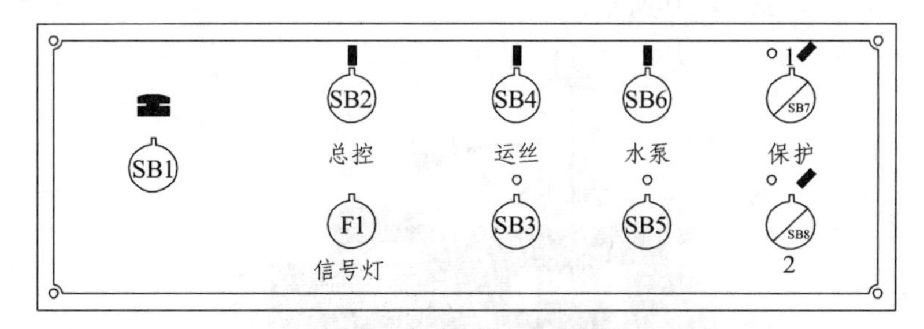

图 11.11 DK7732Z 型机床控制面板

脉冲电源控制面板如图 11.12 所示。图中各部件的作用如下：

SB1——急停按钮；

SB2——启动按钮；

SA7——高低压切换按钮；

SA9——加工结束停机转换按钮；

SA1 ~ SA4——高频功放电流选择开关；

SA5——高频脉冲宽度选择开关；
SA6——高频脉冲间隔选择开关；
PA——加工高频电流表；
PV——高频取样电压表。

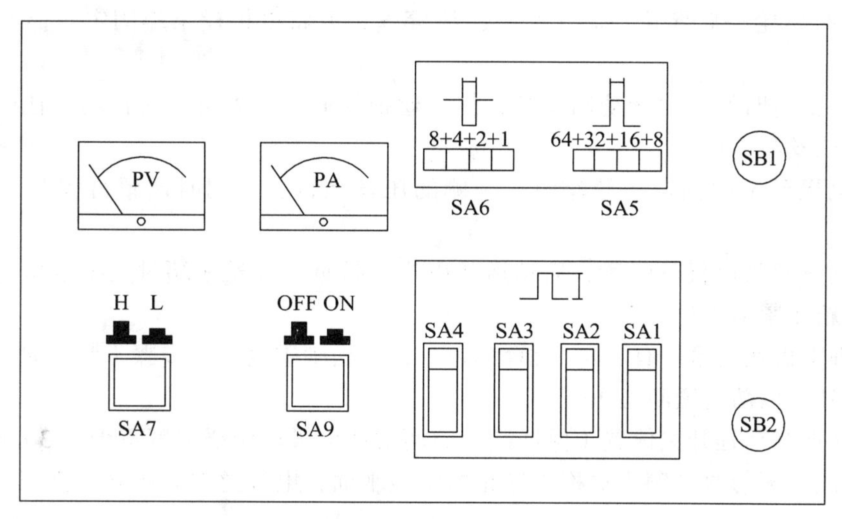

图 11.12　DK7732Z 型机床的脉冲电源控制面板

（四）基本操作

1. 操作准备

① 启动电源开关，让机床空载运行，观察其工作状态（脉冲电源、运动部件、循环系统等）是否运行正常；

② 润滑注油；

③ 添加或更换工作液；

④ 检查电极丝能否保证加工要求。

2. 上　丝

① 将丝盘套在上丝螺杆上，并用螺母锁紧；

② 用摇把将储丝筒摇向一端至接近极限位置；

③ 将丝盘上电极丝一端拉出绕过上丝导轮，并将丝头固定在储丝筒端部的紧固螺钉上，剪掉多余丝头；

④ 用摇把均匀转动储丝筒，将电极丝整齐地绕在储丝筒上，直到绕满，取下摇把；

⑤ 电极丝绕满后，剪断丝盘与储丝筒之间的电极丝，把丝头固定在储丝筒的另一端紧固螺钉上，至此电极丝已经上好；

⑥ 粗调储丝筒上左右行程挡块，使两个挡块的间距小于储丝筒上的丝距。

3. 穿　丝

在储丝筒上绕好电极丝后，就可以进行穿丝了。具体操作如下：

① 启动运丝电机，检查电机转向（储丝筒逆时针方向旋转时，运丝拖板向工作人员移动）;

② 用摇把顺时针方向转动储丝筒，使运丝拖板向远离工作人员移动；

③ 将电极丝盘安放在上线架的上丝装置上，按“挡丝棒→断丝保护→导电块→下导轮→上导轮→张紧轮→后导轮→储丝筒”路线穿丝，并将电极丝末端固定于储丝筒的压丝螺钉上；

④ 用摇把逆时针方向转动储丝筒，使运丝拖板向工作人员方向移动，让电极丝均匀紧密地排列在储丝筒上；

⑤ 将电极丝末端固定于储丝筒另一侧的压丝螺钉上，同时调整行程开关位置并取下摇把；

⑥ 用紧丝轮将电极丝张紧，启动运丝电机，接近电极丝末端时关闭运丝电机，并松开压丝螺钉重新压紧电极丝；

⑦ 检查电极丝松紧（有一定的弹性为宜），过松则重复上一步骤（紧丝时不得使用储丝筒逆时针旋转，以防过紧断丝）;

⑧ 重新调整行程开关位置（保证储丝筒两端的电极丝缠绕宽度不少于 3 mm）。

注意：放丝侧与收丝侧应对称于导轮槽中线平面，电极丝在储丝筒上排列时不得有重叠现象。

4. 调　整

① 导轮的调整（既要保持导轮转动灵活，又要无轴向窜动）;

② 电极丝的调整（用角尺或电极丝垂直校正器将电极丝校正）;

③ 检查工作台及锥度装置。

5. 工件装夹

① 将工件固定在工作台上；

② 装夹工件时，应根据图纸要求用千分表找正工件的基准面；

③ 检查工件位置是否在工作台行程的有效范围内；

④ 在切割过程中，工件及夹具不应碰到丝架的任何部位，不应与夹具产生切割现象。

6. 文件调入

文件调入的方法有如下几种：

① 直接生成程序：在 AUTOCAD 软件里面绘制出所需要加工的工件→生成加工轨迹→选择加工路径→切换到 AUTOCUT 界面

② 从图库 WS-C 调入：在主菜单下按“F”键，按回车键，光标移到所需文件，按回车键，按 ESC 退出。存入图库的文件长期保留，存放在虚拟盘的文件在关机或按复位键后自动清除。

③ 从硬盘调入：按“F4”、再按“D”，把光标移到所需文件，按“F3”，把光标移到虚拟盘，按回车，再按 ESC 退出。

④ 从软盘调入：按“F4”，插入软盘，按“A”，把光标移到所需文件，按“F3”，把光

标移到虚拟盘，按回车键，再按 ESC 退出。注意：运用“F3”键可以使文件在图库、硬盘、软盘三者之间互相转存。

⑤ 修改 3B 指令：有时需临时修改某段 3B 指令。在主菜单下，按“F”键，光标移到需修改的 3B 文件，按回车键，显示 3B 指令，按“Insert”键后，用上下、左右箭头及空格键即可对 3B 指令进行修改，修改完毕，按 ESC 退出。

⑥ 手工输入 3B 指令：有时切割一些简单工件，如一个圆或一个方形等，则不必编程，可直接用手工输入 3B 指令。操作方法为：在主菜单下按“B”键，再按回车键，然后按标准格式输 3B 指令。

7. 对　刀

调入文件后正式切割之前，需要进行对刀。对刀前，开启运丝电机、水泵、高频，之后用手摇的方式使工作平台移动，此过程中电极丝与工件慢慢靠近（注意电极丝与工件不能接触，防止短路），直到看到明显的电火花为止，说明对刀已成功。

8. 加　工

对刀成功后，直接在 AUTOCAT 界面中点击“开始加工”命令，即可开始加工工件。

（五）线切割过程中各种情况的处理

① 跟踪不稳定：按“F3”后，用向左、向右箭头键调整变频（V. F.）值，直至跟踪稳定为止。当切割厚工件跟踪难以调整时，可适当调低步进速度值后再进行调整，直到跟踪稳定为止。调整完后按 ESC 退出。

② 短路回退：发生短路时，如在参数设置了自动回退，数秒钟后（由设置数字而定），则系统会自动回退，短路排除后自动恢复前进。持续回退 1 min 后短路仍未排除，则自动停机报警。如果参数设置为手动回退，则要人工处理：先按空格键，再按“B”进入回退。短路排除后，按空格键，再按“F”恢复前进。如果短路时间持续 1 min 后无人处理，则自动停机报警。

③ 临时暂停：按空格键暂停，按“C”键恢复加工。

④ 设置当段切割完暂停：按“F”键即可，再次按“F”键则取消。

⑤ 中途停电：切割中途停电时，系统自动保护数据。复电后，系统自动恢复各机床停电前的工作状态。首先自动进入一号机画面，此时按“C”“F11”即可恢复加工。然后按 ESC 退出。再按相应数字键进入该号机床停电前的画面，按“C”“F11”恢复加工。

⑥ 中途断丝：按空格键，再按“W”“Y”“F11”“F10”，拖板即自动返回加工起点。

⑦ 退出加工：加工结束后，按“E”、ESC 即退出加工返回主菜单。加工中途按空格键再按“E”、ESC 也可退出加工。退出后如想恢复，可在主菜单下按【Ctrl】+ W。

⑧ 逆向切割：切割中途断丝后，可采用逆向切割，这样一方面可避免重复切割、节省时间，另一方面可避免因重复切割而引起的光洁度及精度下降。操作方法：在主菜单下选择加工，按回车键、“C”，调入指令后按“F2”、回车键，再按回车键，锁进给，选自动，开高频即可进行切割。

⑨ 自动对中心：在主菜单下，选择加工，按回车键，再按“F”“F1”即自动寻找圆孔

或方孔的中心，完成后显示 *X*、*Y* 行程和圆孔半径。按【Ctrl】+箭头键，则碰边后停，停止后显示 *X*、*Y* 行程。

三、实训示例

加工如图 11.13 所示零件的轮廓。

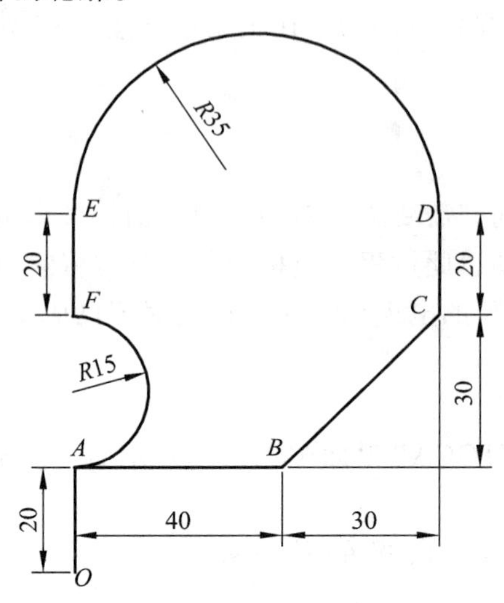

图 11.13 线切割加工示例

1. 分析零件图

选择图形中 *O* 点为起刀点，走刀路线可以是 *OA*—*AB*—*BC*—*CD*—*DE*—*EF*—*FA*—*AO*，也可以是 *OA*—*AF*—*FE*—*ED*—*DC*—*CB*—*BA*—*AO*。

2. 手动编制零件加工程序（3B 程序）

按 *OA*—*AB*—*BC*—*CD*—*DE*—*EF*—*FA*—*AO* 走刀路线编程如下：

走直线 *OA*：B0 B20000 B20000 GY L2

走直线 *AB*：B40000 B0 B40000 GX L1

走直线 *BC*：B30000 B30000 B30000 GX L1

走直线 *CD*：B0 B20000 B20000 GY L2

走圆弧 *DE*：B35000 B0 B70000 GY NR1

走直线 *EF*：B0 B20000 B20000 GY L4

走圆弧 *FA*：B0 B15000 B30000 GX SR2

走直线 *AO*：B0 B20000 B20000 GY L4

3. 输入程序（略）

4. 加　工

或者在自动编程环境下（PRO）绘制图形，利用图形自动生成加工程序进行加工。

进入 PRO 绘图环境→绘图→作进刀线→自动编程(回主菜单→数控程序→加工路线→选择加工路线→半径补偿→间隙补偿）→文件保存→代码存盘→退出系统→加工 1→切割→选择文件→F1（开始）→F10（自动）→F11（高频）→F12（进给）。

第三节　激光加工

一、实训目的

（1）了解激光加工的加工原理、特点和应用；
（2）熟悉激光打标机和激光焊接机的基本操作方法；
（3）了解计算机辅助加工的概念和加工过程。

二、实训准备知识

（一）激光加工原理

从激光器输出的高强度激光经过透镜聚焦到工件上，其焦点处的功率密度高达 108 ~ 1010 W/cm^2，温度高达 10 000 °C 以上，任何材料都会瞬时熔化、汽化。激光加工就是利用这种光能的热效应对材料进行焊接、打孔和切割等加工的。通常用于加工的激光器主要是固体激光器和气体激光器。图 11.14 所示为气体激光器加工原理图。

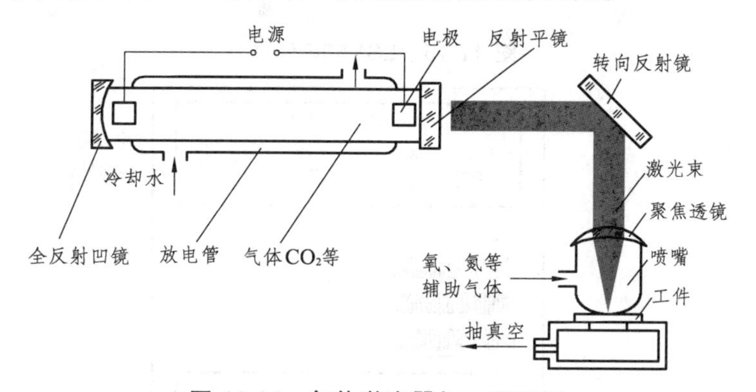

图 11.14　气体激光器加工原理图

（二）激光加工的特点和应用

激光加工的特点是：① 激光束能聚焦成极小的光点（达微米数量级），适合于微细加工（如微孔和小孔等）；② 功率密度高，可加工坚硬高熔点材料，如钨、钼、钛、淬火钢、硬质合金、耐热合金、宝石、金刚石、玻璃和陶瓷等；③ 无机械接触作用，无工具损耗问题，不会产生加工变形；④ 加工速度极快，对工件材料的热影响小；⑤ 可在空气、惰性气体和真空中进行加工，并可通过光学透明介质进行加工；⑥ 生产效率高，如打孔速度可达每秒 10 个孔以上，对于几毫米厚的金属板材切割速度可达每分钟几米。

（三）激光打标机（LSY50F）

激光打标是在激光加工领域中应用最广泛的技术之一，是通过表层物质的蒸发露出深层物质，或者是通过光能导致表层物质的化学物理变化而“刻”出痕迹，或者是通过光能烧掉部分物质，显出所需刻蚀的图案、文字。该技术是当代高科技激光技术和计算机技术的结晶。

LSY50F 型激光打标机的外形和操作面板如图 11.15 和图 11.16 所示。

图 11.15　LSY50F 外形

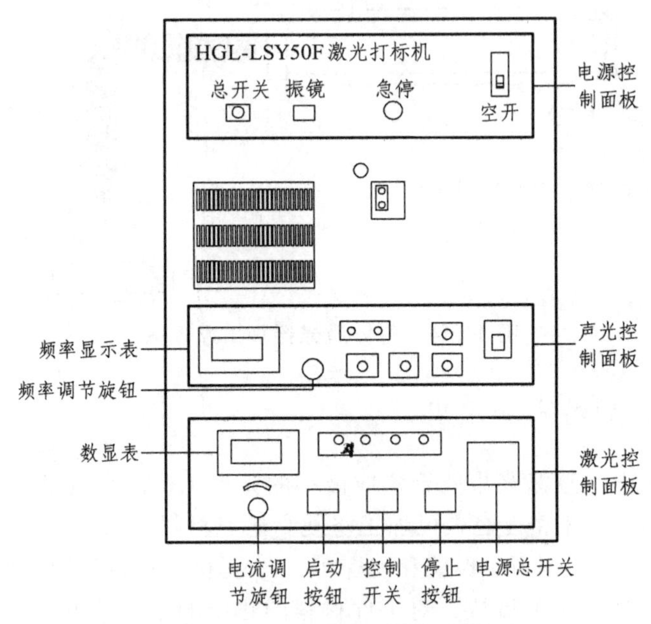

图 11.16　LSY50F 操作面板

LSY50F 的基本操作如下：

1. 开　机

开机前先确认电源是否正常连接，水箱是否已经装满水，有无接口漏水现象，水箱延时继电器调到 3 min 位置（分体水箱），然后才可执行开机顺序①、②。等待水箱自动启动并运行 5 min，检查无漏水情况后才可接着运行。

开机顺序如下：

① 打开空气开关（计算机、显示器电源启动）；

② 顺时针旋转钥匙开关（水箱启动）；

③ 打开激光电源空气开关；

④ 确认激光电源面板显示电流“7.0 A”，若不是则转动电位器调整到 7.0 A；

⑤ 等待“ready”信号灯亮后，再按下“RUN”键；

⑥ 打开声光电源的电源开关；

⑦ 按下振镜电源开关。

2. 选择图像

① 打开计算机箱前门，并启动计算机；

② 运行 HGLasermark 程序，程序界面如图 11.17 所示；

③ 选择欲打标的图像；

④ 对图像进行处理（在系统工具栏选择“修改→变换”）并应用。

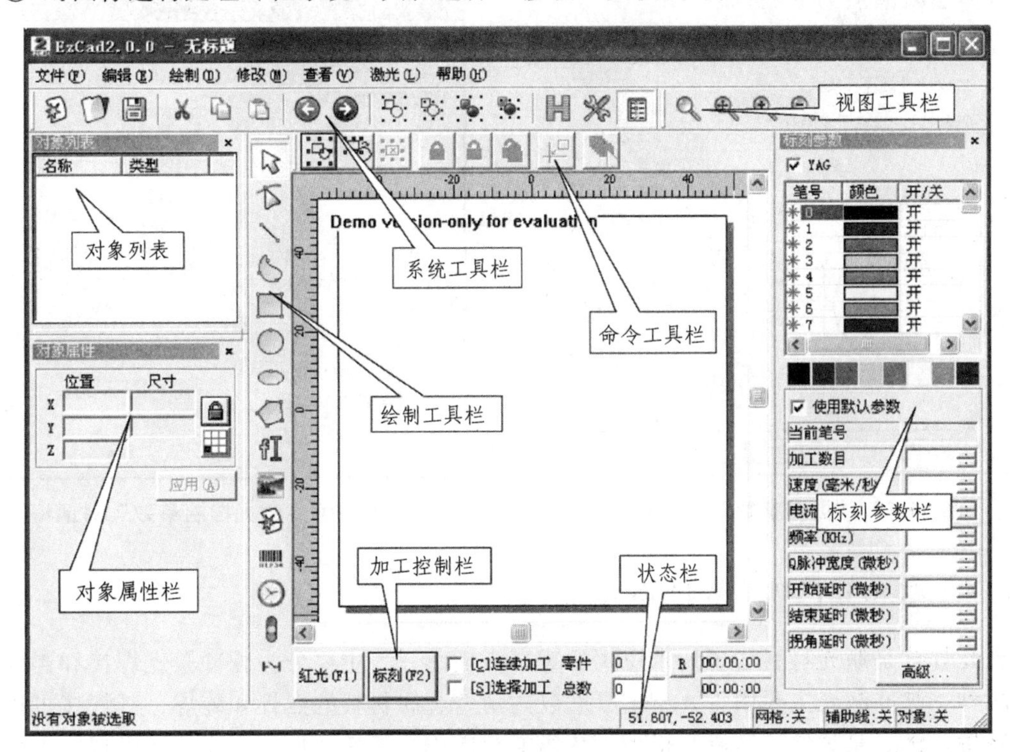

图 11.17　HGLasermark 主界面

3. 加工（加工对话框见图 11.18）

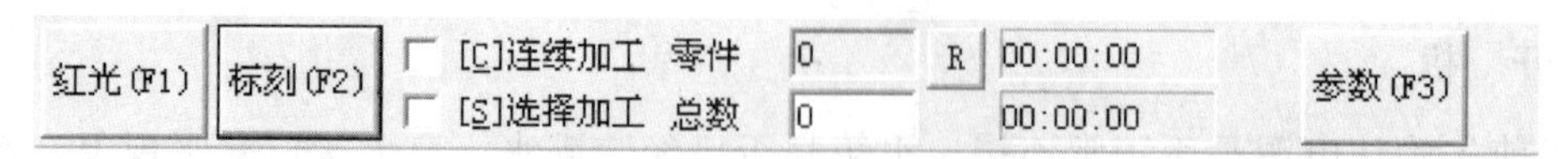

图 11.18 “加工”对话框

① 红光：表示出要被标刻的图形的外框，但不出激光，用来指示加工区域，方便用户对加工工件定位。直接按键盘“F1”即可执行此命令。

② 标刻：开始加工，直接按键盘“F2”键即可执行此命令。

③ 连续加工：表示一直重复加工当前文件，中间不停顿。

④ 选择加工：只加工被选择的对象。

⑤ 零件数：表示当前被加工的零件总数。

⑥ 零件总数：表示当前被加工完的零件总数，在连续加工模式先无效。不在连续模式下时，如果零件数大于 1 时，则加工时会重复不停的加工，直到加工的零件数等于零件总数才停止。

⑦ 参数：设置当前的参数，直接按键盘“F3”键即可执行此命令。

4. 配置加工参数

① 配置区域参数如图 11.19 所示。

② 配置激光控制参数，如图 11.20 所示。

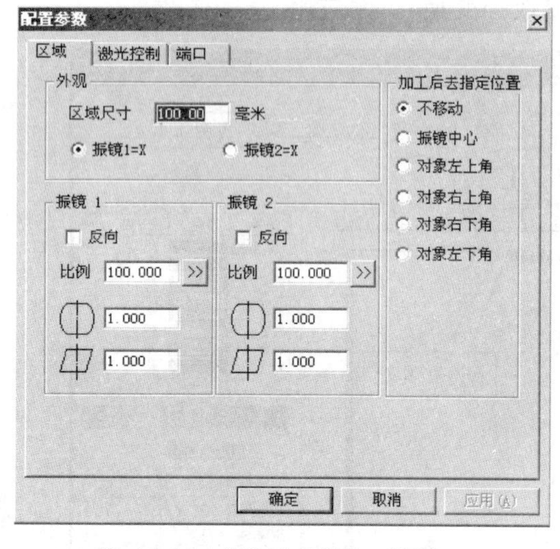

图 11.19 “区域参数”对话框

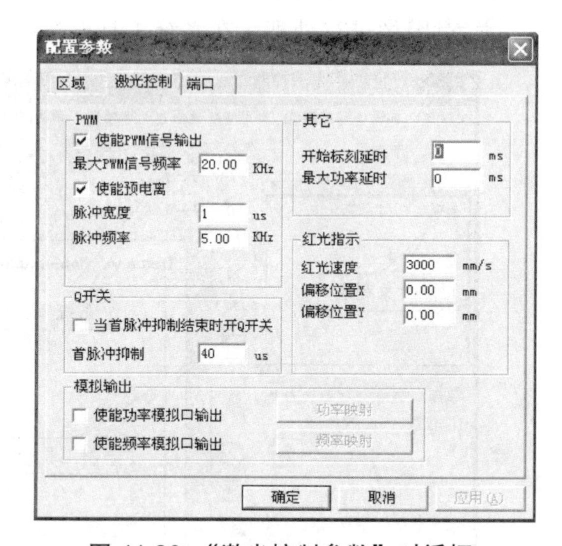

图 11.20 “激光控制参数”对话框

（四）激光焊接机（W150S）

激光焊接是激光材料加工技术应用的重要方面之一，主要分为脉冲激光焊接和连续激光焊接两种。脉冲激光主要用于 1 mm 厚度以内薄壁金属材料的点焊和缝焊，其焊接过程属于热传导型，优点是工件整体温升很小，热影响范围小，工件变形小；连续激光焊接大部分是高功率激光器，优点是深宽比大，可达 5∶1 以上，焊接速度快，热变形小。

1. W150S 面板介绍（见图 11.21、图 11.22 和表 11.8）

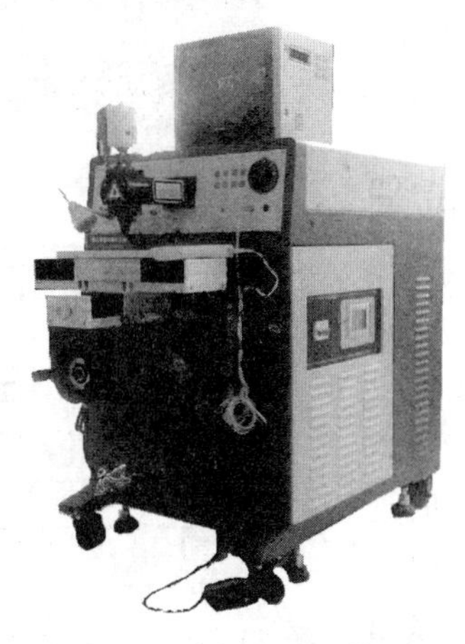

图 11.21 W150S 外形

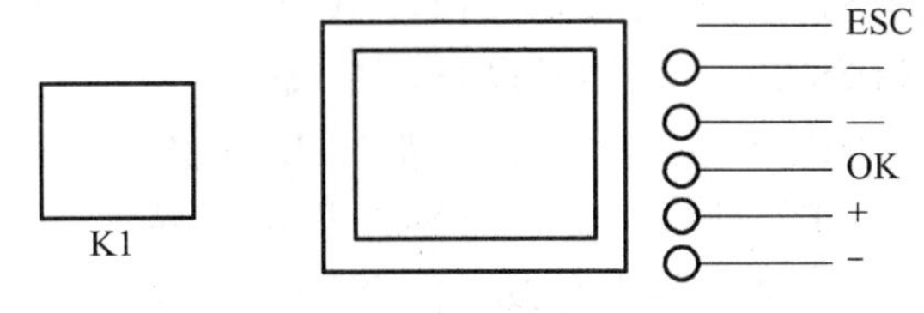

图 11.22 W150S 操作面板（侧）

表 11.8 W150S 按键说明

按 键	含 义	功 能
EMERGENCY	应急开关	紧急情况下，直接按下按钮即断开总电源，此后需要右旋该按钮使其复位，保持正常状态
POWER	钥匙开关	机器的控制系统供电开关，右旋是开机，左旋是关机
HOME	原 点	回电子原点
HOME_SET	原点设置	设置当前位置为电子原点
X/Y	切换电子手轮控制轴	LED 指示灯灭表示对 *X* 轴起作用，LED 指示灯亮表示对 *Y* 轴起作用
×1/×10	电子手轮粗/细调节切换	LED 指示灯灭表示微调×1（每转动 1 格移动 0.01 mm），LED 指示灯亮表示粗调×10（每转动 1 格移动 0.1 mm）
AMING	红光指示灯控制开关	LED 指示灯灭表示关闭红光指示灯，LED 指示灯亮表示打开红光指示灯
LOCK	激光出光/锁光切换	LED 指示灯灭表示在加工过程激光正常出光，LED 指示灯亮表示在加工过程锁激光，用来模拟激光加工过程
PUSH/STOP	暂停/停止	在运行状态下按下此键，LED 指示灯亮，加工过程暂停，这时可以用 RUN 键继续运行，在暂停状态按下此键，LED 指示灯灭，加工过程停止
RUN	运 行	在空闲状态按下此键可启动加工程序，在暂停状态按下此键可使被暂停的加工程序继续运行，在加工过程中 LED 指示灯一直为亮的状态

2. E20-TP 手持编程器（见图 11.23）的使用

E20-TP 手持编程器（简称 TP）连接到 FX2N-20GM 两轴定位控制器（简称 PGU）上并且用于程序和参数的书写、插入和删除，同时也被用于监视 PGU 程序。按键说明如下：

功能键（RD/WR、INS/DEL、MNT/TEST、PAPA/OTHER）：RD/WR 和 INS/DEL 按键能够交替转换功能（按一次选择按键字面上边的功能，再按一次选择键字面下边的功能）。

指令和设备标志按键（LD、AND、X、Y 等）：这些按键上面是字指令功能，下边是设备标志或数字功能。这两个功能可以根据操作顺序自动选择。在需要对 32 位数据寄存器 D 操作时连续按两次“D”即可，显示黑体 D 表示 32 位，常规 D 表示 16 位。

图 11.23 手持编程器面板

CLEAR 键：用来在按下[GO]键之前取消按键输入或清除错误的信息。

HELP 键：用来显示 FNC 列表和代码指令。这个按键在输入指令时也有一个支持功能。在监视模式里，这个按键也可以用来在十进制和十六进制计数法之间转换。

Space 键：用来在输入指令或指定设备和常数时输入空格。

STEP 键：用来指定一个步号。

Cursor 键：用来移动行动光标或滚动屏幕。

GO 键：用来确定并执行一个功能，或执行搜索。

3. 设 置

（1）主机设置：按硬件连接关系接好各处电缆；在主机控制电路板上调节激光电路驱动脉冲输出幅度为（0.5 ± 0.2）V；主机出厂时系统参数设置 TEAM99 的 R 栏第二位应该设置为 1；使用焊接参数——脉冲总是设为最小值 0.1，其余参数可以根据情况来设置。接通激光电源开关 K1，此时“POWER”指示灯亮，电源显示器显示主菜单并提示“Wait...”，正常情况下，大约 40 s 后，提示“OK！ OK！”，则可以进行继续操作。

（2）激光电源设置：使用激光移动键的左移动或右移动箭头，选中系统栏按“OK”键进入子菜单，选择第 2 项外部触发开关设置，重复按“OK”键设为“ON”；再选择第 3 项触发信号类型设置，重复按“OK”键设为“1”。按“ESC”键返回主菜单。

（3）编辑当前脉冲波形：选中编辑栏按“OK”键进入子菜单，使用跳格键以及“+”“－”键设置出所需要的波形数据，并且将频率设置到最高值。主机频率将受本电源频率设置值的约束，为可靠起见，主机频率应小于电源频率。

（4）存储编辑区波形参数：在主菜单中选择记忆栏按“OK”键进入子菜单，选择“SAVE”项，使用“+”“－”键确定波形存储编号；然后按“OK”键，光标提示“OK!”后，波形已经正确记忆。按“ESC”键返回主菜单（开机默认编号为 0，并自动调到当前编辑区）。注意：无须存储的程序可以跳过该步骤。

（5）安全关闭电源：在主菜单中选择系统栏按“OK”键进入子菜单，选择“System Exit”项按“OK”键，本电源执行保存当前工作参数到默认号 00 和自动关机动作。当显示器显示“System Exit OK!”时，主机可以关闭。

4. 编　程

（1）定位程序的格式如下：

```
O2，N0
    cod91 （INC）
    cod1 （LIN）    x-1600    f1600
    cod1 （LIN）    x1600     y8000
    cod03 （CCW）    x1600     i8000
    cod1 （LIN）    x-1600    y-8000
    m02 （END）
```

说明如下：

① 程序中 O2（英文字母“O”与“2”的组合）为定位程序的代号，是定位程序的入口处。

② cod91 （INC）表示选择用增量的方式进行编程。

③ cod1 （LIN），cod03 （CCW）为定位命令，其后跟着它的参数。

④ m02 为定位程序的结束标志。

⑤ 每个定位程序表示一种加工流程，用户可以设计多个定位程序，以实现在系统内部保存多种加工流程，并通过手持编程器把 D110 设置成需要选用的加工定位程序的程序号，或在用户初始化子程序（P240）中通过 MOV 指令设置，最好通过 RUN 键或脚闸启动加工流程。

（2）指令列表见表 11.9 ~ 11.11。

表 11.9　定位指令

指令名称	指令功能	使用者需掌握的指令
cod00 DRV	高速定位到指定位置	√
cod01 LIN	走直线	√
cod02 CW	顺时针走圆弧或圆	√
cod03 CCW	逆时针走圆弧或圆	√
cod04 TIME	延时一段时间	√
cod30 DRVR	回设定的电子原点	√
cod90 ABS	绝对地址	√
cod91 INC	相对地址	√

表 11.10　控制指令

指令名称	指令功能	要掌握的指令
FNC02 CALL	调用子程序	√
FNC08 RPT	重复开始	√
FNC09 RPE	重复结束	√
FNC12 MOV	传输数据	√

表 11.11 操作指令

指令名称	指令功能	需掌握的指令
LD	常开连接	√
LDI	常闭连接	√
AND	常开触点连接	√
ANI	常闭触点连接	√
OR	常开触点并联	√
ORI	常闭触点并联	√
ANB	并联电路块的串联指令	√
ORB	并联电路块的并联指令	√
SET	置 位	√
RST	复 位	√
NOP	空操作	√

（3）定位指令格式如下：

cod01 LIN x□□□，y□□□，f□□□

定位指令包括指令主体和操作数。上例中，指令主体包含指令字 LIN 和代号 cod01；操作数，即是指令参数，对于不同的指令都有指定的操作数类型，并在指令中按一定的先后顺序排列。定位指令中操作数说明见表 11.12。

表 11.12 操作数说明

操作数类型	含 义	省略后的默认值	单位符号
x	*X* 轴终点坐标	与起点的 *X* 轴坐标值一样	0.01 mm
y	*Y* 轴终点坐标	与起点的 *X* 轴坐标值一样	0.01 mm
i	*X* 轴圆心坐标	与起点的 *X* 轴坐标值一样	0.01 mm
j	*Y* 轴圆心坐标	与起点的 *X* 轴坐标值一样	0.01 mm
f	走线速度		cm/min
K	延时时间		10 ms

（4）定位指令解释。

★ cod00（DRV）x□□□，y□□□，f□□□

功能：使工作台移动到目标点，其运行的轨迹不一定是直线，关注的只是目标点位置。f 一般是系统设定的最高速度。

★ cod01（LIN）x□□□，y□□□，f□□□

功能：使工作台以速度 f□□□沿直线移动到目标点，与 cod00（DRV）指令不同的是，其轨迹一定是一条直线。省略 f 则速度与前一条插补指令相同，对于第一条插补指令不可省略 f 参数。

★ cod02（CW）x□□□，y□□□，i□□□，j□□□，f□□□□

★ cod03（CCW）x□□□，y□□□，i□□□，j□□□，f□□□□

功能：工作台以速度 f□□□，以当前点为起点，以（i□□□，j□□□）为圆心，以（x□□□，y□□□）为终点，按照顺时针[cod02（CW）]或逆时针[cod03（CCW）]走圆弧或圆。

★ cod02（CW）x□□□，y□□□，r□□□

★ cod02（CW）x□□□，y□□□，r□□□

功能：工作台以速度 f□□□，以当前位置为起点，以 r□□□为半径，以（x□□□，y□□□）为终点，走顺时针[cod02（CW）]或逆时针[cod03（CCW）]圆弧。

使用 r 不可以作整个圆；当 r 为正数时表示移动的轨迹为劣弧，当 r 为负数时表示移动的轨迹为优弧。

★ cod04（TIME）K□□□

功能：延缓一段时间，每个单位为 10 ms。

例：① cod04（TIME）K100　表示延时 1000 ms，即 1 s。

② cod04（TIME）KD23　表示延时 D23 中的值 × 10 ms，如果 D23 中的值为 15，则延时为 15 × 10 = 150（ms）。

★ cod30　（DRVR）

功能：以 PARA.4 中设定的速度移动到电子原点，电子原点的设定由 HOME_SETH 按键来实现。

★ cod90（ABS）：绝对坐标地址；cod91（INC）相对坐标地址。

ABS 在执行该命令后，其后的定位指令中的（x，y）都是决定地址。然而，圆心坐标及半径坐标总是作为增量值，不受该命令的影响。如果用户程序的开始使用绝对地址方式，直到执行了 cod91 才改变为增量地址方式，其后可以再通过 cod90 重新设置为绝对地址方式。

INC 执行该命令后，其后的定位指令中（x，y）都是相对于当前点（定位命令的起点）的增量值。

（5）特殊功能子程序见表 11.13。

表 11.13　特殊功能子程序说明

子程序名	功能描述	子程序名	功能描述
P222	连续点焊	P233	单点焊接
P223	等待所有按键都松开	P238	暂　停
P227	带预出光的出光	P240	用户程序初始化
P228	立即出光	P244	定时点焊
P232	关闭激光	P251	单点焊接

① P222：连续点焊。

该程序先等待用户按下 RUN 开关键然后开始连续点焊，直到 RUN 开关释放，焊接才停止。点焊的频率是由电源箱液晶面板旁的按键设定。如果需要继续出激光，可直接使用 O84 系统定位程序。

② P223：等待所有的按键都松开。

用在定位程序的末尾调用该程序，以防止在加工完成以后，由于检测到 RUN 或脚踏键开关仍然开着，从而造成设备继续加工。

③ P227：带预出光的出光。

由于激光在较长时间不出光后再重新出光，出来的激光不稳定。这时可调用该程序让系统自动禁止前一段不稳定的激光后再出光，可在调用该子程序前用 MOV 指令给 D104 赋予新值。该值下次修改前一直有效，可在使用定位程序开头设置一次即可。禁止的时间 = D104 的值 × 10 ms。建议时间设在 1 s 以上。该子程序在完成预出光后接着执行 P228 的功能。

P227 与 P228 只有在工作台运动起来后才真正开始出光，以实现与加工轨迹同步。

④ P228：立即出光。

在使用加工过程只是短暂停止出光后就继续出光的，可调用该程序直接出激光，它的速度要比调用 P227 快，使用者可先尝试使用该程序，如果焊接达不到要求，再调用 P227 程序。

⑤ P232：关闭激光。

当需要停止激光时调用该程序。

⑥ P233：单点焊接。

该程序先等待使用者按下 RUN 或脚踏开关键，然后开始焊接一个点，接着等待 RUN 和脚踏开关都释放。使用者调用此程序中需要吹保护气体且没有别的操作，可直接使用 O83 系统定位程序。

⑦ P238：暂停。

使用该程序可暂停工作台的运动，直到使用 RUN 或脚踏开关，可用于焊接过程工件需重新调整位置，如需要在暂停过程关闭已经打开的激光，则需要在此之前调用 P232 程序。

⑧ P240：用户程序初始化。

该程序只在设备上电或模式切换开关 MANU→AUTO 后系统初始化过程由系统自动执行一次。用户可以根据具体应用在该程序内部设定一些数据寄存器的值为系统的初始值，如 D110、D104 以及使用者自定义的用于其他功能的数据寄存器。

⑨ P244：定时点焊。

该程序可实现在当前位置进行一定时间的焊接，焊接时间由 D108 决定，单位为 10 ms。

（6）范例，编写如图 11.24 所示零件的焊接加工程序。

① 编写程序。程序如下：

```
O2，N0
    Cod91 （INC）
CALL    2    P227
    Cod01 （LIN） y500  f500;
    Cod02 （CW）  x250   y250   r250;
    Cod03 （CCW） x-250  y500   r800;
    Cod01 （LIN）  x-800;
    Cod03 （CCW） x-250  y-500  r800;
    Cod02 （CW）  x250   y-250  r250;
```

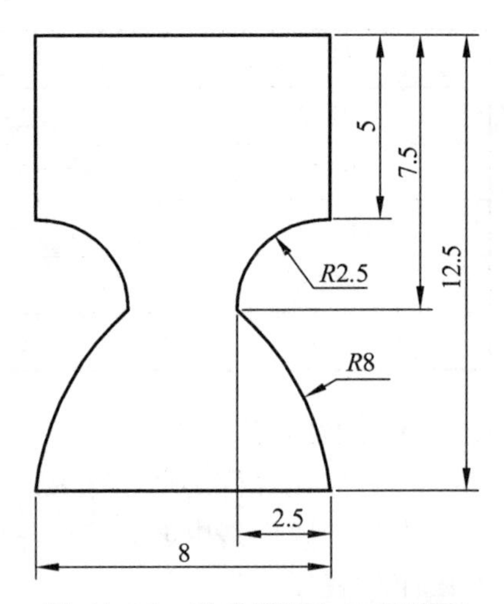

图 11.24 激光焊接加工示例图

```
Cod01 （LIN） y-500;
Cod01 （LIN） x-800;
CALL 2 P232;
Cod30 （DRVR）;
CALL 2 P223;
M02 （END）
```

② 写入程序并调用程序。通过 RD/WR 指令，使用手持编程器把程序输入到存储器中；通过下列指令（见图 11.25），把程序调到 D110 中。

图 11.25　调用程序

三、实训示例

在金黄色铝片上打标如图 11.26 所示的图像。

加工步骤如下：

（1）开机；

（2）输入图像；

（3）处理图像；

（4）调整图像的显示大小（点击“红外光”）；

（5）将铝片放在工作台上，铝片与红外光对整，若红光小于材料需求，则放大图形，反之亦然，固定好加工铝片的位置；

（6）寻找焦点（将一张废弃的材料放在加工材料的表面，进行标刻，并上下调整工作台）；

（7）适当调整光强，选择最佳效果；

（8）开始加工（去掉废弃材料）。

图 11.26　激光打标加工示例图像

参考文献

[1] 陈忠建. 金工实训教程[M]. 大连：大连理工大学出版社，2011.
[2] 陈明. 金工实训[M]. 北京：科学出版社，2013.
[3] 邱小童，卢帆兴. 新编金工实训 [M]. 北京：人民邮电出版社，2013.
[4] 赵玲. 金属工艺学实习教材[M]. 北京：国防工业出版社，2002.
[5] 郭永环，姜银方. 金工实习[M]. 北京：北京大学出版社，2006.
[6] 吴鹏，迟剑锋. 工程训练[M]. 北京：机械工业出版社，2005.
[7] 张远明. 金属工艺学实习教材[M]. 2 版. 北京：高等教育出版社，2003.
[8] 徐小国. 机加工实训[M]. 北京：北京理工大学出版社，2006.
[9] 谷春瑞，韩广利，曹文杰. 机械制造工程实践[M]. 天津：天津大学出版社，2004.
[10] 张贻摇. 机械制造基础技能训练[M]. 北京：北京理工大学出版社，2007.
[11] 黄明宇，徐钟林. 金工实习[M]. 北京：机械工业出版社，2003.
[12] 黄克进. 机械加工操作基本训练[M]. 北京：机械工业出版社，2004.
[13] 清华大学金属工艺学教研室. 金属工艺学实习教材[M]. 3 版. 北京：高等教育出版社，2003.
[14] 朱世范. 机械工程训练[M]. 哈尔滨：哈尔滨工程大学出版社，2003.
[15] 魏峥. 金工实习教程[M]. 北京：清华大学出版社，2004.
[16] 廖维奇，王杰，刘建伟. 金工实习[M]. 北京：国防工业出版社，2007.
[17] 邵刚. 金工实训[M]. 北京：电子工业出版社，2004.
[18] 李洪智，王利涛. 数控加工实训教程[M]. 北京：机械工业出版社，2006.
[19] 王瑞泉，张文健. 普通车床实训教程[M]. 北京：北京理工大学出版社，2008.
[20] 王永明. 钳工基本技能[M]. 北京：金盾出版社，2007.
[21] 柳秉毅. 金工实训[M]. 北京：机械工业出版社，2004.
[22] 李军，兰文清. 金工技能教程[M]. 北京：北京理工大学出版社，2008.
[23] 郑晓，陈仪先. 金属工艺学实习教材[M]. 北京：北京航空航天大学出版社，2005.
[24] 王强. 金工实习[M]. 北京：机械工业出版社，2012.
[25] 罗敬堂. 铸造工实用技术[M]. 沈阳：辽宁科学技术出版社，2004.
[26] 詹华西. 数控加工技术实训教程[M]. 西安：西安电子科技大学出版社，2006.
[27] 孙文志，郭庆梁. 金工实习教程[M]. 北京：机械工业出版社，2013.

[28] 颜伟，卢杰，熊娟. 金工实习[M]. 北京：北京理工大学出版社，2008.
[29] 高美兰. 金工实习[M]. 北京：机械工业出版社，2006.
[30] 孔德音. 金工实习[M]. 北京：机械工业出版社，2002.
[31] 孙以安，鞠鲁粤. 金工实习[M]. 上海：上海交通大学出版社，1999.
[32] 朱江峰，肖元福. 金工实训教程[M]. 北京：清华大学出版社，2004.
[33] 李喜桥. 创新思维与工程训练[M]. 北京：北京航空航天大学出版社，2005.
[34] 陈国桢，肖柯则，姜不居. 铸件缺陷和对策手册[M]. 北京：机械工业出版社，2003.